国家电网公司
电力科技著作出版项目

柔性直流输电系统调试技术

ROUXING ZHILIU SHUDIAN XITONG
TIAOSHI JISHU

国网福建省电力有限公司电力科学研究院 组编

中国电力出版社
CHINA ELECTRIC POWER PRESS

内 容 提 要

本书介绍了柔性直流输电技术的基本原理，结合厦门±320kV柔性直流输电科技示范工程实例，讲述了各种主流的电力系统仿真技术，并对实际工程中柔性直流控制保护系统的构成进行了介绍，重点阐述了柔性直流工程现场的单体调试、分系统调试及带电系统调试等各阶段的调试内容及调试方法。

本书共分为8章，包括柔性直流输电技术概述、柔性直流控制原理、柔性直流输电仿真技术、柔性直流输电控制保护系统的构成、柔性直流输电现场单体调试、柔性直流输电现场分系统调试、柔性直流输电站系统调试、柔性直流输电端对端系统调试。

本书可供从事柔性直流输电工程调试、运行、检修、设计、培训等相关工作的专业技术人员使用，也可作为高等院校、科研单位及相关制造厂商的学习与参考资料。

图书在版编目（CIP）数据

柔性直流输电系统调试技术/国网福建省电力有限公司电力科学研究院组编. —北京：中国电力出版社，2017.12
ISBN 978-7-5198-1326-0

Ⅰ.①柔… Ⅱ.①国… Ⅲ.①直流输电-电力系统-调试方法 Ⅳ.①TM721.1

中国版本图书馆CIP数据核字（2017）第265394号

出版发行：中国电力出版社
地　　址：北京市东城区北京站西街19号（邮政编码100005）
网　　址：http://www.cepp.sgcc.com.cn
责任编辑：崔素媛　安　鸿
责任校对：朱丽芳
装帧设计：张俊霞　张　娟
责任印制：杨晓东

印　　刷：北京瑞禾彩色印刷有限公司
版　　次：2017年12月第一版
印　　次：2017年12月北京第一次印刷
开　　本：787毫米×1092毫米　16开本
印　　张：24.75
字　　数：607千字
定　　价：128.00元

版权专有　侵权必究

本书如有印装质量问题，我社发行部负责退换

编委会

主　编　蔡振才
副主编　张孔林　唐志军
参　编　林国栋　石吉银　晁武杰　邹焕雄
　　　　　胡文旺　郭健生　翟博龙　黄青辉
　　　　　李　超　冯学敏　李兆祥　陈文兴
　　　　　王云茂　邓超平　谢立明　林少真
　　　　　施　晟　陈锦山　林金东　林文彬
　　　　　余斯航

前　言

柔性直流输电是以电压源换流器为核心的新一代直流输电技术，采用最先进的电压源型换流器（voltage source converter，VSC）和绝缘栅双极型晶体管（insulated gate bipolar transistor，IGBT），是输电技术的一次升级。柔性直流输电系统可以快速地对有功功率和无功功率两个目标进行独立调节，具有可控性较好、运行方式灵活、适用场合多等显著优势。近年来，采用模块化多电平换流器（modular multilevel converter，MMC）的柔性直流输电技术在国内外发展迅速。2010年，世界上第一个基于模块化多电平换流器的柔性直流输电工程（Trans Bay Cable 工程）在美国旧金山市投入运行，实现了 MMC 柔性直流输电技术从理论到工程运用的突破。之后，国内外投运的 MMC 柔性直流输电工程越来越多，电压等级、输电容量也不断提高。2015年底，厦门±320kV 柔性直流输电科技示范工程正式投运，是世界上首次采用真双极拓扑结构的柔性直流输电工程，输电电压达到了±320kV，输送容量达到了1000MW。随着柔性直流输电工程的不断投运，调试和运维技术力量不足的矛盾日益凸显，迫切需要详细介绍柔性直流输电控制保护系统调试等相关内容的书籍，使工程能够高质量投运并安全稳定运行。

柔性直流输电工程的投运需要经过三个阶段的调试，即系统仿真联调、现场不带电调试和带电系统调试。系统仿真联调需要搭建仿真建模平台，可以是离线的仿真，也可以是在线实时仿真；离线的仿真可对相关的控制策略进行仿真模拟，而控制保护设备的系统联调则需要借助实时仿真系统，对极控制系统、阀控制系统、电子式互感器等各设备的接口以及控制逻辑进行全面的仿真模拟与调试。系统仿真联调可有效验证控制保护系统的控制策略和控制性能，避免工程现场投运过程中因控制策略不当而造成设备损坏，是整个调试过程中非常重要的环节。现场不带电调试阶段主要包含设备单体调试和分系统调试，对设备的性能、二次回路和整组配合等方面进行全面调试，排除设计和安装的错误，是设备送电前的最后一道关口，其调试质量的高低直接关系工程能否顺利投运。带电调试阶段则分为单站系统调试和端对端系统调试，主要考核组成该柔性直流输电工程的全部设备、各分系统以及整个直流输电系统的性能；通过带电系统调试，协调和优化设备之间、各分系统之间的配合，以提高系统的整体综合运行性能，是工程投运前重要的调试阶段。

本书以厦门±320kV 柔性直流输电科技示范工程的仿真与调试过程为基础，参考现行的直流输电技术相关标准，重点对调试的三个阶段（系统仿真联调、现场不带电调试和带电系统调试）进行详细而深入的探讨。首先对柔性直流输电的调试技术进行了简要概述，并对柔性直流控制原理进行了介绍；以此为基础对主流的柔性直流输电仿真技术进行了详细的介绍，并给出了实际仿真案例；接着介绍了实际工程中控制保护系统的构成，详细阐述了现场不带电调试阶段（单体调试和分系统调试）的目的、内容和方法；最后，对带电调试阶段（站系统调试、端对端系统调试）的试验项目和试验方法进行全面阐述，给出了实际工程调试的试验波形及具体试验结果和分析。希望本书总结的柔性直流仿真以及调试经验和试验结果能对我国后续的柔性直流输电工程顺利实施提供有益借鉴和参考，并为推动我国柔性直流输电技术的发展和实际工程广泛应用发挥积极作用。

本书由国网福建省电力有限公司电力科学研究院组织编写。本书的第1章由蔡振才、翟博龙、晁武杰、林金东编写，第2章由蔡振才、石吉银、王云茂、林少真、林文彬编写，第3章由唐志军、晁武杰、邓超平、石吉银、冯学敏编写，第4章由张孔林、邹焕雄、李兆祥、陈锦山编写，第5章由张孔林、郭健生、胡文旺、冯学敏、黄青辉编写，第6章由晁武杰、郭健生、胡文旺、李超、余斯航编写，第7章由唐志军、陈文兴、石吉银、林国栋、谢立明、邹焕雄编写，第8章由石吉银、唐志军、林国栋、施晟编写。全书由唐志军、林国栋统稿。蔡振才、张孔林、唐志军、林国栋、石吉银、晁武杰、陈文兴、王云茂、邓超平、谢立明对全书进行了审核并负责全书的评审工作。

在本书编写过程中，国网福建省电力有限公司领导高度重视并给予了大力支持；同时本书得到了全球能源互联网研究院、国网北京经济技术研究院、南京南瑞继保电气有限公司、中电普瑞电力工程有限公司等单位的大力支持与帮助，在此谨向以上单位表示衷心的感谢！

由于编者水平有限，书中难免存在疏漏和不足之处，恳请广大读者批评指正。

编 者

2017年9月

目　录

前言

第1章　柔性直流输电技术概述 ……………………………………………… 1
1.1　柔性直流输电发展概况 ………………………………………………… 1
1.2　柔性直流输电主要特点 ………………………………………………… 3
1.3　控制保护系统调试特点 ………………………………………………… 4
1.4　柔性直流输电调试技术 ………………………………………………… 5

第2章　柔性直流控制原理 …………………………………………………… 7
2.1　模块化多电平换流器的运行原理 ……………………………………… 7
2.2　基于 d-q 轴的解耦控制策略 …………………………………………… 9
2.3　模块化多电平换流器的调制策略 ……………………………………… 13
2.4　基于最近电平控制（NLC）的触发控制 ……………………………… 15
2.5　换流站控制对象策略 …………………………………………………… 15
2.6　运行控制策略 …………………………………………………………… 16
2.7　直流系统及换流站充电策略 …………………………………………… 18
2.8　换流变压器分接头控制策略 …………………………………………… 18

第3章　柔性直流输电仿真技术 ……………………………………………… 20
3.1　MATLAB 仿真 …………………………………………………………… 20
3.2　PSCAD 仿真 ……………………………………………………………… 35
3.3　RTDS 仿真 ………………………………………………………………… 42

第4章　控制保护系统的构成 ………………………………………………… 66
4.1　控制保护系统分层架构 ………………………………………………… 66
4.2　控制保护系统主要设备及功能 ………………………………………… 67
4.3　控制保护系统的通信网络 ……………………………………………… 71
4.4　控制保护系统设备接口及通信协议 …………………………………… 77
4.5　运行人员控制系统介绍 ………………………………………………… 84

第5章　现场单设备调试 ……………………………………………………… 90
5.1　换流变压器保护调试 …………………………………………………… 90
5.2　直流场保护调试 ………………………………………………………… 119
5.3　柔性直流工程控制系统调试 …………………………………………… 169
5.4　直流电子式互感器调试 ………………………………………………… 178

5.5	阀子模块及阀塔调试	198
第 6 章	**现场分系统调试**	**204**
6.1	换流变压器分系统调试	204
6.2	直流场保护分系统调试	216
6.3	极控分系统调试	221
6.4	阀控分系统调试	227
6.5	阀冷系统调试	255
第 7 章	**站系统调试**	**271**
7.1	换流变压器充电试验	271
7.2	换流阀充电触发试验	274
7.3	空载升压（OLT）试验	279
7.4	单极 STATCOM 运行试验	285
7.5	交流电压控制试验	287
7.6	分接头控制试验	291
7.7	双极 STATCOM 试验	293
第 8 章	**端对端系统调试**	**303**
8.1	初始运行试验	303
8.2	保护跳闸试验	324
8.3	系统监视与切换试验	334
8.4	单极控制模式试验	339
8.5	动态性能试验	346
8.6	双极启停试验	350
8.7	双极控制模式试验	360
8.8	大功率试验	377
参考文献		**386**

柔性直流输电技术概述

如今构建全球能源互联网已成为国际共识，亟须创新先进输电方法以发展远距离、大容量输电，提升输电效率和资源利用水平，提高电网的安全性、灵活性和可控性。柔性直流输电具有独立、精确、灵活方便的有功/无功功率控制方式，潮流翻转直流电压极性不变，电网故障后快速恢复控制能力等优势，在孤岛供电、城市配电网的增容改造、交流系统互联、大规模风电场并网等领域具有广泛的应用前景。柔性直流输电可使当前交直流输电技术面临的诸多问题迎刃而解，为输电方式变革和构建全球能源互联网提供了崭新的解决方案。柔性直流输电技术的研究和产业化对推动我国电力装备向技术高端化、能源节约化、设备智能化发展有着重要的意义。但由于国内柔性直流输电研究处于起步阶段，现有已投运的柔性直流输电工程投运时间较短、缺少长期运行经验，目前国内柔性直流输电在研发设计、控制保护、调试方法、运行方式和维护检修等领域均处于摸索阶段，亟须展开进一步的研究。

1.1 柔性直流输电发展概况

柔性直流输电技术是一种以电压源换流器（voltage source converter，VSC）、可关断器件[如绝缘栅双极型晶体管（insulated gate bipolar transistor，IGBT）]和相关调制技术（如脉宽调制技术 PWM、最近电平比较控制 NLC 等）为基础的新型直流输电技术。国际大电网会议组织（CIGRE）和美国电气与电子工程师学会（IEEE）将此项输电技术命名为"Voltage Source Converter based High Voltage Direct Current，VSC-HVDC"；国内学术界将此项基于 VSC 技术的第三代直流输电技术命名为"柔性直流输电"。制造厂商 ABB 公司与西门子公司分别将该项输电技术命名为"HVDC Light"和"HVDC Plus"。

20 世纪 90 年代，由于以全控型器件为基础的柔性直流输电技术具有电流自关断能力、可向无源网络供电等优势而开始受到人们的重视并展开相关研究。1997 年，世界上首个采用 IGBT 模块的柔性直流输电工业性试验工程——瑞典赫尔斯杨工程正式投入运行。1999 年，世界上第一个商业性运行的柔性直流输电工程在瑞典的哥特兰岛投运，该工程输送容量为 80MW，直流电压为±80kV，将南斯风电场的电能送到哥特兰岛西岸的维斯比市。随着全控型电力电子器件额定电压和额定电流的提高，柔性直流输电工程的电压等级和输电容量不断提升，其最大输电容量由最初的 3MW 发展到了 1000MW，直流电压由 10kV 提升到 500kV 以上。

我国在柔性直流输电技术领域属于"后起之秀"。为打破国外技术垄断，2006年5月，国家电网公司确定了《柔性直流输电系统关键技术研究框架》；2008年，国家电网公司正式启动"柔性直流输电关键技术研究及示范工程"重点科技项目；2009年，国家电网公司又将柔性直流输电技术列入坚强智能电网研究体系，使之成为建设坚强智能电网的关键攻关技术之一。2010年4月底，我国完成首个模块化多电平结构柔性直流输电低压样机试验；2011年3月2日，上海南汇柔性直流输电示范工程站系统调试顺利完成并投入试运行，标志着我国具有自主知识产权的柔性直流输电核心技术成功应用于实际工程，工程额定电压30kV、额定电流300A、输送功率18MW、直流电缆长8.6km。2011年3月21日，由中国南方电网有限责任公司（简称南方电网公司）与荣信电力电子股份有限公司共同承建的两电平柔性直流输电系统在中海石油（中国）有限公司文昌油田群投运成功，工程利用原有的海底交流电缆将35kV的交流输电改造为±10kV的直流输电，实现了海航石油平台的供电。南方电网公司2013年建设投产的南澳三端柔性直流输电工程（±160kV、200MW），是世界第一个建成的三端柔性直流输电系统。国家电网公司2014年在浙江舟山建设投产多端柔性直流输电示范工程，此工程是世界上第一个五端柔性直流输电工程，分别在定海、岱山、衢山、洋山、泗礁建设一座换流站，容量分别为400MW、300MW、100MW、100MW、100MW；电压等级为±200kV；直流电缆输电线路长度为141km。2015年建设投产厦门两端真双极柔性直流输电工程，电压等级为±320kV，容量达1000MW，该工程是截至2015年底世界上电压等级最高、输送容量最大的柔性直流输电工程。

厦门±320kV柔性直流输电科技示范工程于2013年12月完成项目核准，2014年7月21日开工建设。工程额定电压±320kV，额定电流1600A，输送容量1000MW，工程新建浦园换流站（送端）、鹭岛换流站（受端）及±320kV浦园—鹭岛柔性直流输电线路一回，直流线路总长10.7km，全部为陆缆，采用1800mm^{2}大截面积绝缘直流电缆敷设，通过厦门翔安海底隧道与两座换流站连接。

2012年，厦门市最大负荷3506MW，其中厦门岛内最大负荷1561MW。预计2020年厦门市最大负荷将达到6490MW，其中厦门岛内最大负荷为2210MW。厦门电网是福建省沿海主要负荷中心，随着招商引资力度的加大，厦门岛内用电负荷将保持较快的增长速度，同时地区易受台风等自然灾害影响，为满足地区经济持续快速增长的用电需求，对电网供电能力和供电可靠性提出了更高的要求。

厦门岛电网结构示意图如图1-1所示。厦门±320kV柔性直流输电科技示范工程投运以前，厦门岛主要依靠英春—围里、钟山—东渡、嵩屿—厦禾3个进岛通道共6回220kV线路以及新店燃气电厂—湖边1回220kV线路与主网联络。随着厦门负荷的持续增长，2016年7回220kV进岛线路将无法满足岛内供电需求。电气计算表明，当第四通道的新店燃气电厂—湖边1回220kV线路发生$N-1$故障，第一通道的英春—围里Ⅰ回线路将超过长期允许输送容量。因此，需要建设新的进岛输电线路，提高厦门岛电网的供电能力及供电可靠性。

我国在柔性直流输电技术方面已实现零的突破并进入快速应用阶段，虽然与ABB、西门子等国外公司相比，我国在柔性直流输电工程经验积累方面还有差距，但随着我国科研人员在柔性直流输电基础理论和工程应用等方面的深入研究，我国柔性直流输电技术水平也将得到不断提升。

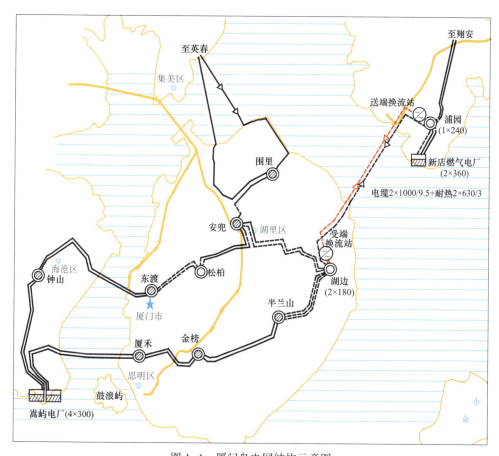

图 1-1 厦门岛电网结构示意图

⊘—换流站；◎—运维变电站；⊘—变电站；▨—发电厂

1.2 柔性直流输电主要特点

与传统高压直流输电相比，柔性直流输电具有以下特点：

(1) 控制方式更加灵活，可以独立地控制有功功率和无功功率。柔性直流输电灵活的潮流控制能力使其在无功功率方面能够作为静止同步补偿器（static synchronous compensator, STATCOM）使用，可以动态补偿交流系统无功功率，提高交流电压稳定性。当交流系统出现故障时，柔性直流输电系统在输送容量范围内既可向故障系统提供有功功率紧急支援，又可提供无功功率紧急支援，从而提高系统功角和电压稳定性。

(2) 柔性直流输电不存在换相失败的问题。传统直流输电换流器需要在交流电流的作用下完成换相，在受端交流系统故障时容易发生换相失败，导致输送功率中断。而柔性直流输电换流器采用可自关断的全控型器件，可以根据门极的驱动信号实现器件的开通或关断，而无须换相电流的参与，因此不存在换相失败的问题。

(3) 柔性直流输电可以更加方便地进行潮流反转。柔性直流输电只需要改变直流电流的方向即可快速地进行潮流反转，不需要改变直流电压的极性；常规直流输电系统的电流输送方向不能改变，反送功率时只能反转电压极性，响应时间较长。这一特征使得柔性直流输电的控制系统配置和电路拓扑结构均可保持不变，有利于构成既能方便地控制潮流又有较高可靠性的并联多端直流系统。

（4）柔性直流输电在事故后可快速恢复供电和黑启动。当电网发生故障，受端从有源网络变为无源网络，柔性直流输电换流站可以工作在无源逆变方式，使电网在短时间内实现黑启动，快速恢复控制能力。2003年美国东北部"8·14"大停电时，美国长岛的柔性直流输电工程很好地验证了柔性直流输电系统的电网恢复能力。

（5）由于换流器交流侧输出电流具有可控性，因此柔性直流输电不会增加交流系统的短路容量。这意味着增加新的柔性直流输电线路后，原有交流系统的保护装置无须重新整定，并且能有效解决大规模交流系统因短路容量过大而无法选择断路器的难题。

（6）柔性直流输电系统交直流侧输出电压谐波含量较低。柔性直流输电采用正弦脉宽调制（SPWM）等调制策略来控制开关器件的开断过程，其输出谐波大多集中在开关频率附近。由于开关频率较高，只需在交流母线上安装一组高通滤波器即可满足谐波要求。在新型模块化多电平换流器中，输出电平数通常达几十到几百，使得交流输出电压的谐波含量非常低，通常不需要额外加装滤波器。

（7）柔性直流输电控制保护系统可以不依赖站间通信工作，可相互独立地进行控制。换流器可根据交流系统的需要实现自动调节，两侧换流站之间不需要通信联络，从而减少通信的投资及其维护费用，易于构成多端直流系统。

（8）在同等容量下柔性直流输电换流站的占地面积显著小于传统高压直流输电换流站。由于高频或等效高频工作模式下换流器的转换过程十分有效，对辅助设备如滤波器、开关、变压器等的需求降低，无论采用两电平、三电平、还是模块化多电平拓扑结构，可以不安装交流滤波器，或者仅需装设容量很小的交流滤波器，使得柔性直流输电换流站占地面积大幅减少。

（9）采用模块化设计使柔性直流输电的设计、生产、安装和调试周期缩短。换流站的主要设备能够先期在工厂中组装完毕，并预先完成各种测试。调试好的模块可方便地利用卡车直接运至安装现场，从而大大缩短了现场安装调试时间，减轻了安装劳动强度，而且布局更加灵活紧凑。

1.3 控制保护系统调试特点

控制保护系统是整个柔性直流输电工程的"大脑"，负责柔性直流输电换流站的运行人员控制、直流控制保护、交流控制保护、站用电控制保护、换流阀控制保护及监视，对于维持系统的正常工作具有重要作用。柔性直流输电系统的控制保护策略直接决定了直流输电系统的运行特性和可靠性。

柔性直流输电控制保护系统框图如图1-2所示，其总体分层结构及功能为：上层工作站包括运行人员和调度人员的操作平台等；基本的控制保护平台接受控制命令并下发控制保护信号，实现柔性直流输电系统的控制保护功能；设备参数监控装置（如测量屏柜等）反应并上报系统状态。

与交流智能变电站和传统直流换流站相比，柔性直流输电控制保护系统的调试具有以下

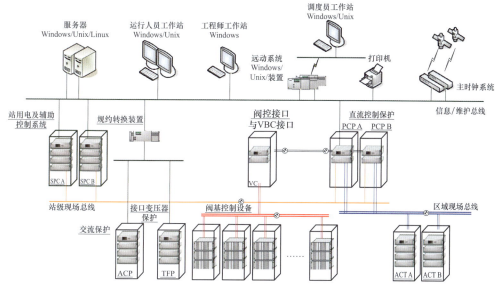

图 1-2 柔性直流输电控制保护系统框图

特点和难点：

（1）整个柔性直流输电工程调试重点为控制保护系统调试，难点主要集中在控制策略调试。

（2）控制保护设备技术先进，控制、保护原理复杂，调试验证内容多、周期长、难度大。

（3）控制保护系统调试工作对厂家依赖性较大，调试工具多为厂家私有工具，目前暂无通用调试工具。

（4）二次系统通信协议采用 IEC 61850 标准，录波器等设备采样频率达 5 万 Hz，对设备仪器性能要求较高。

（5）控制保护设备暂未实现标准化管理，缺少相应的检验规程等技术规范指导，需要在调试验证过程根据实际情况确定相应的检验内容和程序逻辑，现场装置程序升级较频繁，软件版本不易管理。

（6）柔性直流输电工程采用直流电子式互感器，二次侧协议输出暂未实现标准化，缺乏相应的试验验证手段和设备仪器，导致直流电子式互感器性能不易验证。

（7）控制保护设备的异常告警信号报文不统一，各厂家对同一类设备的告警信号报文事件表述不统一，给调试人员在理解上造成一定困难。

（8）柔性直流输电工程相关技术人员短缺，目前继电保护与自动化等二次专业人员难以承担相应的调试任务。

（9）阀控模块与阀之间通过光纤连接，光纤数量巨大，涉及大量的光纤核对工作。

1.4 柔性直流输电调试技术

针对柔性直流输电控制保护系统的特点，涉及的调试内容和技术主要包括：

（1）柔性直流输电仿真技术。电力系统的特点及其安全性的要求决定了对实际电网的探索与研究很大程度上要依赖于仿真。由于柔性直流输电中电力电子器件的开关动作精度高，为精确地仿真分析器件的开关动作，仿真分析中采用的仿真步长一般在 100μs 以下。因而在柔性直流输电研究中主要使用电磁暂态仿真工具，常用的仿真技术包括 RTDS 仿真、PSCAD/EMTDC 仿真和 MATLAB/SIMULINK 仿真等。

（2）直流电子式互感器测试技术。直流电子式互感器区别于常规的互感器，具有通信数字化、无二次侧负载、光纤传输等特点，其准确度的校验方法也有所不同。直流电子式互感器校验装置由调压器、升流器/试验变压器、标准电流/电压互感器、电子式互感器校验仪、二次转换器及相关配套设备等组成。测试内容包括幅值误差、角度误差等准确度测试，延时及极性测试等。

（3）控制保护设备单体调试技术。单体调试主要对单体设备进行功能、采样及开入开出的正确性测试，柔性直流输电控制保护系统涉及的主要单体调试内容包括：直流场保护调试、控制系统调试、直流接口装置调试、交流场保护调试、交流场测控装置调试等。

（4）分系统调试技术。分系统调试主要是在设备单体调试基础上进行装置间收发性能及互通性的测试。由于涉及不同厂家装置模块且设备间暂未实现标准化管理，需要在调试过程中根据实际情况进行配合和调整。现场分系统涉及的主要调试内容包括：换流变压器分系统调试、直流场保护分系统调试、控制系统分系统调试、阀控分系统调试及阀冷分系统调试等。

（5）系统调试技术。系统调试主要进行整站功能和性能的测试，包括站系统调试和端对端系统调试。站系统调试主要验证站控的微机监控系统和顺序控制、空载升压控制、正常启停、STATCOM 控制、换流变压器分接头控制、交流定电压以及定无功控制的功能是否正常，试验内容包括换流变压器充电试验、换流阀充电触发试验、直流场启动试验、带线路自动空载加压试验等。端对端系统调试主要验证组成柔性直流输电工程的全部设备、各分系统以及整个直流输电系统的性能，试验内容包括正常启停试验、双极启停试验、大功率试验、大功率反转试验及一极紧急停运试验、远方遥调试验等。

柔性直流控制原理

2.1 模块化多电平换流器的运行原理

模块化多电平电压源换流器的拓扑结构如图 2-1 所示，它由 6 个桥臂组成，每个桥臂由若干个相互连接且结构相同的子模块与一个阀电抗器串联组成。与以往的 VSC 拓扑结构不同，模块化多电平换流器在直流侧没有储能电容，仅仅通过变化所使用的子模块的数量，就可以灵活改变换流器的输出电压及功率等级，另外，该换流器具有正、负直流母线，适用于高压直流输电场合。

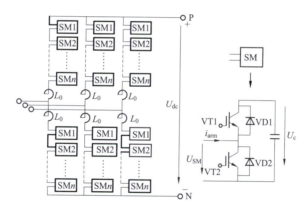

图 2-1 模块化多电平换流器的拓扑结构

如图 2-1 所示，每个子模块由一个 IGBT 的半桥和一个直流储能电容器组成。每个子模块都是一个两端器件，它可以同时在两种电流方向的情况下进行全模块电压（VT1 = ON，VT2 = OFF）和零模块电压（VT1 = OFF，VT2 = ON）之间的切换。

其中，每个子模块有三种工作状态，如图 2-2 所示。

（1）两个 IGBT 模块都是关断状态。

这种状态可以视为两电平换流器的一相桥臂两个开关器件关断。当模块化多电平换流器在某些故障状态，比如较严重的直流侧短路故障时，两个 IGBT 的触发脉冲会闭锁，两个 IGBT 进入关断状态。

当电流流向直流侧电源正极（定义其为电流的正方向），则电流流过子模块的续流二极

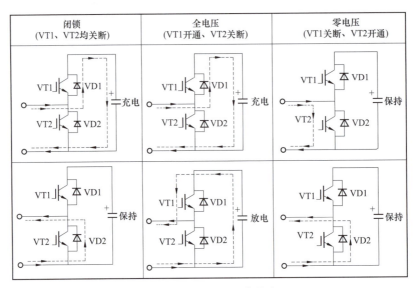

图 2-2 子模块的工作状态

管 VD1 向电容充电;当电流反向流动,则将直接通过续流二极管 VD2 将子模块旁路。在两个 IGBT 均关断时,只会有子模块电容被充电而没有放电的可能。在交流开关合上对换流阀充电的过程中,所有子模块将进入此工作状态。

(2) VT1 导通,VT2 关断。

这种状态是 MMC 电路的正常工作状态。在这种状态下,电流仍能双向流动。当电流正向流动时,电流将通过续流二极管 VD1 流入电容,对电容充电;当电流反向流动时,电流将通过 VT1 为电容放电。此时的工作状态具有如下特点:电流可以双向流动;不管电流处于何种流通方向,子模块的输出端电压都表现为电容电压;子模块电容可以充放电,取决于电流的方向,可以利用这一特点对各子模块电容电压进行充放电控制,使子模块电压尽量均衡。

(3) VT1 关断,VT2 导通。

在这种状态下,电流仍能双向流动。在这种状态下,当电流正向流通时,电流将通过 VT2 将子模块的电容电压旁路;当电路反向流通时,将通过续流二极管 VD2 将电容旁路。此时的工作状态具有如下特点:电流可以双向流动;不管电流处于何种流通方向,子模块的电容电压不会受到影响;子模块输出端引出的仅是开关器件的通态压降,约为零电压。

从直流侧来看,模块化多电平换流器的三相桥臂单元是并联在直流侧的,实际中每相桥臂的电压值并不完全相等,因此在各桥臂之间便会产生一定量的环流,此环流的存在会对开关器件产生一定的电流应力并影响换流系统性能。为了削弱此环流的不利影响,在各相桥臂上均串联了阀电抗器。另外,还可以通过附加控制进一步抑制桥臂间的环流。

当子模块投入时相当于在直流回路中串入一个等值电压源,退出时串入幅值为 0 的电压源,因此整个换流器可以看作一个可控电压源,控制子模块投入的数量与时间就可以得到交流侧所期望的多电平电压输出。当子模块数量很多时,就可以非常逼近所期望的电压波形。

由于采用了 IGBT 等全控型器件,柔性直流换流器可以同时具备有功类和无功类两个控制目标。电压源换流器等效示意图如图 2-3 所示,电压源换流器的工作原理分析如下。

假设换相电抗器是无损耗的，在忽略谐波分量时，换流器和交流电网之间传输的有功功率 P 及无功功率 Q 分别为

$$P = \frac{U_S U_C}{X_L}\sin\delta \quad (2-1)$$

$$Q = \frac{U_S(U_S - U_C\cos\delta)}{X_L} \quad (2-2)$$

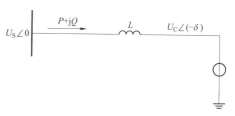

图 2-3 电压源换流器等效示意图

式中 U_C——换流器输出电压的基波分量；

U_S——交流母线电压基波分量；

δ——$\dot{U}_S$ 和 $\dot{U}_C$ 之间的相角差（$\angle\dot{U}_S - \angle\dot{U}_C$）；

X_L——交流母线与换流器之间的等效电抗。

由式（2-1）和式（2-2）可知，在交流系统电压不变的情况下，有功功率主要取决于 δ，无功功率主要取决于 U_C。因此，通过控制 δ 就可以控制直流电流方向及输送有功功率的大小，当交流母线电压超前于换流器逆变电压时，有功功率从系统流入换流器；通过控制 U_C 就可以控制换流器发出或者吸收无功功率。从系统角度来看，换流器可以看成是一个无转动惯量的电动机或发电机，可以无延时地控制有功功率和无功功率，实现四象限运行，换流器稳态运行时的 PQ 相量图如图 2-4 所示。

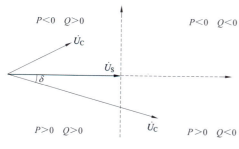

图 2-4 换流器稳态运行时的 PQ 相量图

2.2 基于 *d-q* 轴的解耦控制策略

d-q 解耦控制即直接电流控制，是目前大功率换流器，包括柔性直流输电系统广泛采用的控制方式。此种控制方式分为内环电流控制和外环电压控制两部分。内环电流控制器用于实现换流器交流侧电流的直接控制，以快速跟踪参考电流。外环电压控制器则根据柔性直流系统级控制目标实现定直流电压控制、定有功功率控制、定频率控制、定无功功率控制和定交流电压控制等控制目标。

2.2.1 MMC 数学模型

MMC 电流分布如图 2-5 所示，换流阀交流侧电流 i_a 流入上下桥臂后，由电路的对称性可知，上下桥臂交流分量各为 1/2，因此交流电流分量在上下桥臂电抗器 2L 上产生的电压降相等；直流电流 I_d 在各桥臂的分量为 1/3，由于电抗器的电阻很小，直流分量在桥臂电抗器上产生的电压降近似为 0。因此，ap 点的电位与 an 点的电位相等。这样，可以将上下桥臂电抗并列处理，得到如图 2-6 所示的 MMC 等效电路，桥臂电感值为 L。

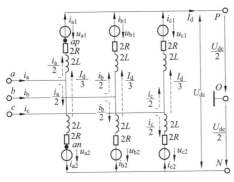

图 2-5 MMC 电流分布图

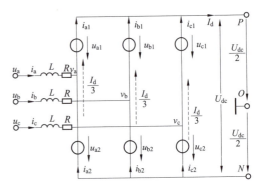

图 2-6 MMC 等效电路

根据对换流器的数学分析可知,交流侧三相动态微分方程为

$$\begin{cases} L\dfrac{di_a(t)}{dt} + Ri_a(t) = u_a - v_a \\ L\dfrac{di_b(t)}{dt} + Ri_b(t) = u_b - v_b \\ L\dfrac{di_c(t)}{dt} + Ri_c(t) = u_c - v_c \end{cases} \quad (2-3)$$

对式(2-3)左右两边均左乘以 Park 矩阵,可得

$$\begin{cases} L\dfrac{di_d}{dt} = u_d - v_d - Ri_d + \omega Li_q \\ L\dfrac{di_q}{dt} = u_q - v_q - Ri_q - \omega Li_d \end{cases} \quad (2-4)$$

其中 Park 变换矩阵 T 为

$$T(\theta) = \frac{2}{3}\begin{bmatrix} \cos\theta & \cos\left(\theta - \dfrac{2\pi}{3}\right) & \cos\left(\theta + \dfrac{2\pi}{3}\right) \\ -\sin\theta & -\sin\left(\theta - \dfrac{2\pi}{3}\right) & -\sin\left(\theta + \dfrac{2\pi}{3}\right) \end{bmatrix} \quad (2-5)$$

对式(2-4)进行拉普拉斯变换,可得

$$\begin{cases} (R + sL)i_d(s) = u_d(s) - v_d(s) + \omega Li_q \\ (R + sL)i_q(s) = u_q(s) - v_q(s) - \omega Li_d \end{cases} \quad (2-6)$$

因此,可以得到 MMC 的数学模型如图 2-7 所示。

2.2.2 MMC 内环电流控制器

从图 2-7 的数学模型可知,MMC 模型中 $d-q$ 轴变量之间存在耦合,另外还存在 u_d、u_q 扰动信号。考虑采用前馈解耦控制策略,引入电压耦合补偿项 ωLi_d、ωLi_q 以

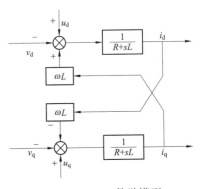

图 2-7 MMC 数学模型

及交流电网电压前馈项 u_d、u_q，并采用 PI 控制方式，可得到内环电流解耦控制器，如图 2-8 所示。

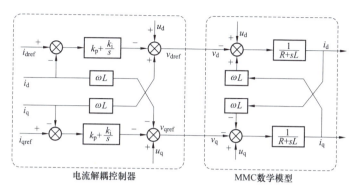

图 2-8　MMC 内环电流解耦控制器

MMC 换流器采用了电流解耦控制后，其电流控制器的 d 轴和 q 轴成为两个独立的控制环，即可以将图 2-8 简化为图 2-9 所示的系统结构。

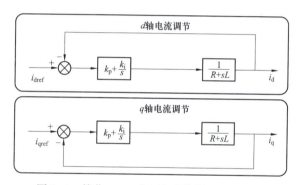

图 2-9　简化 MMC 内环电流控制系统结构图

2.2.3　MMC 外环控制器

内环电流控制器的作用是让交流侧电流 i_d、i_q 快速跟踪 i_{dref}、i_{qref}，不能实现有功功率、无功功率、直流电压、交流电压等多种控制功能。上述功能是由外环控制器来实现的，其主要的作用是根据控制目标要求，生成内环电流控制器 i_{dref}、i_{qref} 的参考值。

由瞬时控制理论得

$$\begin{cases} P = \dfrac{3}{2}(u_d i_d + u_q i_q) \\ Q = \dfrac{3}{2}(u_q i_d - u_d i_q) \end{cases} \tag{2-7}$$

锁相之后，有 $u_q = 0$，于是有

$$\begin{cases} P = \dfrac{3}{2} u_d i_d \\ Q = -\dfrac{3}{2} u_d i_q \end{cases} \tag{2-8}$$

由式（2-8），并考虑消除稳态误差引入 PI 调节器，可得到定有功控制器、定无功控制器的结构图，如图 2-10、图 2-11 所示。P_{ref}、Q_{ref} 分别为有功功率、无功功率给定量，P、Q 分别为实时采集的有功功率、无功功率值。有功功率控制器和无功功率控制器采用稳态逆模型和 PI 调节器相结合，可以提高控制器的响应特性并消除稳态误差。

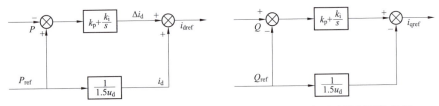

图 2-10　定有功控制器结构图　　　图 2-11　定无功控制器结构图

直流电压的变化将引起直流输送功率的变化，因此，直流电压为有功功率控制目标。直流电压控制是通过调节子模块的电容电压来保持直流侧电压恒定的，然而，有功功率的波动将引起子模块电容电压的充/放电，使直流侧电压产生波动。因此，在构建直流电压控制器的时候，需要引入有功功率补偿，使 d 轴电流分量快速补偿有功功率的波动，并使直流电压 U_{dc} 快速跟踪其参考值 U_{dref}。定直流电压控制器的结构如图 2-12 所示。

交流母线处的交流电压波动主要取决于系统潮流中的无功分量。所以，交流电压控制是通过控制 i_q 分量来实现的，其本质是控制系统的无功功率。如图 2-13 所示为定交流电压控制器结构图。

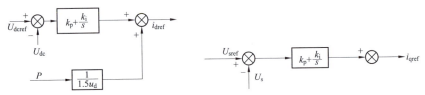

图 2-12　定直流电压控制器结构图　　　图 2-13　定交流电压控制器结构图

2.2.4　MMC 控制系统

单端 MMC 控制系统结构示意图如图 2-14 所示，主要由内环电流控制器、外环控制器、锁相环和脉冲生成等环节组成。系统电压经锁相环输出后得到系统的瞬时角度 θ，系统电压/电流依据锁相角度转换为 d、q 轴分量，以实时计算有功功率、无功功率等状态量。外环功率控制器分为有功功率控制类和无功功率控制类，有功功率控制类可选择直流电压、有功功率或系统频率，而无功功率控制可选择交流电压或无功功率。外环的输出 i_{sd}^*（i_{dref}）和 i_{sq}^*（i_{qref}）作为内环电流控制器的输入量。内环电流控制器的输出为 v_{dref} 和 v_{qref}，其通过 dq 反变换后即为阀侧交流电压给定值，即参考波电压 U_{ref}。因此，控制系统最终的目标是阀侧交流电压 U。

由图 2-14 易知，内环及外环控制均不需要对端换流站的信息。因此，柔性直流输电系统解锁后或输送功率的过程中可以不依赖站间通信。在解锁前，如果站间通信不正常，可以通过电话互相确认对站设备工作正常，并且处于连接状态后再进行解锁。

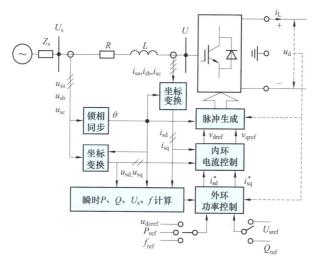

图 2-14 单端 MMC 控制系统结构示意图

2.3 模块化多电平换流器的调制策略

直接电流控制器仅给出了换流器期望的三相交流电压波形,如何通过对换流器各个桥臂的控制实现这一期望波形是需要解决的问题。对于 MMC 换流器,可以将上述控制目标落实到各个桥臂的调制波形,以下分析换流器输出的调制波与各个桥臂调制波的关系。

MMC 正常运行时,每个子模块工作在全电压或零电压状态。为叙述方便,定义子模块处于全电压状态为开通,零电压状态为关断。换流器单个相单元可以等效为图 2-15(a)的结构。为了分析模块化多电平换流器技术的波形生成原理,不妨以 a 相为例进行说明。图 2-15(a)中 u_{a0} 表示换流器 a 相单元输出的相电压,u_{a1}、u_{a2} 分别代表 a 相单元上、下桥臂电压,U_{dc} 是直流电压。

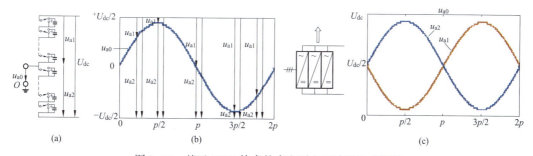

图 2-15 基于 MMC 技术的多电平电压波形生成原理
(a)换流器单个相单元等效图;(b)换流器相电压波形的合成原理;(c)上下桥臂电压波形

与两电平电压源换流器不同的是,模块化多电平换流器将电容器分散安装在各个子模块内,为了维持直流电压恒定,每个相单元的上、下两桥臂总的导通模块个数恒定。图 2-15(b)清晰地展现了换流器相电压波形的合成原理,从图中可以形象地看出各相单元上、下桥臂导通的模块数呈现此消彼长的变化趋势。由图 2-15(c)知,桥臂电压 u_{a1} 和 u_{a2} 的波形

关于 $U_{dc}/2$ 对称，这表明任意时刻二者之和恒为 U_{dc}。

如图 2-16 所示为模块化多电平换流器的等值电路图。其中 p 和 n 表示换流器直流侧的正负极，它们相对于参考中性点 O 的电压分别为 $U_{dc}/2$ 和 $-U_{dc}/2$，换流器中三个相单元具有严格的对称性，每相桥臂可通过子模块的投切控制桥臂输出电压，故每相桥臂均可等效为一个可控电压源，以 a 相为例，忽略换流器中桥臂电抗器的压降，可得

$$\begin{cases} u_{a1} = \dfrac{1}{2}U_{dc} - u_{ao} \\ u_{a2} = \dfrac{1}{2}U_{dc} + u_{ao} \end{cases} \tag{2-9}$$

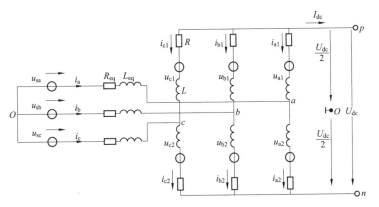

图 2-16 模块化多电平换流器等值电路图

式（2-9）为桥臂调制波的表达式，即 2.2.4 中所阐述的参考波电压。将式（2-9）中的两式相加，得

$$u_{a1} + u_{a2} = U_{dc} \tag{2-10}$$

由式（2-9）、式（2-10）可以得出，模块化多电平换流器正常运行时每相单元中处于投入状态的子模块数在任意时刻都相等且不变，通过对每相上、下桥臂中处于投入状态的子模块数进行分配来实现换流器交流侧输出多电平波形。

由于模块化多电平换流器中三个相单元具有严格的对称性，相单元中的上、下桥臂也具有严格的对称性，因此直流电流 I_{dc} 在三个相单元间均分，a 相的输出端电流在上、下桥臂均分为两部分。因此，可以得到 a 相上、下桥臂电流为

$$\begin{cases} i_{a1} = -\dfrac{1}{3}I_{dc} - \dfrac{1}{2}i_a \\ i_{a2} = -\dfrac{1}{3}I_{dc} + \dfrac{1}{2}i_a \end{cases} \tag{2-11}$$

根据上述原理，当 a 相上桥臂中所有 N 个子模块都切除时 $u_{a1}=0$，这时 a 相下桥臂所有的 N 个子模块都要投入，才能得到直流电压 U_{dc}。又因为相单元中处于投入状态的子模块数是一个不变的量，所以一般情况下，每个相单元中处于投入状态的子模块数为 N 个，是该相单元中全部子模块数 $2N$ 的一半（不考虑冗余）。这样，单个桥臂处于投入状态的子模块数可以是 0, 1, 2, …, N，也就是说模块化多电平换流器最多能输出的电平数为 $N+1$，这也正与 MMC 的扩展性相一致，可以通过子模块串联达到很高的电平数。

2.4 基于最近电平控制（NLC）的触发控制

MMC 换流器的突出优点是可以用阶梯波逼近期望的正弦波形，当电平数足够多时具有非常好的逼近效果。根据桥臂调制波形确定各子模块的投入数量以及位置有多种算法，在这些算法中最近电平控制（nearest level control，NLC）原理简单，实现方便，应用较为广泛。

最近电平控制的调制策略就是通过投入、切除子模块来使 MMC 输出的交流电压逼近调制波。用 $U_s(t)$ 表示调制波的瞬时值，U_c 表示子模块电容电压的平均值。一个桥臂含有的子模块数 N 通常是偶数。每个相单元中只有 N 个子模块被投入。如果这 N 个子模块由上、下桥臂平均分担，则该相单元输出电压为 0。根据图 2-17，随着调制波瞬时值从 0 开始升高，该相单元下桥臂处于投入状态的子模块需要逐渐增加，而上桥臂处于投入状态的子模块需要相应地减少，使该相单元的输出电压跟随调制波升高，将二者之差控制在 $\pm U_c/2$ 以内。

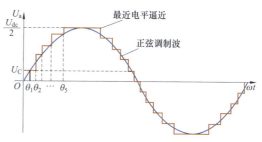

图 2-17 最近电平控制（NLC）原理图

在每个时刻，下桥臂和上桥臂需要投入的子模块数 n_down 和 n_up 可以分别表示为

$$n_\text{down} = n/2 + round(U_S/U_C) \tag{2-12}$$

$$n_\text{up} = n/2 - round(U_S/U_C) \tag{2-13}$$

式中 $round(x)$——取与 x 最接近的整数。

受子模块数的限制，有 $0 \leq n_\text{up}, n_\text{down} \leq N$。如果根据式（2-12）、式（2-13）算得的 n_up 和 n_down 总在边界值以内，称 NLC 工作在正常工作区。若算得的某个 n_up 和 n_down 超出了边界值，则这时只能取相应的边界值。这意味着当调制波升高到一定程度，受电平数限制，NLC 已无法将 MMC 的输出电压与调制波电压之差控制在 $\pm U_c/2$ 内，这时称 NLC 进入过调制区。

确定了桥臂子模块投入的数量后，还需确定在 N 个子模块中投入哪些子模块。结合子模块的充放电控制，可以按照以下原则确定：

首先对桥臂所有 N 个子模块电容电压按大小排序，假设应投入的子模块数量为 N_a，在桥臂电流方向与子模块电容电压同向时，选择电容电压最低的 N_a 个投入，在输出直流电压的同时对其进行充电；在电流方向与电容电压反向时，选取电容电压最高的 N_a 个投入，在输出直流电压的同时对其进行放电。

为了尽可能避免对刚投入子模块进行退出操作，可进一步采取优化算法。引入保持因子的概念，在进行子模块电容电压排序前，先将当前处于投入状态的子模块电容电压乘以保持因子。如果保持因子小于 1，则无论是充电过程还是放电过程，已投入的子模块都倾向于保持当前的投入状态，减小了子模块的开关频率。引入保持因子后的不利因素是弱化了子模块的电容电压控制，电容电压波动范围有可能扩大。

2.5 换流站控制对象策略

对于同一极的两端换流器，可根据柔性直流换流器的特点确定各自的控制对象。以下讨论极的控制对象选择。

对于柔性直流输电系统而言，由于采用了可关断器件的电压源换流器，每个换流器都可以实现对一个有功类目标和一个无功类目标的控制。有功类目标包括有功功率、直流电流、直流电压、交流系统频率等，无功类目标包括无功功率、交流电压等。理论上每个换流站在有功类控制目标和无功类控制目标中各选取一个即可作为该换流站的控制目标组合，但实际上控制目标的选取还要结合工程实际，例如如果交流系统比较坚强，就没必要选取交流系统频率。

两端柔性直流系统中，必然要求其中一个换流站且只能有一个换流站控制直流电压，这样不但可以确保直流海缆、换流阀、直流场设备的安全，而且可以最大程度地利用电压设计水平，降低直流系统的损耗。一端换流站选定为控制电压后，另一端换流站可选择控制有功功率。上述有功目标确定后，两换流站可各选取一个无功控制目标，如无功功率或交流母线电压。

当交流系统很弱或在孤岛运行方式下，弱交流系统侧或孤岛侧的换流站还应具有频率控制能力，可通过在基本的功率调节器中附加频率控制的方式实现。

综上考虑，厦门柔性直流工程的系统级控制对象组合如表 2-1 所示。

表 2-1　　　　　　　　厦门柔性直流工程的系统级控制对象组合

序号	鹭岛换流站	浦园换流站
1	直流电压，无功功率	有功功率，无功功率
2	直流电压，无功功率	有功功率，交流电压
3	直流电压，交流电压	有功功率，无功功率
4	直流电压，交流电压	有功功率，交流电压
5	有功功率，无功功率	直流电压，无功功率
6	有功功率，交流电压	直流电压，无功功率
7	有功功率，无功功率	直流电压，交流电压
8	有功功率，交流电压	直流电压，交流电压

当换流站以 STATCOM 方式工作时，两站间完全独立控制，两站的控制对象可选为直流电压、无功功率或直流电压、交流电压。

两端换流站均可用来控制直流电压，但在直流系统运行过程中，直流电压的控制权不应在两站间转换，这种处理方式可以快速地调节功率，甚至是功率反转。

尽管理论上极一、极二在控制对象的选择上完全独立，但为了获得良好的调节效果，两极的控制对象应一致。

另外，同一站的两极不能同时以交流电压为控制目标，否则会引起两极无功的发散，实际上两极定交流电压控制命令为同一控制命令。

2.6　运行控制策略

应提供必要的控制系统特性及相关运行界面，以实现各种运行方式下的基本运行控制模式。

2.6.1 双极功率控制

双极功率控制是该直流输电系统的主要控制模式。控制系统应当使整流端的直流功率等于远方调度中心调度人员或主控站运行人员整定的功率值。

如果两个极都处于双极功率控制状态，双极功率控制功能应该为每个极分配相同的电流参考值，以使接地极的电流最小。如果两个极的运行电压相等，则每个极的传输功率是相等的。

在双极功率控制模式下，如果其中一个极被选为独立控制模式（极功率独立控制或极电流控制），则该极的传输功率可以独立改变，整定的双极传输功率由处于双极功率控制状态的另一极来维持。在这种情况下，双极功率控制极的功率参考值等于双极功率参考值和独立运行极实际传输功率的差值。双极功率控制应具有以下两种控制方式：

（1）手动控制。期望的双极功率定值及功率升降速率，通过主控站运行人员控制系统的键盘或鼠标输入。

当执行改变功率命令时，双极输送的直流功率应当线性变化至预定的双极功率定值。

（2）自动控制。当选择这种运行控制方式时，双极功率定值及功率变化率按预先编好的直流传输功率日（或周或月）负荷曲线自动变化。该曲线至少可以定义1024个功率/时间数值点。

运行人员应能自由地从手动控制方式切换到自动控制方式，反之亦然。在手动控制和自动控制之间切换时，不应引起直流功率的突然变化。直流功率应当平滑地从切换时刻的实际功率变化到所进入的控制方式下的功率定值，而功率变化速度则取决于手动控制方式所整定的数值。

如果由于某极设备退出运行等原因使得该极的输电能力下降，导致实际的直流双极传输功率减少，双极功率控制应当增大另一极的电流，自动而快速地把直流传输功率恢复到尽可能接近双极功率控制设定的参考值的水平，另一极的电流的增加受功能规范书定义的设备过负荷能力限制。

由于传输能力的损失而引起的在两个极之间的功率重新分配，仅限于双极功率控制极。如果一个极是独立运行，另一极是双极功率控制运行，则双极功率控制极应该补偿独立运行极的功率损失。独立运行极不补偿双极功率控制极的功率损失。

当流过极的电流或功率超过设备的连续过负荷能力时，功率控制应当向系统运行人员发出报警信号，并在使用规定的过负荷能力之后，自动地把直流功率降低到安全水平。

暂态期间或功率控制器暂时不能正常工作时，功率控制模式应能自动平稳地过渡到适合的控制模式，如电流控制模式，且这一过程应保证不会对直流电流造成大的扰动。

在双极功率控制和极功率独立控制中，极电流指令的计算不应受到在暂态过程中直流电压突然变化的影响。

双极功率控制模式下允许一个单极处于非双极功率控制的独立运行模式，独立运行的极可以独立进行启停、功率或电流参考值的重新设置等操作。

2.6.2 极功率独立控制

极功率独立控制应能把本极直流功率控制为由远方调度中心调度人员或主控站运行人员整

定的功率值。该控制模式应按每个极单独实现。在这种控制模式下，该极的传输功率保持在按极设置的功率参考值，不受双极功率控制的影响。极功率独立控制应具备以下功能要求：

（1）可以设置一个新的极功率整定值和极功率变化速率，然后执行功率变化指令增减极传输功率，功率将按设定的速率平稳地变化到新的极功率参考值。

（2）极功率整定值只可以手动调整，不需要类似双极功率控制的自动功能。

（3）所有的调制控制功能，在该模式下仍应有效。

2.7　直流系统及换流站充电策略

柔性直流的换流器实际上是一个逆变器，其工作机制为将直流电压逆变成为交流电压，因此，为直流侧提供等效电压源是其开始工作的先决条件。对于两电平和三电平拓扑的电压源换流器，直流侧等效电压源的载体是直流电容，而模块化多电平换流器等效电压源的载体是分布于子模块中的电容。除了换流站内的电容，直流电缆也是要充电的对象。

对直流系统的充电可以分为两个过程。第一个过程是合上交流系统开关，模块化多电平在闭锁状态时，在峰值整流的作用下对子模块电容及直流电缆充电，换流变压器阀侧线电压的峰值将在单个桥臂中所有子模块电容上平均分配，而直流电压的最终值将等于交流线电压的峰值。第二个过程是处于直流电压控制的换流站解锁，对直流系统进行进一步的充电，使直流系统电压最终维持在额定直流电压。

无论是子模块电容还是直流电缆都属于电容型储能元件，由于电容电压不能突变，因此从 0 对其充电的瞬间直流回路相当于短路状态，而 IGBT 器件对过电流非常敏感，过大的电流会损坏器件，因此必须在回路中串接充电电阻，限制充电过程，尤其是充电开始时刻的过电流。充电过程完成后应及时退出充电电阻，这通过合上与其并联的断路器实现，为下一阶段的输送功率做好准备。

对直流系统充电时可以从某一个站进行，也可以从两站同时进行。当从一站进行充电时需要首先使两侧换流器、直流电缆处于连接状态。考虑到充电过程中潜在的设备故障，推荐采用从一端充电的策略。

当换流站以 STATCOM 方式工作时，应先断开直流电缆的隔离开关，仅对换流器充电。

2.8　换流变压器分接头控制策略

厦门柔性直流工程的换流变压器设计为有载调压，其分接头的控制策略为控制换流器的调制比，使调制比位于死区范围内。厦门±320 千伏柔性直流输电科技示范工程的额定调制比为 0.85，当调制比超过上限值 0.95 时，调低换流变压器阀侧电压，低于下限值 0.75 时，调高换流变压器阀侧电压。

额定直流电压时，调制比变化 Δm 所引起的阀侧电压变化为

$$\Delta U_2 = \Delta m \frac{U_{\text{dcN}}}{2} = 16\text{kV} \tag{2-14}$$

式中　U_{dcN}——额定直流电压 320kV；

Δ*m*——调制比变化量，此处取 0.1。

额定交流电压时，分接头每变化一挡引起的阀侧电压变化为

$$\Delta U_1 = step \cdot U_{acv} = 2.08 \text{kV} \tag{2-15}$$

式中 *step*——分接头级差 0.0125；

U_{acv}——阀侧电压 166.57kV。

由于 $\Delta U_2 \gg \Delta U_1$，分接头的调制必然会将调制比控制在死区范围内。

柔性直流输电仿真技术

3.1 MATLAB 仿真

3.1.1 MATLAB 简介

MATLAB 软件是美国 MathWorks 公司出品的商业数学软件，用于算法开发、数据可视化、数据分析以及数值计算的高级技术计算语言和交互式环境，主要包括 MATLAB 和 Simulink 两大部分。

MATLAB 的特点是可以进行矩阵运算、绘制函数和数据、实现算法、创建用户界面、连接其他编程语言的程序等，主要应用于工程计算、控制设计、信号处理与通信、图像处理、信号检测、金融建模设计与分析等领域。

Simulink 是 MATLAB 中的一种可视化仿真工具，是一种基于 MATLAB 的框图设计环境，是实现动态系统建模、仿真和分析的一个软件包，被广泛应用于线性系统、非线性系统、数字控制及数字信号处理的建模和仿真中。它提供一个动态系统建模、仿真和综合分析的集成环境。在该环境中，不需要大量书写程序，只需要通过简单直观的鼠标操作，就可构造出复杂的系统。为了创建动态系统模型，Simulink 提供了一个建立模型方块图的图形用户接口（GUI），这个创建过程只需单击和拖动鼠标操作就能完成，它提供了一种更快捷、更直接的方式，而且用户可以立即看到系统的仿真结果。

SimPowerSystems 是在 Simulink 环境下进行电力电子系统建模和仿真的先进工具，由电气仿真专家 TEQSIM International 最初开发。SimPowerSystems 中模块的数学模型基于成熟的电磁和机电方程，用标准的电气符号表示。它在发电、输变电和电力分配计算方面提供了强有力的解决方法，尤其是当设计开发内容涉及控制系统设计时，优势更为突出。该模块集包含电气网络中常见的元器件和设备，以直观易用的图形方式对电气系统进行模型描述，可与其他 Simulink 模块相连接，进行一体化的系统级动态分析。

SimPowerSystems 提供一个现代化的设计工具，使用者可以快速、简单地建立电力电子仿真模型。其模块集使用 Simulink 环境，用户仅需使用简单的点选、拖曳操作就能快速搭建仿真系统。不仅如此，SimPowerSystems 还提供丰富的控制系统元件，方便搭建复杂的控制系统，大大提高了仿真的效率。柔性直流输电系统控制策略复杂，SimPowerSystems 非常适合对其进行仿真分析。

3.1.2 SimPowerSystems 仿真过程简述

本书以 R2015a 版本的 MATLAB 简述柔直建模仿真过程。如图 3-1 所示是 MATLAB 的主窗口，该窗口包含以下几个区域：主菜单、当前文件夹、信息窗口、命令窗口、工作空间。主菜单由 "HOME" "PLOTS" 和 "APPS" 选项卡组成，分别包含常规的文件和变量操作，曲线绘制和高级应用等功能。当前文件夹为用户选定的软件工作文件夹，仿真文件以列表方式显示，可方便进行仿真文件的打开或切换。信息窗口中包含软件版本信息和当前文件预览信息。在命令窗口，用户可直接键入操作命令，进行相关的运行或操作。工作空间中可查看当前仿真的变量，便于直接分析。

在主菜单区单击 "Simulink Library" 可进入元件库窗口，如图 3-2 所示。

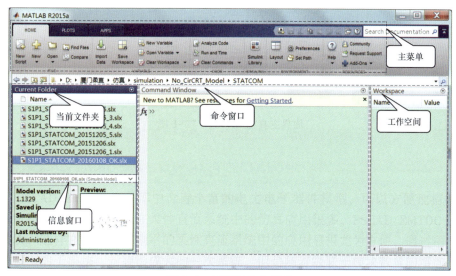

图 3-1　MATLAB 主窗口

在元件库窗口中，左侧为元件库导航，包含各种 Simulink 仿真元件库，在这里可以找到 SimPowerSystems 元件库。该窗口的右侧为元件列表窗口，可显示每一子元件库所包含的元件，如 "Electrical Sources" 元件库包含交流电流源 "AC Current Source" 等元件。

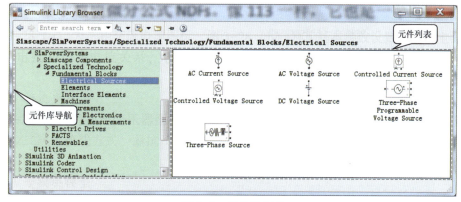

图 3-2　元件库窗口

在图 3-2 中单击 图标，进入图 3-3 所示的建模仿真窗口。用户在建模过程中，可以方便地将元件库列表中的元件拖拽到建模仿真窗口，双击所选择的元件即可对其参数进行设置修改。

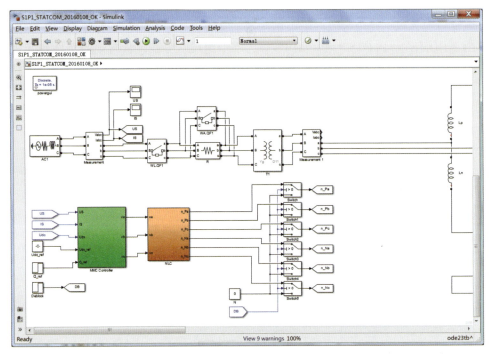

图 3-3　建模仿真窗口

在仿真模型搭建完成之后，还要添加"powergui"模块，该模块里存放了各元件的数学模型，缺少该模块 SimPowerSystems 仿真将无法启动。添加"powergui"模块后，双击打开对其进行设置，如图 3-4 所示。该设置项包含"Simulation type""Solver type"和"Sample time"，分别对仿真类型、求解器类型和仿真步长进行设置。

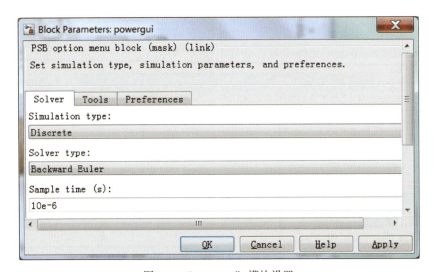

图 3-4　"powergui"模块设置

此外，还需对仿真模型的参数进行配置。如图 3-5 所示，在建模仿真窗口中单击设置图标的下拉菜单，选择"Model Configuration Parameters"进入配置参数界面，如图 3-6 所示。

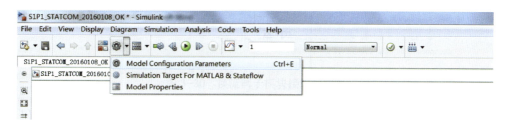

图 3-5　模型配置菜单

在图 3-6 所示的模型配置参数界面中，需对仿真时间"Simulation time"进行设置。此外，还要对仿真所使用的求解器 Solver 进行设置，这里主要对求解器的类型 Type 和仿真器的类型 Solver 进行设置。在本书中，求解器 Type 选择变步长方式"Variable-step"；在柔性直流仿真中，需要用到非线性元件，因此选择"ode23tb"求解器。其余参数可以采用默认值。

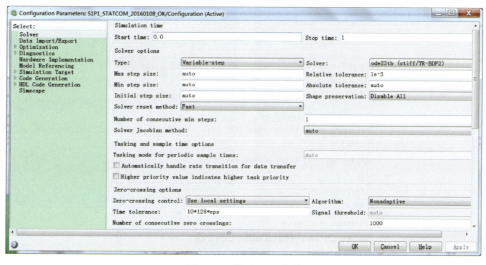

图 3-6　模型配置参数

设置完成后，单击建模仿真窗口运行按钮进行仿真，若有报错，则会弹出如图 3-7 所示的诊断窗口。此时，需要对报错进行分析，修改模型错误处再重新开始仿真。

仿真完成后，查看相关显示元件 Scope 中的仿真波形，或者在 workspace 中找到模型中设置的变量进行数据分析。

3.1.3　柔性直流输电仿真常用模块元件

一、三相交流电源

图 3-8（a）为三相交流电源图标，图 3-8（b）为其参数设置，包含电压、相角、频率、接地方式、短路容量、基准电压、X/R 比值等。

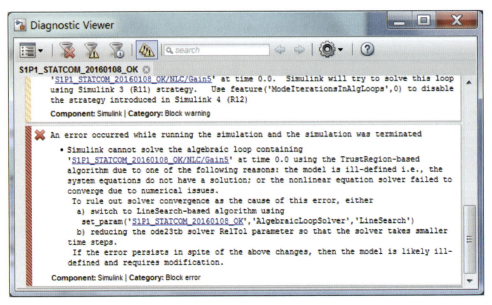

图 3-7 仿真诊断报错

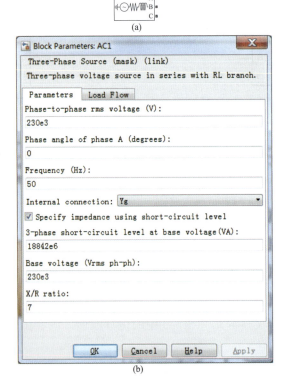

图 3-8 三相交流电源
(a) 元件图标;(b) 参数设置

二、三相断路器

图 3-9（a）为三相断路器图标，图 3-9（b）为其参数设置，包含初始状态、切换时间、通态电阻、缓冲回路电阻/电容等。

三、充电电阻

图 3-10（a）为充电电阻图标，图 3-10（b）为其参数设置，包含支路类型选择，阻值设置等。该元件为 RLC 通用串联元件，参数设置中仅需将 Branch type 设置为"R"即表示该支路为电阻。

另外，桥臂电抗器、平波电抗器、子模块电容等可以选择单相的 RLC 串联支路，其设置方式类似于充电电阻。

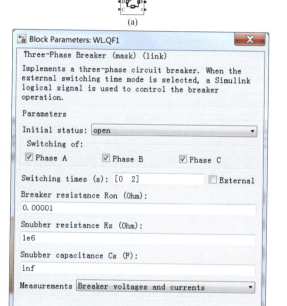

图 3-9　三相断路器
（a）元件图标；（b）参数设置

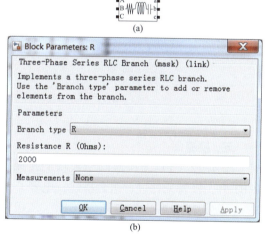

图 3-10　充电电阻
（a）元件图标；（b）参数设置

四、换流变压器

图 3-11（a）为换流变压器图标；图 3-11（b）为其配置设置，可对换流变压器的一次/二次侧的接线方式和接地方式进行选择；图 3-11（c）为其参数设置，可对一次和二次侧的容量、电压、漏抗和励磁阻抗等参数进行设置。注意图 3-11（c）所示的参数设置中，各侧的阻抗可以分开设置。

(a)

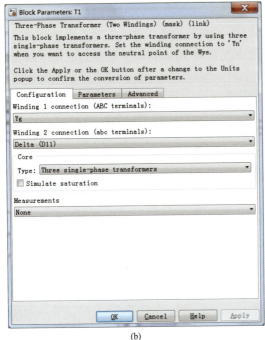

(b)

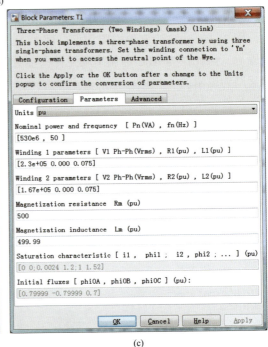

(c)

图 3-11 换流变压器
(a) 图标；(b) 配置设置；(c) 参数设置

五、换流阀

图 3-12（a）为换流阀子模块的接线示意图，可用图 3-12（b）、图 3-12（c）中的 IGBT 和二极管元件进行组合搭建，电容 C 的建模方法类似于充电电阻，在此不再赘述。图 3-12（d）、3-12（e）分别为 IGBT、二极管的参数设置界面。

由 IGBT、二极管、电容等元件搭建的详细仿真模型，因 MATLAB/Simulink 的模型为解释执行，执行速度较慢。也可以采用子模块等效化简的方法，提高仿真的速度。

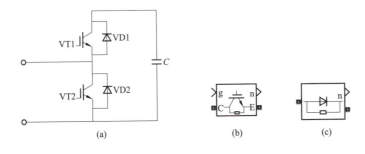

图 3-12 换流阀（一）
(a) 子模块接线示意图；(b) IGBT；(c) 二极管

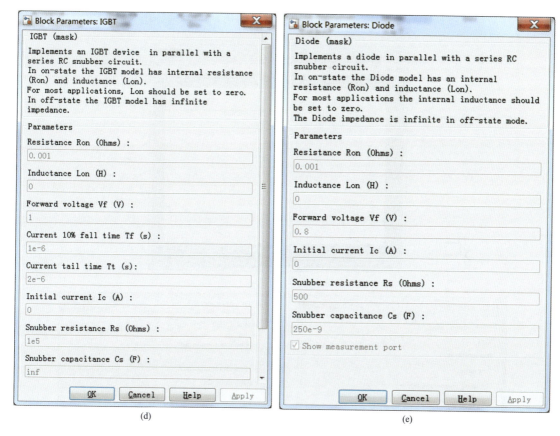

图 3-12 换流阀（二）

(d) IGBT 参数设置；(e) 二极管参数设置

六、测量元件

常用的测量元件有单相电流测量元件（Current Measurement）、单相电压测量元件（Voltage Measurement）、三相电压电流测量元件（Three-Phase V-I Measurement），如图 3-13 所示。

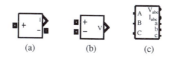

图 3-13 常用的测量元件

(a) 单相电流测量元件；(b) 单相电压测量元件；(c) 三相电压电流测量元件

七、显示元件

图 3-14（a）为显示元件图标，仿真运行完成后可双击该图标，进入图 3-14（b）所示的仿真波形界面。在仿真波形界面中单击设置图标 ，可进入图 3-14（c）或图 3-14（d）。在图 3-14（c）中用户可对仿真波形显示的波形数目，显示的时间长度进行设置；在图 3-14（d）中用户可对仿真数据的存储方式进行设置，当希望将仿真的结果存储到workspace 时，可勾选"Save data to workspace"，对存储后的变量进行命名并选择"Structure with time"。当数据存储到 workspace 后，用户就可对其进行后期的处理分析，如 FFT 分析等。

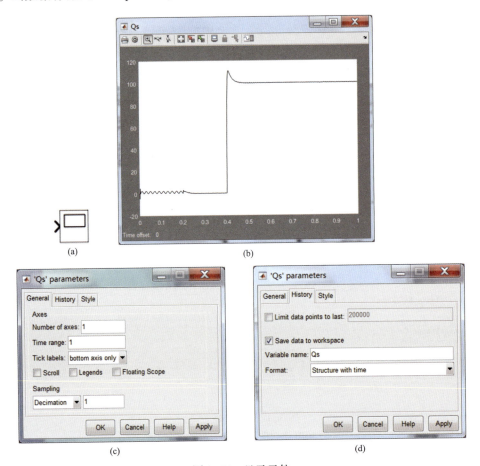

图 3-14 显示元件

（a）显示元件图标；（b）仿真波形图；（c）通用设置；（d）历史仿真数据存储设置

八、三相锁相环 PLL

图 3-15（a）为三相锁相环元件图标；图 3-15（b）为其参数设置界面，可对锁相环的最小频率、初始输入、PID 参数等进行设置。锁相环的输入可采用交流网侧所采集的电压，输出为锁相频率和相角。当然，也可以使用自定义的锁相环，但其动态响应与原件库中的 PLL 会略有区别。

九、dq0 正/反变换模块

图 3-16（a）为 dq0 正变换模块图标，图 3-16（b）为 dq0 反变换模块图标。dq0 正变换模块输入可为交流侧三相电压/电流信号，相角输入接锁相环的相角输出，输出即为 dq0 分量。dq0 反变压器换模块的输入为控制逻辑计算的 dq 结果，相角的输入为锁相环输出角度加换流变压器相角补偿量，输出为三相电压/电流信号。图 3-16（c）为 dq0 正变换模块参数设置，图 3-16（d）为 dq0 反变换模块参数设置。当参数设置选择"Aligned with phase A axis"时，dq0 正变换的表达式为式（3-1），dq0 反变换的表达式为式（3-2）。

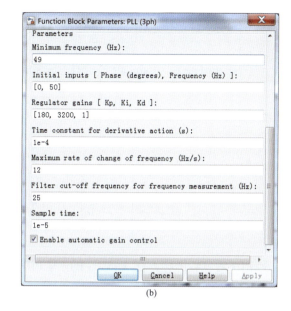

图 3-15　三相锁相环

（a）元件图标；（b）参数设置

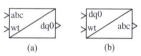

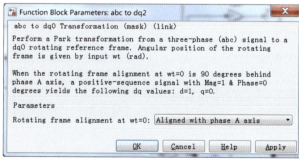

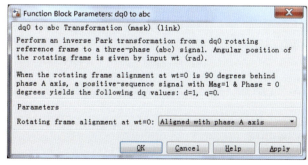

图 3-16　dq0 正/反变换模块

（a）dq0 正变换模块图标；（b）dq0 反变换模块图标；
（c）dq0 正变换模块参数设置；（d）dq0 反变换模块参数设置

$$\begin{bmatrix} u_\mathrm{d} \\ u_\mathrm{q} \\ u_0 \end{bmatrix} = \frac{2}{3} \begin{bmatrix} \cos(\omega t) & \cos\left(\omega t - \frac{2\pi}{3}\right) & \cos\left(\omega t + \frac{2\pi}{3}\right) \\ -\sin(\omega t) & -\sin\left(\omega t - \frac{2\pi}{3}\right) & -\sin\left(\omega t - \frac{2\pi}{3}\right) \\ \frac{1}{2} & \frac{1}{2} & \frac{1}{2} \end{bmatrix} \begin{bmatrix} u_\mathrm{a} \\ u_\mathrm{b} \\ u_\mathrm{c} \end{bmatrix} \quad (3-1)$$

$$\begin{bmatrix} u_\mathrm{a} \\ u_\mathrm{b} \\ u_\mathrm{c} \end{bmatrix} = \begin{bmatrix} \cos(\omega t) & \sin(\omega t) & 1 \\ \cos\left(\omega t - \frac{2\pi}{3}\right) & -\sin\left(\omega t - \frac{2\pi}{3}\right) & 1 \\ \cos\left(\omega t + \frac{2\pi}{3}\right) & -\sin\left(\omega t - \frac{2\pi}{3}\right) & 1 \end{bmatrix} \begin{bmatrix} u_\mathrm{d} \\ u_\mathrm{q} \\ u_0 \end{bmatrix} \quad (3-2)$$

十、PI 调节器

图 3-17（a）为 PID 调节器图标，图 3-17（b）为 PID 调节器的参数设置界面。在参数设置中，"Controller"选择框可对 PID 的环节进行选择，柔性直流输电仿真中用到 PI 调节环节；在"Form"选择框里可对 PID 调节器各环节的连接方式进行选择，本书选择 Parallel 并联的 PID。在"Time domain"选项里，可选择连续还是离散的 PID 方式，本书选择 Continuous-time。在 Main 选项卡中，可对 PI 调节器的各环节参数进行设置，如比例环节系数 P、积分环节系数 I 等。

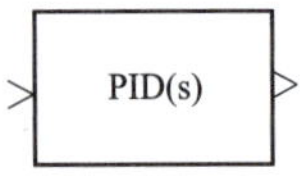

(a)

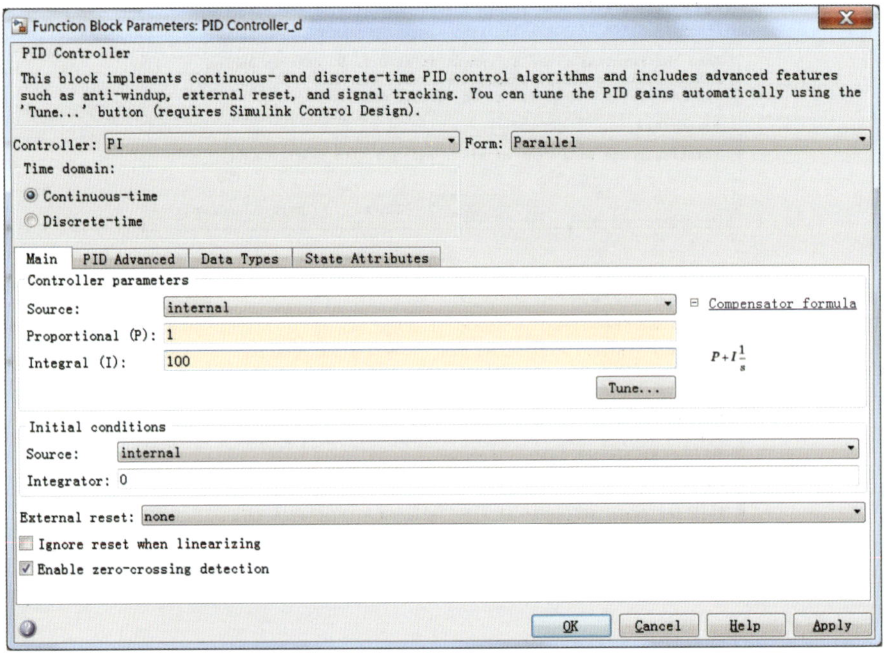

(b)

图 3-17 PI 调节器
(a) 元件图标；(b) 参数设置

3.1.4 柔性直流输电仿真实例

在 MATLAB 搭建如图 3-18 所示的端对端柔性直流输电仿真系统，站 1 采用有功功率+无功功率控制方式，站 2 采用直流电压+交流电压控制方式。两站采用的控制策略包含：外环电压/功率控制策略、内环电流解耦控制策略、桥臂环流控制策略、NLC 控制策略。

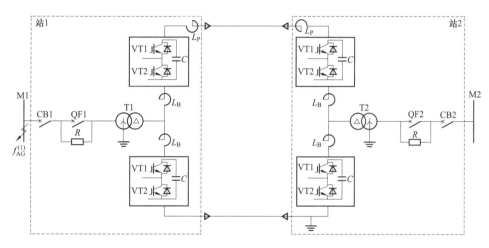

图 3-18 仿真系统结构

仿真系统参数如表 3-1 所示。

表 3-1　　　　　　　　　　　仿真系统参数

项目	参数	项目	参数
充电电阻 R	2000Ω	桥臂子模块数 N	200
换流变压器容量	530MVA	子模块电压	1.6kV
换流变压器变比	230/167	子模块电容	10mF
换流变压器阻抗电压	15%	子模块额定电流	1600A
桥臂电抗器 L_B	60mH	直流侧电压	320kV
平波电抗器 L_P	50mH	MMC 额定功率	500MW
线路电缆	10.7km	调制方法	NLC
220kV 系统短路容量	18842MVA	220kV 系统 X/R	7

一、充电过程

模拟 MMC 启动充电过程，在旁路断路器 QF1（QF2）处于断开状态下，0.2s 仿真时刻合上交流侧断路器 CB1（CB2），通过充电电阻对换流器充电。充电过程直流侧电压及交流侧电流波形如图 3-19 所示。由图 3-19 可知，充电过程结束后，直流侧电压约为换流变压器阀侧线电压峰值；由于限流电阻的存在，充电电流峰值不超过 100A。

二、解锁过程

合上旁路断路器 QF1（QF2），在相对仿真时间 0.2s 对控直流电压站发出解锁换流阀命

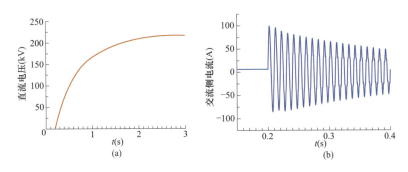

图 3-19 MMC 充电过程波形图
(a) 直流电压波形；(b) 交流侧电流波形

令，解锁过程如图 3-20 所示。解锁后，直流电压迅速上升到目标值 320kV；解锁过程中交流侧电流第一个周期最大电流峰值约为 1.5kA，经过 4~5 个工频周期衰减到 0。

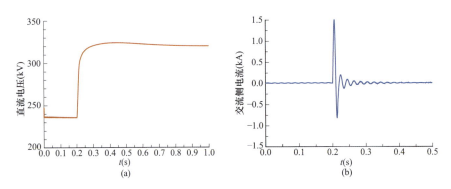

图 3-20 MMC 解锁过程波形图
(a) 直流电压波形；(b) 交流侧电流波形

三、稳态运行

设置站 1 有功功率为 200MW，无功功率为 100Mvar；设置站 2 直流电压指令为 320kV，交流电压指令为 230kV。在仿真时间 1.0s 时，投入环流抑制功能，站 1 稳态运行波形如图 3-21 所示。在图 3-21 中，图 3-21 (a) 为环流抑制功能投入前桥臂电流波形图，该波形存在明显畸变；图 3-21 (b) 为环流抑制功能投入之后波形图；图 3-21 (c) 为环流抑制功能投入之后桥臂电流的频谱图，仅存在直流和基波分量；图 3-21 (d) ~图 3-21 (f) 分别为环流抑制功能投入后，直流电压、交流电流和换流器功率波形。

四、动态响应

(1) 直流电压阶跃。设置站 1 有功功率为 200MW，无功功率为 100Mvar，在仿真时间 2.0s 时，将站 2 直流电压指令由 320kV 修改为 330kV，阶跃过程如图 3-22 所示。直流电压阶跃过程中，有功功率和无功功率轻微波动后迅速调整至指令值，功率传输基本不受影响。

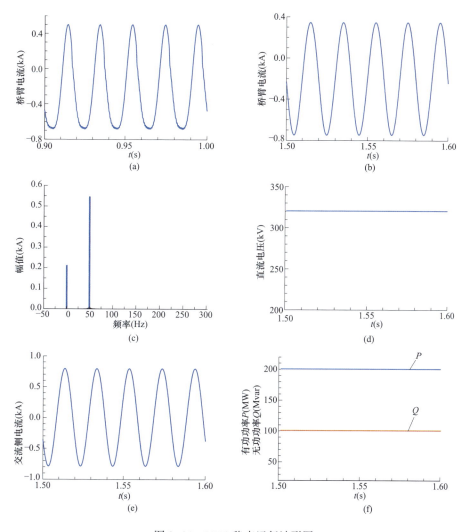

图 3-21 MMC 稳态运行波形图

（a）环流抑制投入前桥臂电流；（b）环流抑制投入后桥臂电流；
（c）桥臂电流频谱图；（d）环流抑制投入后直流电压；
（e）环流抑制投入后交流电流；（f）环流抑制投入后换流器功率变化

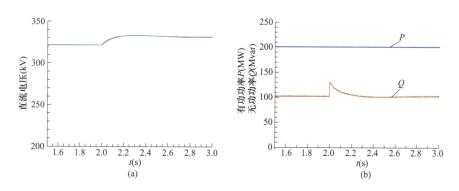

图 3-22 MMC 直流电压阶跃过程波形图

（a）交流电流波形；（b）换流器功率变化

（2）交流电压阶跃。设置站 1 有功功率为 0MW，无功功率为 0Mvar，在仿真时间 1.0s 时，将交流电压指令由 230kV 修改为 228kV，阶跃过程如图 3-23 所示。交流电压阶跃过程中，直流电压和有功功率基本不受影响，无功功率由 0 迅速调整至约 160Mvar。

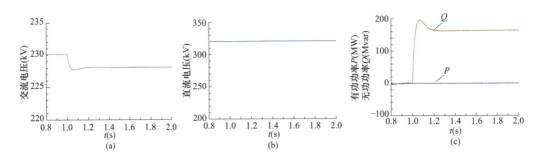

图 3-23　MMC 交流电压阶跃过程波形图
(a) 交流电压波形；(b) 直流电压波形；(c) 换流器功率变化

（3）有功功率阶跃。设置站 1 初始有功功率为 0MW，无功功率为 100Mvar，在仿真时间 1.0s 时，将站 1 有功功率指令修改为 200MW，阶跃过程如图 3-24 所示。无功功率轻微扰动后迅速恢复至指令值；站 1 有功阶跃后，使站 2 子模块电容电压上升引起直流电压升高，经短暂调整后恢复到 320kV。

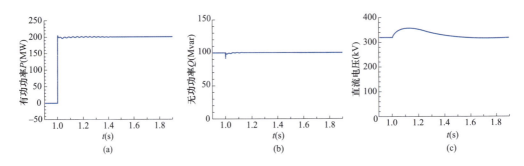

图 3-24　MMC 有功功率阶跃过程波形图
(a) 有功功率波形；(b) 无功功率波形；(c) 直流电压波形

（4）无功功率阶跃。设置站 1 有功功率为 100MW，初始无功功率为 100Mvar，在仿真时间 1.5s 时，将站 1 无功功率指令修改为 300Mvar，阶跃过程如图 3-25 所示。在无功功率阶跃过程中，有功功率轻微扰动后迅速恢复至指令值，直流电压基本不受影响。

（5）暂态故障响应。站 1 有功功率设置为 200MW，无功功率设置为−100Mvar。在 2.0s 仿真时刻，模拟 M1 母线发生 A 相单相接地瞬时故障，接地电阻 1.0Ω，持续时间 100ms。控制策略中加入负序闭环控制，负序电压采用数字移相的方法提取。如图 3-26 所示为该故障波形图，其中图 3-26（b）交流侧电流已滤除零序分量。在图 3-26 中，图 3-26（b）表明故障发生后，换流器三相交流电流保持平衡并略有增加；图 3-26（c）表明，负序电流受抑制后由于负序电压的存在，有功功率和无功功率伴随 2 倍频分量振荡；在图 3-26（d）中，由于有功功率存在 2 倍频分量振荡，直流电压也伴随 2 倍频分量轻微振荡。该故障过程表明，柔性直流输电系统具备良好的交流系统区外故障穿越能力，不对故障点提供短路电

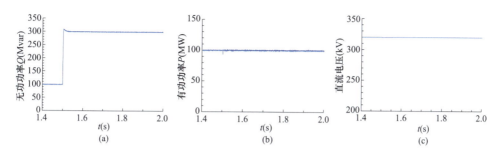

图 3-25 MMC 无功功率阶跃过程波形图

（a）无功功率波形；（b）有功功率波形；（c）直流电压波形

流，且能在故障消失后迅速恢复功率输送。

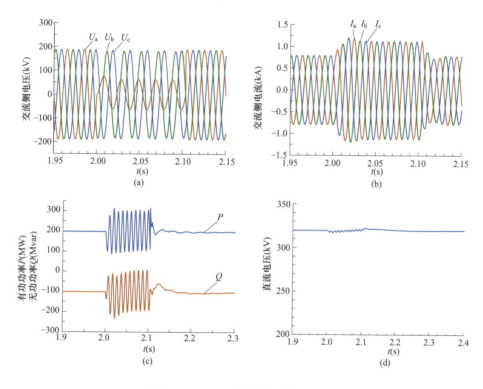

图 3-26 MMC 暂态故障响应波形图

（a）交流侧电压；（b）交流侧电流；（c）换流器功率；（d）直流侧电压

3.2 PSCAD 仿 真

3.2.1 软件介绍

PSCAD/EMTDC 最早由加拿大曼尼托巴水电局开发完成，具有较强的动态控制特性、强大的绘图功能，友好的用户图形界面，逐渐发展成为国际上广泛使用的电力系统电磁暂态仿真程序。EMTDC（Electro-Magnetic transient program for DC）是电力系统数字仿真软件。PSCAD（power system computer aided design）采用 EMTDC 作为仿真引擎的用户图形界面，实现了模块化和可视化建模。同时 PSCAD/EMTDC 采用时域分析求解完整的电力系统及微分方程，结果非常精确，可以很好地应用于电力系统运行分析、设计、规划等研究领域。

3.2.2　PSCAD/EMTDC 的主要功能

作为一种可以应用于实际工程的控制系统仿真软件，PSCAD/EMTDC 以其体积小、价格低、灵活性高、投资小等优点，常常应用于实际工程的控制系统仿真领域。其主要研究领域包括以下几个方面：

（1）研究 SVC、HVDC 和其他非线性元件间的相互影响。
（2）寻找由 SVC、HVDC、STATCOM（或任何电力电子设备）产生的谐波。
（3）调谐和设计控制系统，以寻求最好的控制性能。
（4）寻找由于故障或断路器操作引起的电力系统的过电压。
（5）采用非常小的时间步长，寻找由于雷电冲击造成的电力系统的过电压研究。
（6）绝缘配合研究。
（7）寻找给定扰动下避雷器的最大能量。
（8）研究当一台多轴系发电机与串补线路或电力电子设备相互作用时的次同步谐振现象。
（9）STATCOM 的建模（及其相关的控制详细模型）。
（10）向孤立负荷送电。

3.2.3　常用库元件介绍

PSCAD 允许用户方便地搭建电路模型，灵活地调节控制参数，极大地提高了仿真效率。PSCAD 仿真主界面如图 3-27 所示，里面提供了丰富的元件库，基本涵盖了电机、FACTS 装置、线路等模型，包含简单的无源元件至复杂的控制模块，并且支持用户自定义模块，以下简要介绍 PSCAD 中的常用元件。

（1）Sources 元件库。包含三相电压源模型、单相电压源模型、电流源模型和谐波电流源模型等。
（2）Transformers 元件库。包含单相两绕组变压器、单相三绕组变压器、三相两绕组变压器、三相三绕组变压器等。目前 PSCAD 对变压器的等效主要采用 the classical（经典法）和 the unified magnetic equivalent circuit（UMEC）（统一磁路等效法）。
（3）HVDC_ FACTS_ PE 元件库。包含电力电子开关器件、六脉冲桥、静止无功补偿器、脉冲驱动、电流控制、角度控制、电流电压控制等模型。
（4）Breakers_ Faults 元件库。包含单相断路器、三相断路器、定时断路器、单相故障、三相故障、定时故障等。
（5）Machines 元件库。包含同步机，笼型异步电动机、绕线转子异步电动机、两绕组直流电动机、永磁同步电动机、风力涡轮动机等。
（6）Passive 元件库。包含可调 R、L、C 负载，三相负载，固定负荷，高通滤波器，带通滤波器等。

此外还包括一些输电线路、控制元件、序列元件、测量元件、数据/阅读元件、保护元件等模型，这里不再赘述。

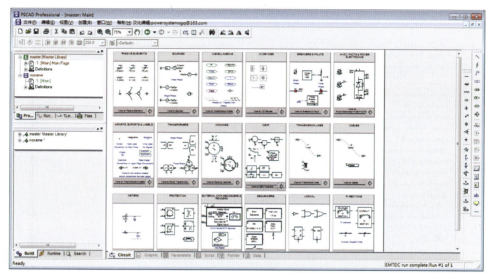

图 3-27　PSCAD 仿真主界面

3.2.4　PSCAD/EMTDC 在柔性直流系统中的仿真应用

由于 PSCAD/EMTDC 元件库中含有丰富的电力电子器件模型，可以方便地搭接柔性直流输电系统模型，因而近年来在柔性直流系统中的仿真应用很多。PSCAD/EMTDC 还能支持自定义模块，这样在模块化多电平的柔性直流系统中的应用显得尤为方便，通过用户自定义不同等效模型的子模块，封装形成大的一次系统。但是随着级联子模块数量的增加，电力电子器件也随之增加，这会显著增加仿真计算量，消耗大量的仿真时间。当前也有许多学者研究了多种对子模块的等效模型，在保证精确度的前提下，大幅降低仿真时间，取得了不错的仿真效果。

本节以 PSCAD4.2.1 为例介绍柔性直流输电系统建模仿真过程。

一、柔性直流输电仿真常用模块元件

（一）三相交流电源

图 3-28（a）为三相交流电源图标，图 3-28（b）为其基本参数设置，包含电源阻抗类型、零序电抗和正序电抗关系、电源控制方式及阻抗单位等，图 3-28（c）为电源阻抗设置。

（二）换流变压器

图 3-29（a）为换流变压器图标；图 3-29（b）为其基本配置设置，包含变压器的频率、一次/二次侧接线方式、漏抗及空载损耗；图 3-29（c）设置变压器一、二次侧的额定电压。

（三）子模块模型

图 3-30 为一个子模块的模型示意图，包含两个 IGBT、两个二极管及一个电容。

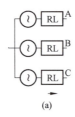

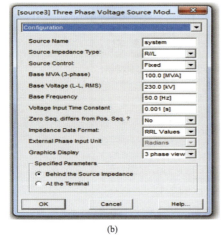

图 3-28　三相交流电源模块

（a）三相交流电源元件图标；（b）三相交流电源参数设置 1；（c）三相交流电源参数设置 2

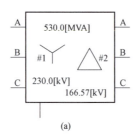

图 3-29　换流变压器模块

（a）变压器元件图标；（b）变压器参数设置 1；（c）变压器参数设置 2

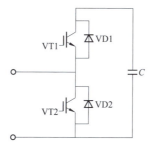

图 3-30 换流阀子模块接线示意图

（1）IGBT。图 3-31（a）为 IGBT 图标，图 3-31（b）和图 3-31（c）为 IGBT 参数设置，包含缓冲回路设置，导通电阻、关断电阻及正向电压降等参数设置。

(a)

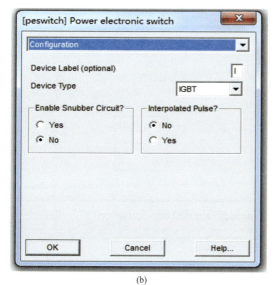

(b)

(c)

图 3-31 IGBT 元件

(a) IGBT 图标；(b) IGBT 参数设置 1；(c) IGBT 参数设置 2

（2）二极管。图 3-32（a）为二极管图标，图 3-32（b）和图 3-32（c）为二极管参数设置界面，与 IGBT 参数设置类似，不再赘述。

（四）三相锁相环 PLL

图 3-33（a）为三相锁相环元件图标；图 3-33（b）为其参数设置界面，可对锁相环的 PI 参数、输出角度类型及补偿相位等进行设置。在此需要注意，在 PSCAD 中电气量由正弦表示，锁相环输出的是 A 相正弦角度，而 DQ0 变换中采用的是余弦角度，因而应在锁相环输出的初始相位减去 90°进行补偿。

（五）dq0 变换模块

图 3-34（a）为 dq0 变换模块图标，图 3-34（b）为 dq0 变换参数设置，需要输入相角，此相角输入为锁相环的相角输出，同时也可以进行正变换及逆变换的设置。由于 PSCAD

图 3-32 二极管元件

(a) 二极管图标；(b) 二极管参数设置 1；(c) 二极管参数设置 2

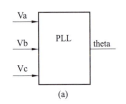

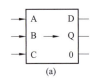

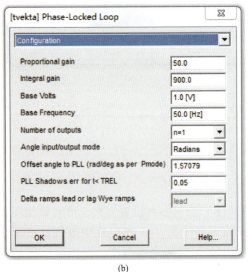

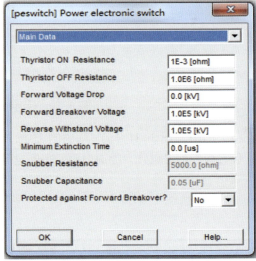

图 3-33 锁相环元件

(a) 锁相环图标；(b) 锁相环参数设置

图 3-34 dq0 变换模块

(a) dq0 变换图标；(b) dq0 变换参数设置

中，所有电气量均采用正弦表示，与采用余弦表示的标准公式存在差异，式（3-3）为标准公式，式（3-4）为 PSCAD 中的变换公式，PSCAD 模块输出的 q 轴分量与标准公式输出的 q 轴分量差 180°。

$$\begin{bmatrix} U_d \\ U_q \\ U_0 \end{bmatrix} = \frac{2}{3} \begin{bmatrix} \cos\theta & \cos(\theta - 120°) & \cos(\theta + 120°) \\ -\sin\theta & -\sin(\theta - 120°) & -\sin(\theta + 120°) \\ 1/2 & 1/2 & 1/2 \end{bmatrix} \begin{bmatrix} u_a \\ u_b \\ u_c \end{bmatrix} \quad (3-3)$$

$$\begin{bmatrix} U_d \\ U_q \\ U_0 \end{bmatrix} = \frac{2}{3} \begin{bmatrix} \cos\theta & \cos(\theta - 120°) & \cos(\theta + 120°) \\ \sin\theta & \sin(\theta - 120°) & \sin(\theta + 120°) \\ 1/2 & 1/2 & 1/2 \end{bmatrix} \begin{bmatrix} u_a \\ u_b \\ u_c \end{bmatrix} \quad (3-4)$$

二、柔性直流输电仿真实例

用 PSCAD 搭建如图 3-35 所示的端对端柔性直流输电仿真系统模型，其中有 IGBT、二极管、电容等元件。考虑仿真速度，MMC 相单元由 20 个子模块串联而成，换流变压器网侧电压为 230kV，换流变压器阀侧电压为 166.57kV，桥臂电抗为 60mH，直流侧电压 U_{dc} 为 320kV，MMC 额定功率为 500MW。

站 1 采用有功功率+无功功率控制方式，站 2 采用直流电压+无功功率控制方式。两站采用功率外环电流内环的双闭环控制策略，阀控采用 NLC 控制策略，并加入桥臂环流抑制算法。

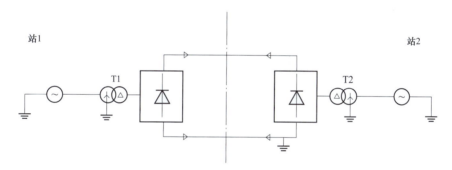

图 3-35 柔性直流输电仿真系统模型

（一）有功功率阶跃

设置站 1 初始有功功率为 0MW，无功功率为 100Mvar，在仿真时间 1.0s 时，将站 1 有功功率指令修改为 50MW，阶跃过程如图 3-36 所示。无功功率轻微扰动后迅速恢复至指令值。

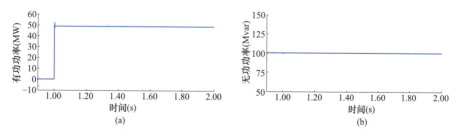

图 3-36 有功功率阶跃 10%波形
(a) 有功功率波形；(b) 无功功率波形

设置站 1 初始有功功率为 0MW，无功功率为 100Mvar，在仿真时间 1.0s 时，将站 1 有功功率指令修改为 250MW，阶跃过程如图 3-37 所示。无功功率轻微扰动后迅速恢复至指令值。

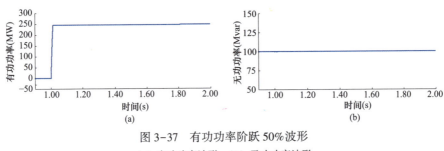

图 3-37　有功功率阶跃 50% 波形
（a）有功功率波形；（b）无功功率波形

（二）无功功率阶跃

设置站 1 有功功率为 100MW，初始无功功率为 0Mvar，在仿真时间 1s 时，将站 1 无功功率指令修改为 50Mvar，阶跃过程如图 3-38 所示。在无功功率阶跃过程中，有功功率轻微扰动后迅速恢复至指令值。

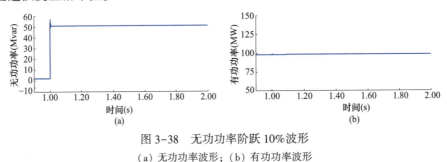

图 3-38　无功功率阶跃 10% 波形
（a）无功功率波形；（b）有功功率波形

设置站 1 有功功率为 100MW，初始无功功率为 0Mvar，在仿真时间 1s 时，将站 1 无功功率指令修改为 100Mvar，阶跃过程如图 3-39 所示。在无功功率阶跃过程中，有功功率轻微扰动后迅速恢复至指令值。

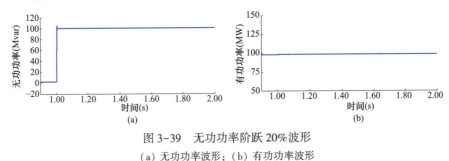

图 3-39　无功功率阶跃 20% 波形
（a）无功功率波形；（b）有功功率波形

3.3　RTDS 仿真

3.3.1　RTDS 简介

实时数字仿真器（real-time digital simulator，RTDS），由加拿大曼尼托巴 HVDC 研究中

心下属的 RTDS 公司开发制造，是一种专门用于电力系统电磁暂态仿真的装置。

RTDS 的应用领域主要包括：大规模电力系统的实时仿真；HVDC 和柔性直流输电的仿真；继电保护等电力系统二次设备的动模测试。

一、RTDS 的硬件介绍

RTDS 硬件的基本构成单元称为 RACK，每个 RACK 主要由两种功能卡构成，第一种为处理器卡，主要用于电力系统网络求解、电力系统元件模拟等，包括 3PC 卡、GPC 卡以及最新的 PB5 卡。另一种为通信接口卡，主要用于和工作站以及 RACK 之间的通信。旧版本的 RTDS 中，通信接口卡分为 WIF 卡（Workstation Interface Card）和 IRC 卡（Inter-RACK Communication Card），WIF 卡作用为工作站和各个 RACK 的通信，IRC 卡作用为 RACK 与 RACK 之间的通信。在最新版的 RTDS 中，将 WIF 卡和 IRC 卡的功能合二为一，构成的 GTWIF 卡，其既有 WIF 卡的功能又有 IRC 卡的功能。每个 RACK 中必须有一块 WIF 卡和 IRC 卡或者一块 GTWIF 卡，每个 RACK 中包含 1~6 块 PB5 卡或 1~6 块 GPC 卡或 1~18 块 3PC 卡。一个 RACK 的硬件组成如图 3-40 所示。

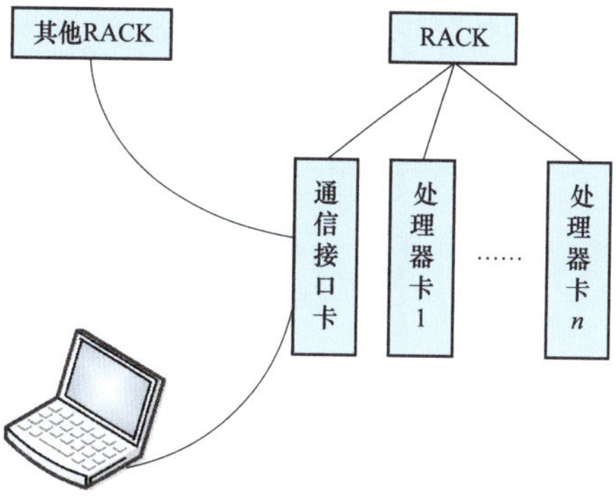

二、RTDS 软件介绍

RTDS 需要用户在 RTDS 工作站上安装联机软件 RSCAD 才能工作。RSCAD 的功能主要为 RTDS 硬件的配置，包括 RACK 编号的设置、IP 地址的设置、故障处理等，仿真系统的搭建，仿真的运行控制以及结果输出等。联机软件 RSCAD 的主界面如图 3-41 所示。

图 3-40 RACK 的硬件组成

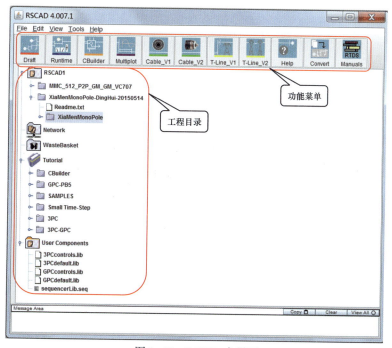

图 3-41 RSCAD 主界面

在 RSCAD 主界面的中间部分为工程目录,其中 RSCAD1 目录下为用户自建仿真工程;Tutorial 目录下为软件自动的示例工程;User Components 目录下为用户自建的电力元件。

在 RSCAD 主界面的上端为功能菜单选择区域。其中包括原理图绘制、仿真运行、用户自建元件、图形分析、电缆模型、架空线模型以及外部文件导入功能等。下面对主要功能进行简单介绍。

(一)原理图绘制界面

原理图绘制功能主要供用户绘制仿真系统的主接线图、控制系统图、故障模型等,其绘制界面如图 3-42 所示。

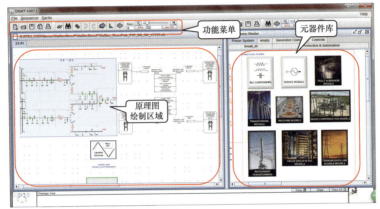

图 3-42 原理图绘制界面

原理图绘制界面中主要包括功能菜单(具有查找功能、编译功能等),原理图绘制区域以及元器件库。RTDS 中元器件库包括电力系统元件模型,主要有变压器模型、发电机模型、传输线模型、TV、TA、串联补偿装置、HVDC 模型以及电力系统故障模型等;发电机控制模型,主要有励磁、调速等模型;小信号模型,主要用于含半导体的输电线路,如柔性直流输电线路等;通用控制模型,包含数值变换、传递函数、逻辑控制等。

(二)仿真运行界面

仿真运行界面为实时仿真提供控制输入、仿真输出、结果分析功能,其界面如图 3-43 所示。

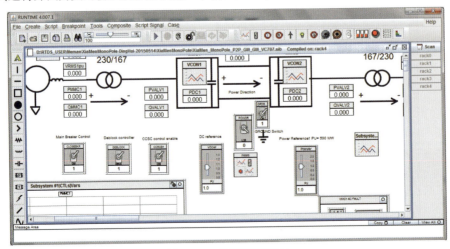

图 3-43 仿真运行界面

仿真运行界面中可以添加按钮来对断路器分合进行控制，可以添加计量仪表对仿真运行过程的电气量进行实时监视，也可以添加波形显示功能，将感兴趣的电气量的波形实时显示出来。

（三）用户自建元件界面

为方便用户进行仿真，RTDS 提供了自建元器件的功能。用户可以根据自己的需要建立符合要求的元器件，对 RTDS 应用进行二次开发，其界面如图 3-44 所示。

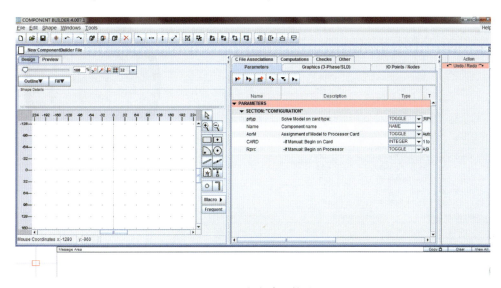

图 3-44 用户自建元件界面

（四）电缆模型

电缆模型及设置如图 3-45 所示。

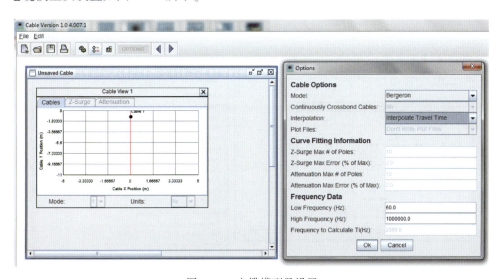

图 3-45 电缆模型及设置

电缆模型中，可以选择电缆模型等参数。目前提供的电缆模型包含 Bergeron 模型，Frequency Dependant（mode）模型和 Frequency Dependant（phase）模型。在电缆参数中可以设置电缆的具体参数，如图 3-46 所示。

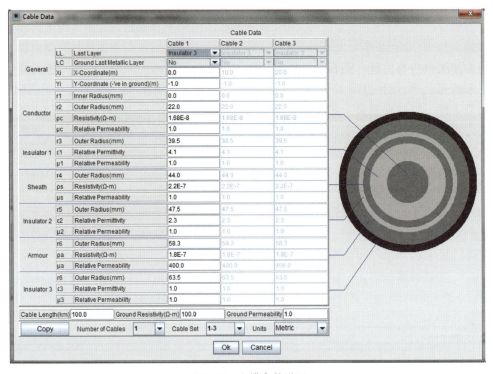

图 3-46　电缆参数设置

（五）架空线模型

架空线模型及设置界面如图 3-47 所示。其设置和电缆模型类似，包括模型选择、换相与否、物理参数还是 PLC 参数等。

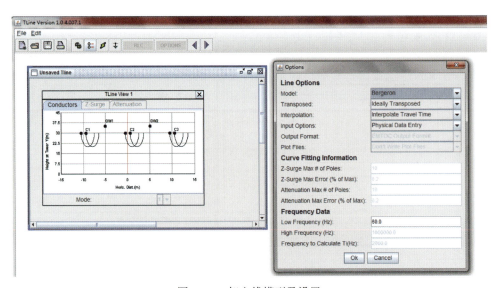

图 3-47　架空线模型及设置

(六)数据导入界面

RTDS 为用户提供外部数据导入功能,目前支持 PSS/E 软件和 BPA 软件输出数据的直接导入。由于在此次仿真中未用到相关功能,在此不再赘述。

三、RTDS 仿真工作的流程

RTDS 仿真工作的流程如图 3-48 所示。

3.3.2 柔性直流仿真系统硬件组成及接线

本次仿真使用的硬件包括 PB5 处理器和 MMC Support Uint V2 换流阀仿真板。PB5 处理器是 RTDS 公司的最新一代处理器板卡,每一个 PB5 处理器卡包含两块 Freescale Power PC MPC7448 处理器,运行主频为 1.7GHz,其外形如图 3-49 所示。MMC Support Uint V2 是 RTDS 公司专门为柔性直流仿真开发的第二代板卡,以 Xilinx 公司的 VC707(Virtex 7 FPGA)为基础,其既可以模拟换流阀又可以模拟阀控,由于利用 FPGA 的特性,使得基于 GTFPGA 的换流阀最多可以有 512 个子模块,而且能保证仿真的实时性,其外形如图 3-50 所示。

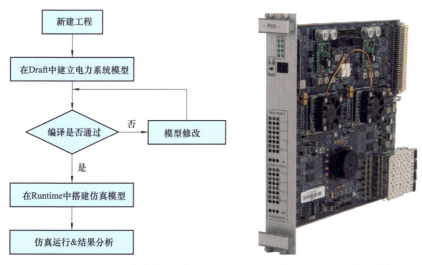

图 3-48 RTDS 仿真流程图   图 3-49 PB5 处理器卡

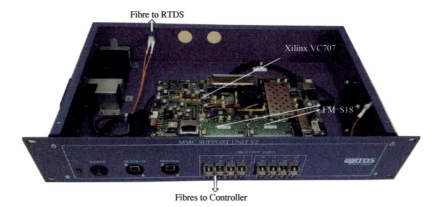

图 3-50 MMC Support Uint V2

以厦门柔性直流工程为例，搭建双端单极的柔性直流仿真系统，系统参数和厦门柔性直流工程一致。仿真系统的硬件配置如表 3-2 所示。

表 3-2   仿真系统的硬件配置

RACK 数量	PB5 数量	GTFPGA 数量
1	5	10

PB5 和 GTFPGA 的接线如图 3-51 所示，端口对应关系如表 3-3 所示。

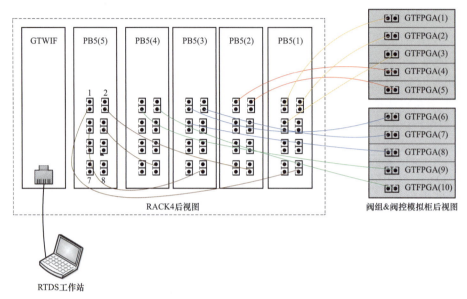

图 3-51　PB5 和 GTFPGA 的接线

表 3-3   **PB5 和 GTFPGA 端口对应关系**

RACK 编号	板卡类型	板卡编号	端口编号	对应端口
RACK 4	PB5	1	GT1	GTFPGA1
			GT2	GTFPGA2
			GT3	GTFPGA3
		2	GT1	GTFPGA4
			GT2	GTFPGA5
		3	GT1	GTFPGA6
			GT2	GTFPGA7
			GT3	GTFPGA8
		4	GT1	GTFPGA9
			GT2	GTFPGA10
		5	GT1	PB5（1）-GT8
			GT2	PB5（2）-GT8
			GT3	PB5（3）-GT8
			GT4	PB5（4）-GT8

在此仿真中，PB5 的作用主要为模拟交流场设备和实现极控的功能。GTFPGA 的作用主要为模拟换流阀的各个桥臂及阀控的功能。

第一个 PB5 处理器模拟送端换流站（浦园换流站）的单极交流场设备，包括交流源、断路器、启动电阻、换流变压器及交流连接线等，以及和换流阀 GTFPGA 的通信。

第二个 PB5 处理器模拟送端换流站（浦园换流站）极控制保护功能，包括外环直流电压控制、交流电压控制、功率控制，内环电流控制等，还模拟部分阀控系统的功能，包括环流抑制、桥臂参考波的调制等。

第三个 PB5 处理器模拟受端换流站（鹭岛换流站）的交流场设备，包括交流源、断路器、启动电阻、换流变压器及交流连接线等，以及和换流阀 GTFPGA 的通信。

第四个 PB5 处理器模拟受端换流站（鹭岛换流站）极控制保护功能，包括外环直流电压控制、交流电压控制、功率控制、内环电流控制等，还模拟部分阀控系统的功能，包括环流抑制、桥臂参考波的调制等。

第一、第二、第三个 GTFPGA 模拟送端换流站（浦园换流站）的 A、B、C 三相换流阀，每个 GTFPGA 模拟每一相的上下两个桥臂，每个桥臂含 216 个子模块。

第四、第五个 GTFPGA 模拟送端换流站（浦园换流站）的阀控功能，采集每个子模块的电压并进行排序，根据每时刻各个桥臂的子模块投入数量确定哪些子模块投入，哪些子模块切出。

第六、第七、第八个 GTFPGA 模拟受端换流站（鹭岛换流站）的 A、B、C 三相换流阀，每个 GTFPGA 模拟每一相的上下两个桥臂，每个桥臂含 216 个子模块。

第九、第十个 GTFPGA 模拟受端换流站（鹭岛换流站）的阀控功能，采集每个子模块的电压并进行排序，根据每时刻各个桥臂的子模块投入数量确定哪些子模块投入，哪些子模块切出。

GTFPGA 之间的连接如图 3-52 所示，端口对应关系如表 3-4 所示。

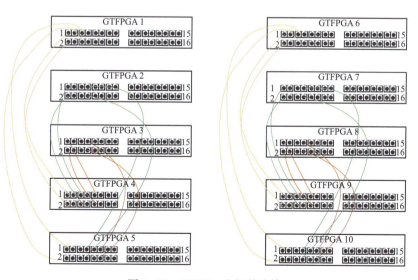

图 3-52　GTFPGA 之间的连接

表 3-4　　　　　　　　　　GTFPGA 端口对应关系

本侧端口		对侧端口	
GTFPGA 编号	端口编号	GTFPGA 编号	端口编号
1	1	4	1
	2		2
	3	5	1
	4		2
2	1	4	3
	2		4
	3	5	3
	4		4
3	1	4	5
	2		6
	3	5	5
	4		6
6	1	9	1
	2		2
	3	10	1
	4		2
7	1	9	3
	2		4
	3	10	3
	4		4
8	1	9	5
	2		6
	3	10	5
	4		6

3.3.3　柔性直流工程系统建模

一、厦门柔性直流工程参数

厦门±320 千伏柔性直流输电科技示范工程由彭厝（浦园）换流站、湖边（鹭岛）换流站和直流线路三个部分组成，其中直流线路长 10.7km。本工程直流输送容量 1000MW，直流电压±320kV，直流电流 1600A；每站新建 2 组 530MVA（3×176.7MVA）换流变压器。

（一）启动电阻参数

厦门柔性直流工程中，每相启动电阻的阻值为 2000Ω。

（二）换流变压器参数

每极换流变压器分别采用 3 台单相双绕组换流变压器，单台额定容量：176.67MVA，阀侧电压等级：167kV，额定相电压为（230/$\sqrt{3}$±8×1.25%）/166.57kV，阀侧直流偏置电压：

160kV。具体参数如表 3-5 所示。

表 3-5　　　　　　　　　　换流变压器参数

序号	项目	技术参数
1	相数	单相双绕组
2	额定容量 MVA	176.7MVA
3	额定频率	50Hz
4	额定电压及分接范围	$(230/\sqrt{3}\pm8\times1.25\%)/166.57$kV
5	联结组别	YnD11
6	网侧最高电压	242
7	额定电流	1330.7A/1060.8A

（三）换流阀和子模块参数

每个极有 6 个桥臂，每个桥臂由 216 个子模块组件组成，每个子模块组件电压等级 1.6kV。每个子模块中直流电容器采用干式直流电容器，额定直流电压为 2100V，电容值为 10000μF。子模块中直流放电电阻阻值为 25kΩ。换流器闭锁后自然放电时间常数约为 250s。

二、彭厝（浦园）换流站模型

彭厝（浦园）换流站的小信号模型封装如图 3-53 所示，其参数如图 3-54 所示。参数设置中主要设置该封装中的模型在哪个 PB5 处理器中仿真，即选择仿真彭厝（浦园）换流站模型的 PB5 处理器。根据前文仿真系统的硬件配置，此处选择第一个 PB5，即在 CARD 参数中填 1。

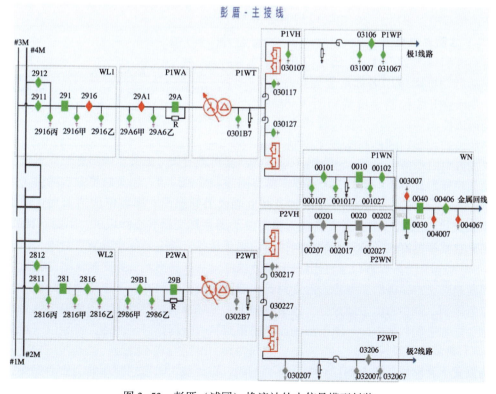

图 3-53　彭厝（浦园）换流站的小信号模型封装

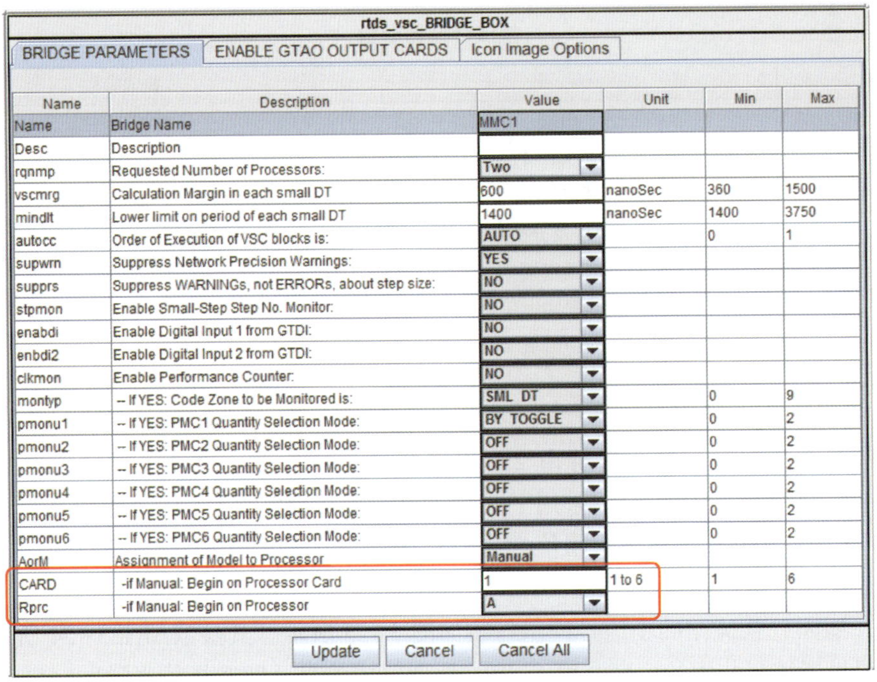

柔性直流输电系统调试技术

[图:rtds_vsc_BRIDGE_BOX 封装参数设置界面]

图 3-54 封装参数

（一）交流源模型

在本仿真中，采用的交流电源模型如图 3-55 所示。

（二）启动电阻模型

启动电阻模型如图 3-56 所示，其参数设置包括启动电阻模型名称设置如图 3-57 所示；主回路开关控制字设置如图 3-58 所示，利用该控制字可以在仿真过程中实现启动电阻的投切控制；辅助回路开关控制字设置及启动电阻阻值设置如图 3-59 所示。

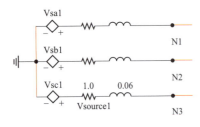

图 3-55 交流源模型

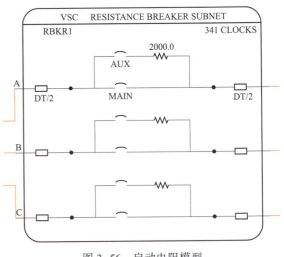

图 3-56 启动电阻模型

（三）换流变压器模型

换流变压器模型如图 3-60 所示。

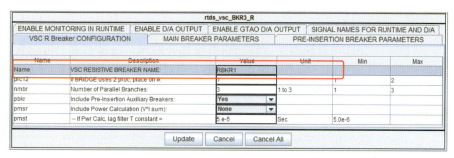

rtds_vsc_BKR3_R

ENABLE MONITORING IN RUNTIME | ENABLE D/A OUTPUT | ENABLE GTAO D/A OUTPUT | SIGNAL NAMES FOR RUNTIME AND D/A

VSC R Breaker CONFIGURATION | MAIN BREAKER PARAMETERS | PRE-INSERTION BREAKER PARAMETERS

Name	Description	Value	Unit	Min	Max
Name	VSC RESISTIVE BREAKER NAME:	RBKR1			
prc12	If BRIDGE uses 2 proc, place on #:	1		1	2
nmbr	Number of Parallel Branches:	3	1 to 3	1	3
pbkr	Include Pre-Insertion Auxiliary Breakers:	Yes			
pmsr	Include Power Calculation (V*I sum):	None			
pmst	-- If Pwr Calc, lag filter T constant =	5.e-5	Sec	5.0e-6	

Update | Cancel | Cancel All

图 3-57　启动电阻模型名称设置

rtds_vsc_BKR3_R

ENABLE MONITORING IN RUNTIME | ENABLE D/A OUTPUT | ENABLE GTAO D/A OUTPUT | SIGNAL NAMES FOR RUNTIME AND D/A

VSC R Breaker CONFIGURATION | MAIN BREAKER PARAMETERS | PRE-INSERTION BREAKER PARAMETERS

Name	Description	Value	Unit	Min	Max
Ltl	Inductance of Each 1/2 Small-Step T T Bergeron T-Line:	0.0001	Henries	0.00005	
Rtl	Resistance of Each 1/2 Small-Step T T Bergeron T-Line:	0.0	Ohms	0.0	
fpnam1	Name of Integer word for Main Breaker Control:	BKRWORD1			
bitnm1	Right-Shift 3-bit Control word for Main by:	0	bits	0	29
Ron1	Resistance of Main breakers when ON:	0.01	Ohms	0.001	1.0e9
Roff1	Resistance of Main breakers when OFF:	1.0e8	Ohms	0.001	1.0e9
holdi1	Extinquish Main Arc for abs(I) at or below:	0.0	kA	0.0	1.0e6

Update | Cancel | Cancel All

图 3-58　主回路开关控制字设置

rtds_vsc_BKR3_R

ENABLE MONITORING IN RUNTIME | ENABLE D/A OUTPUT | ENABLE GTAO D/A OUTPUT | SIGNAL NAMES FOR RUNTIME AND D/A

VSC R Breaker CONFIGURATION | MAIN BREAKER PARAMETERS | PRE-INSERTION BREAKER PARAMETERS

Name	Description	Value	Unit	Min	Max
fpnam2	Name of Integer word for Pre-Insertion Breaker Control:	BKRWORD2		0	1
bitnm2	Right-Shift 3-bit Control word for Pre-Insertion by:	0	bits	0	29
Ron2	Resistance of Pre-Insertion branches when ON:	2000.0	Ohms	0.001	1.0e9
Roff2	Resistance of Pre-Insertion branches when OFF:	1.0e8	Ohms	0.001	1.0e9
holdi2	Extinquish Auxiliary Arc for abs(I) at or below:	0.0	kA	0.0	1.0e6

Update | Cancel | Cancel All

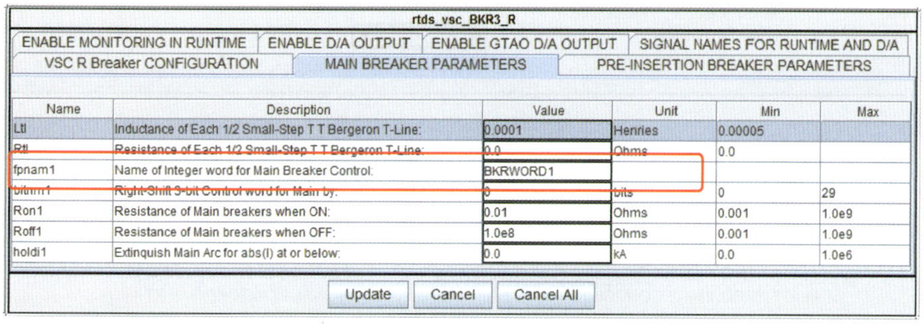

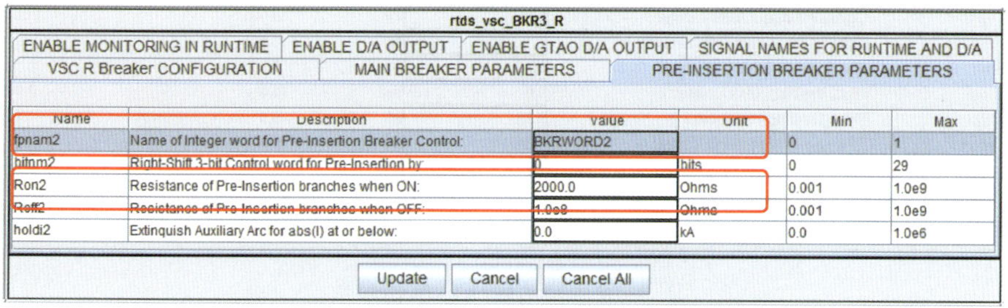

图 3-59　辅助回路开关设置及启动电阻阻值设置

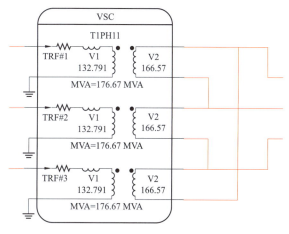

图 3-60　换流变压器模型

换流变压器参数设置包括：换流变压器名称设置，如图 3-61 所示；换流变压器单相参数设置，如图 3-62 所示，包括一、二次侧电压，容量，频率等。换流变压器电流监视设置，如图 3-63 所示，在此设置换流变压器一次电流允许监视，通过监视，可以查看换流变压器一次电流波形，并且可以计算系统输送的功率。电流变量名称设置，如图 3-64 所示。

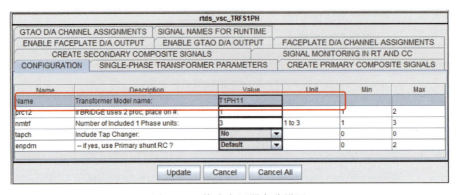

图 3-61　换流变压器名称设置

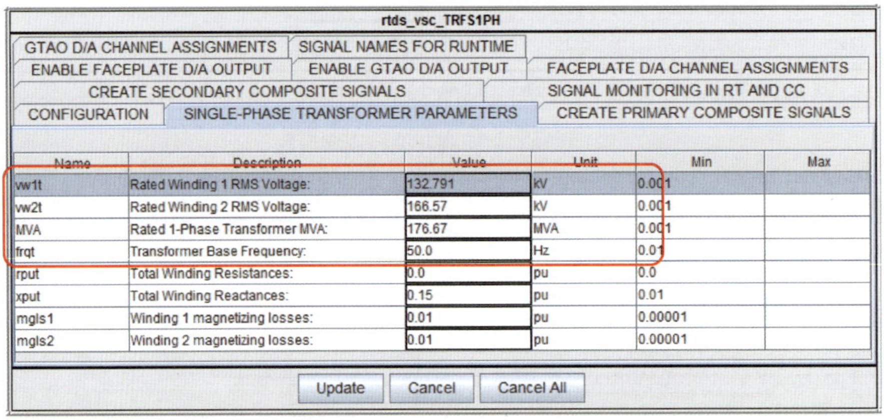

图 3-62　换流变压器单相参数

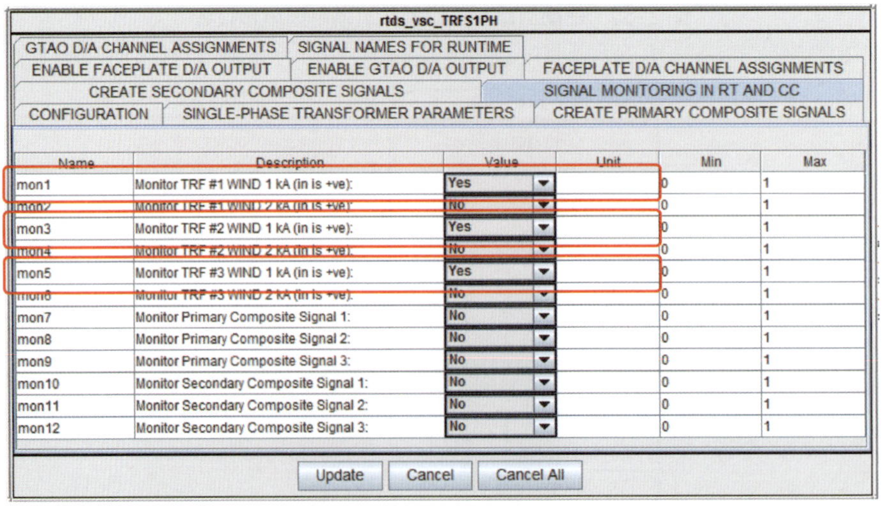

图 3-63　电流监视设置

第3章 柔性直流输电仿真技术

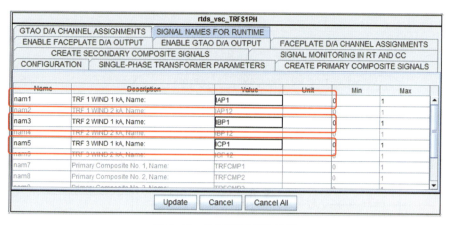

图 3-64 电流变量名称设置

（四）换流阀模型

三相换流阀模型如图 3-65 所示。以 A 相上、下桥臂模型为例，对换流阀模型及参数设置进行详细说明。A 相上、下桥臂的模型均采用 GM 模型，如图 3-66 所示。从图 3-66 中可以直观地看到每个子模块均为半桥结构，上下桥臂各有 216 个子模块。

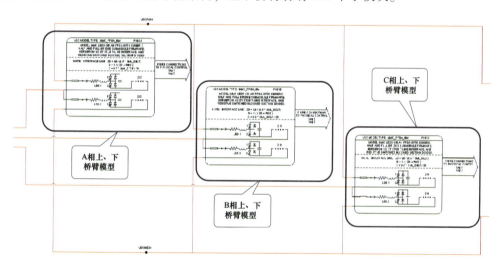

图 3-65 三相换流阀模型

桥臂模型需要设置的主要参数如下：

（1）FPGA 通用参数设置如图 3-67 所示，包括模型名称；每个子模块的结构是半桥还是全桥；一个模块中包含桥臂数，一个桥臂中包含的子模块数目。还有关键的一个参数是设置 PB5 的连接光口，由于 GM 模型是下载到 GTFPGA 中运行的，而换流变压器等交流设备是在 PB5 中运行，因此，就需要 PB5 和 GPFPGA 之间进行相互通信，此处设置是和前文所述的仿真硬件接线相对应，前文中 PB5 的第一个光口和 A 相上下桥臂的 GTFPGA 相连，因此此处需要设置 PB5 通信光口为 1。

55

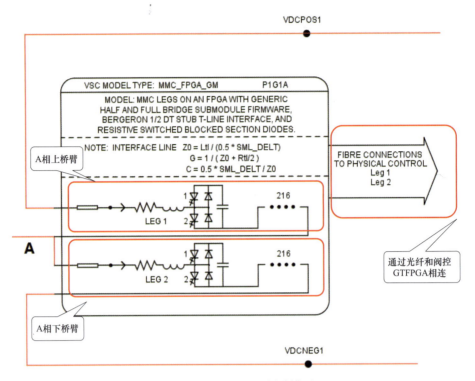

图 3-66 A 相上、下桥臂模型

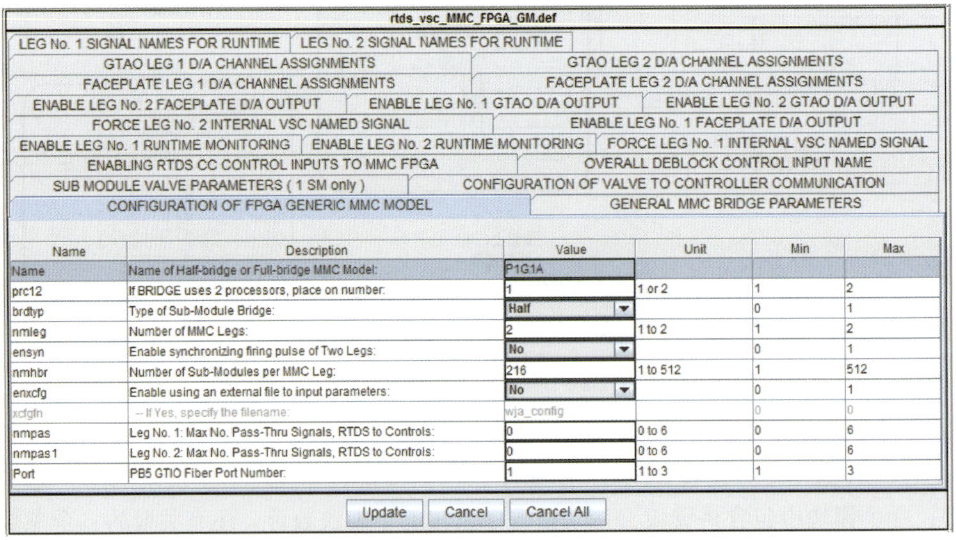

图 3-67 FPGA 通用参数设置

（2）MMC 桥臂通用参数设置如图 3-68 所示。包括桥臂电抗器的电抗、电阻值，子模块内的电容值，以及子模块放电时间常数等。这些值需要根据工程的实际值填入。

（3）单子模块参数设置如图 3-69 所示。主要包括子模块额定电压、额定电流、导通阻抗、关断阻抗等参数。

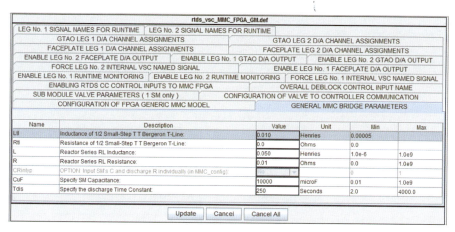

图 3-68　MMC 桥臂通用参数

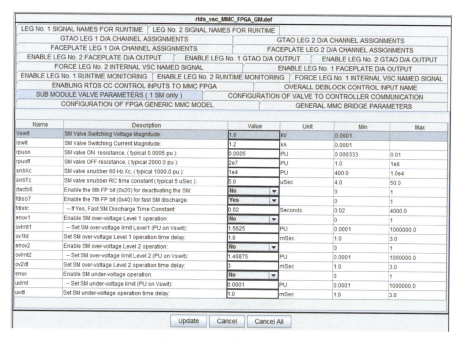

图 3-69　单子模块参数设置

（4）RTDS 控制器输入设置如图 3-70 所示。主要选择换流阀是否允许外部解闭锁信号，换流阀内部故障设置等。换流阀内部故障包括子模块电容值降低、电容短路、子模块旁路或 IGBT 故障等。此次仿真，只使用外部信号来控制换流阀解闭锁，换流阀故障全部设置为 NO。

（5）总解闭锁输入信号控制字设置如图 3-71 所示。该设置和第（4）部分的外部解闭锁信号选择有关，如果第（4）部分在外部解闭锁信号处选择"No"，则不需要设置该控制字。本仿真中设置外部解闭锁信号为 OverAllBLK。

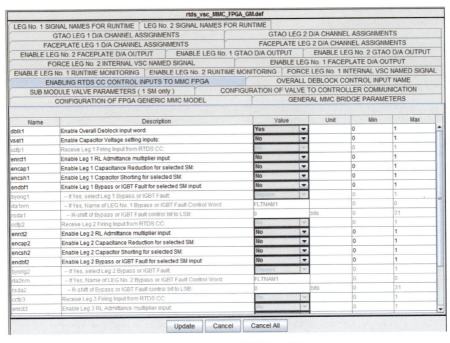

图 3-70　RTDS 控制器输入设置

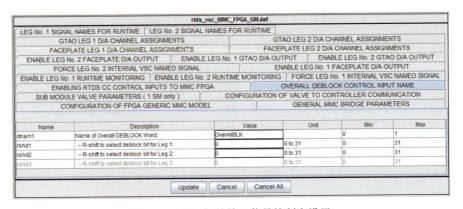

图 3-71　总解闭锁输入信号控制字设置

（6）桥臂 1 仿真监视设置如图 3-72 所示。在仿真运行过程中，需要实时监视桥臂 1 的电流和子模块电压，因此参数 mon1 选为"Yes"，即允许监视桥臂 1 的电流。对应子模块电容电压，RTDS 允许一次监视 8 个子模块电压，在此选择两个，分别为第 1 个子模块和第 20 个子模块。同样，对应桥臂 2 也需要进行该设置，只是子模块电容电压监视选择第 1 个和第 30 个子模块。

（7）子模块监视信号的名称设置。上桥臂电流名称为 G1PACRT1，第一个子模块电容电压为 VC1LG1，第二个子模块电容电压为 VC2LG1。如图 3-73 所示。下桥臂电流名称为 G1NACRT1，第一个子模块电容电压为 VC1LG2，第二个子模块电容电压为 VC2LG2，如图 3-74 所示。

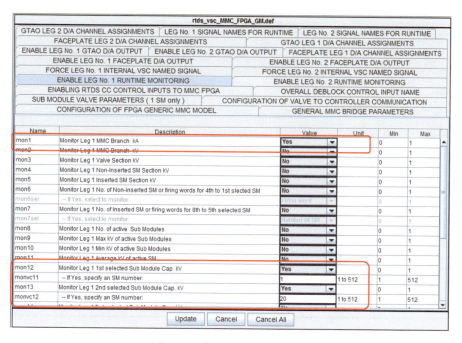

图 3-72　桥臂 1 仿真监视设置

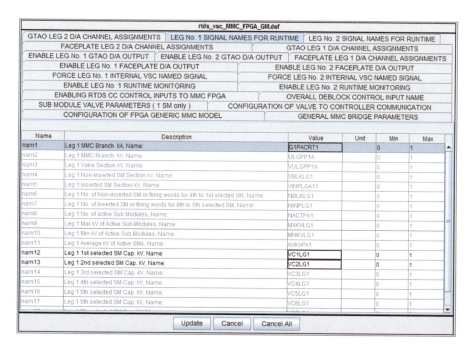

图 3-73　上桥臂监视信号名称设置

A 相换流阀模型的参数设置已经完毕，B、C 相也需要进行相应的设置。此处不再赘述。

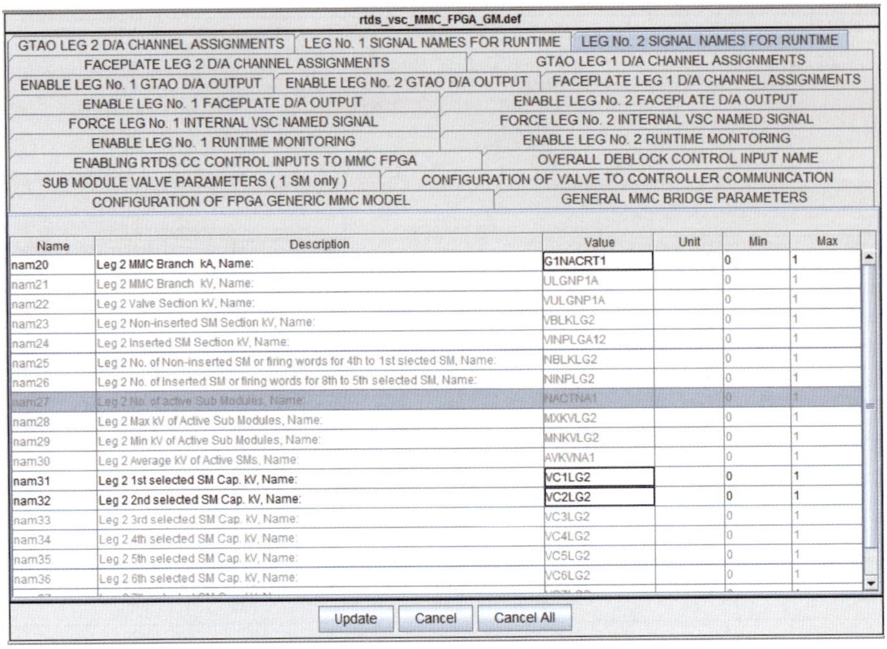

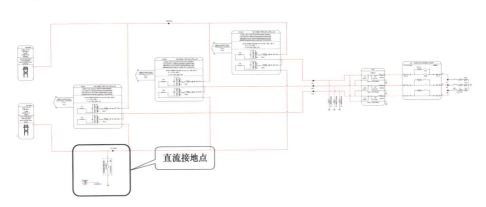

图 3-74 下桥臂监视信号名称设置

三、湖边（鹭岛）换流站模型

湖边（鹭岛）换流站和彭厝（浦园）换流站的模型是完全对称的，各种参数设置方法也完全相同，在此不再赘述具体过程。湖边（鹭岛）换流站和彭厝（浦园）换流站模型的不同在于，整个系统直流侧的接地点在湖边（鹭岛）换流站，如图 3-75 所示。

图 3-75 湖边（鹭岛）换流站模型

3.3.4 仿真结果

本次仿真在上述模型的基础上搭建模型 dq 解耦控制器，包括内环电流控制，外环电压、功率控制，环流抑制等。本节对仿真结果进行分析。

仿真运行主界面如图 3-76 所示，主要包括交流进线开关控制、解闭锁控制、环流投退控制、直流电压控制、交流电压控制、功率控制等。

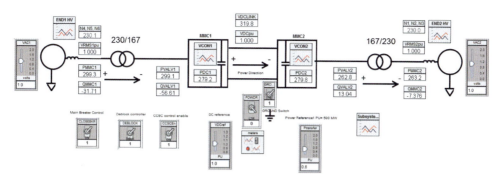

图 3-76 仿真运行主界面

一、启动过程仿真

启动时，交流进线开关处于合位，两站换流阀均未解锁。仿真波形如图 3-77 所示。

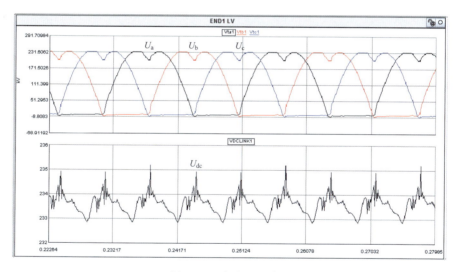

图 3-77 启动过程波形

二、换流阀解锁仿真

换流阀解锁后各个桥臂会按照参考电压来控制子模块导通数量，使换流阀正常工作。此时，直流电压会升到 320kV，换流变压器阀侧电压会有 160kV 的直流偏置。仿真波形如图 3-78、图 3-79 所示。

三、有功功率仿真

正常运行时，系统传送的有功功率为 500MW。仿真结果如图 3-80 所示。

现在模拟降低有功功率运行，将有功功率降为 400MW，如图 3-81 所示。从仿真结果可以看出，虽然在功率变化的过程中会有超调，但是有功功率还是会快速跟随设定值的变化。

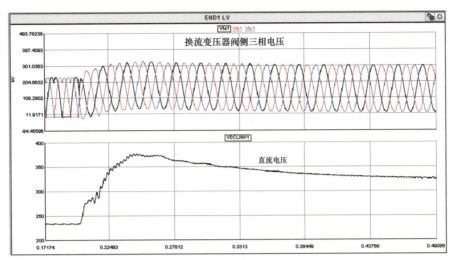

图 3-78 换流阀解锁仿真（解锁瞬间）

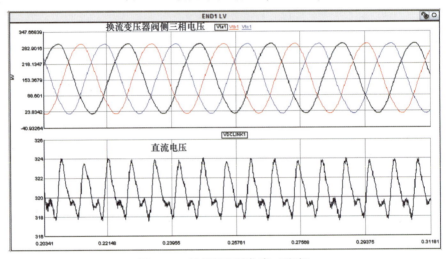

图 3-79 换流阀解锁仿真（稳态）

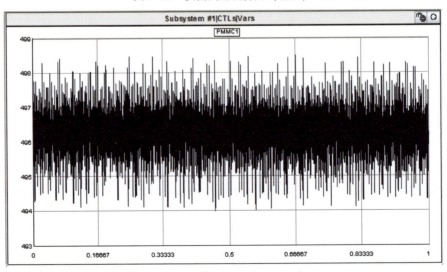

图 3-80 正常运行时的有功功率

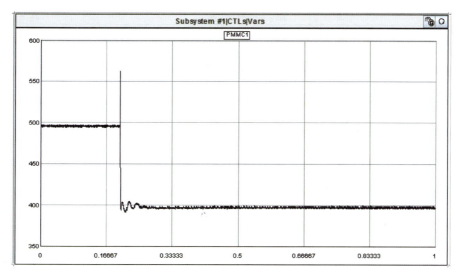

图 3-81　有功功率降为 400MW

四、功率反转仿真

功率反转就是将有功功率的传输方向反向。正常工作时，有功功率为彭厝（浦园）换流站到湖边（鹭岛）换流站，通过功率反转功能，将有功功率从湖边（鹭岛）换流站输送到彭厝（浦园）换流站。彭厝（浦园）换流站的有功功率反转仿真波形如图 3-82 所示。

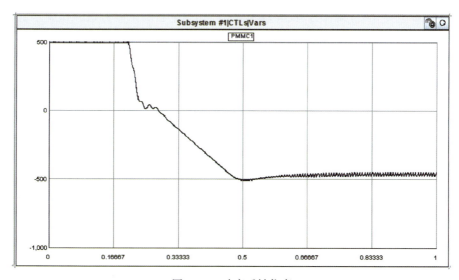

图 3-82　功率反转仿真

五、环流抑制仿真

环流抑制功能可以有效消除桥臂之间、站与站之间的环流。环流抑制仿真前后彭厝（浦园）换流站三相上桥臂的电流波形如图 3-83 所示。

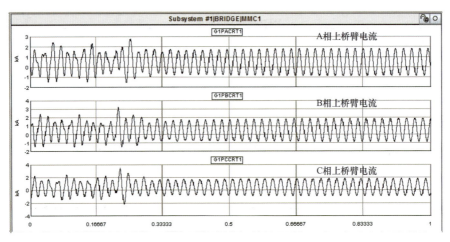

图 3-83　环流抑制仿真

3.3.5　柔性直流输电控制保护系统的 RTDS 试验简介

控制保护系统是柔性直流输电系统的核心，负责控制交流电压和直流电压的相互转换、功率方向、故障快速切除等。交流输电系统变电站二次系统调试中的主要工作为各种保护的功能和性能试验，柔性直流输电换流站二次系统调试中除了各种保护的功能和性能试验外，控制系统的性能试验尤其重要。柔性直流输电控制保护系统的试验主要分为工厂联调和现场调试两种。工厂联调阶段由于没有实际的一次系统，因此需要仿真平台来模拟一次设备及一次主接线。本节主要介绍控制保护系统基于 RTDS 仿真平台的试验方法。试验系统的结构如图 3-84 所示。

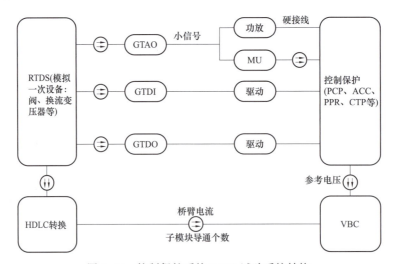

图 3-84　控制保护系统 RTDS 试验系统结构

图 3-84 中，GTAO 是 RTDS 的模拟量输出接口卡，将一次系统的电压、电流等模拟量输出。GTDI 是 RTDS 的开关量输入接口卡，负责接收控制保护装置的控制命令和保护动作信号。GTDO 是 RTDS 的开关量输出接口卡，负责将一次系统断路器、隔离开关的位置信号

输出。HDLC 转换装置将各桥臂电流输出给阀控装置（VBC），并将阀控装置产生的每个桥臂的导通个数反馈给 RTDS 系统。

在进行 RTDS 试验时，RTDS 主要模拟换流阀、环流变压器等一次设备及其主接线。一次系统各位置的电压、电流参量和断路器、隔离开关的位置状态需要通过接口装置输出给控制保护系统。控制保护系统的控制信号和保护动作信号也需要通过接口装置反馈给 RTDS。这样，RTDS 和控保系统就构成一个闭环测试系统。

交流场（系统侧）的电压、电流经过功率放大装置输送给控制保护系统的交流场测控装置（ACC）和换流变压器保护装置（CTP）等；换流变压器阀侧电流、桥臂电流、直流电压、极线电流、中性母线电流等通过合并单元（MU）输送给控制装置（PCP）、保护装置（PPR）等。一次系统中断路器、隔离开关的位置状态通过 GTDO 发送给控制保护系统。控制保护系统的操作命令和动作信号通过 GTDI 反馈给 RTDS。HDLC 转换装置将各桥臂电流输出给阀控装置（VBC），并将阀控装置产生的每个桥臂的导通个数反馈给 RTDS 系统。

工厂联调时，控制保护系统的试验项目和现场测试时是一致的，这部分内容将在后续章节中详细介绍，此处不再赘述。

控制保护系统的构成

4.1 控制保护系统分层架构

柔性直流换流站控制保护设备采用了多重化冗余配置，控制系统的冗余设计可确保直流系统不会因为任一控制系统的单重故障而发生停运，也不会因为单重故障而失去对换流站的监视，同时保护的多重化配置可以保证动作的可靠性。以厦门柔性直流输电工程为例，该工程的极控制主机和对应 I/O 单元、测量系统、交直流站控系统，以及和外部设备接口，极控现场总线都按照双重化设计；换流变压器保护、直流保护，以及直流保护用的测量系统都按照三重化配置；站用电接口及辅助系统、控制用测量系统、极层控制 LAN 网、站 LAN 网、系统服务器和所有相关的控制装置都为双重化设计。

国际柔性直流输电工程中，通常换流站控制保护系统整体上采用三层分层架构：

（1）系统监视和控制层。系统监视与控制层是运行人员进行操作和系统监视的 SCADA 系统，是运行人员的人机界面和站监控数据收集系统的重要部分。按照操作地点的远近，可分为远方调度中心通信层、站内运行人员控制系统和就地控制层。

通过远方调度中心通信层，将换流站交直流系统的运行参数和换流站控制保护系统的相关信息通过通信通道上送远方调度中心，同时将监控中心的控制保护参数和操作指令传送到换流站控制保护系统。

为换流站运行人员提供运行监视和控制操作的界面是站内人员控制系统的主要功能，可实现包括运行监视、控制操作、故障或异常工况处理、控制保护参数调整、全站事件顺序记录和事件报警、二次系统同步对时、历史数据归档等多项功能。此外，该系统还可实现两站直流系统的紧急停运。

就地控制层是作为站 LAN 网瘫痪时直流控制保护系统的备用控制，可以同时实现 PCP、ACC、SPC 控制位置转移，还可以满足小室内就地监视和操作控制的需求，它通过一种硬切换按钮的方法来实现运行人员控制系统与就地控制系统之间控制位置的转移。

（2）控制保护层。控制保护层主要实现交直流系统的控制与保护功能，包括直流控制系统、直流保护系统、交流站控系统、换流变压器保护等。该层设备配置了直流控制主机、站控主机、直流保护主机和换流变压器保护装置，可以实现对阀厅、换流变压器本体、水冷系统、直流场区域的控制与保护，此外还提供了阀控系统、故障录波器等接口。所有设备从

I/O 到控制保护主机均采用了完全冗余配置。

（3）现场 I/O 层。现场 I/O 层主要由分布式 I/O 单元以及有关测控装置构成，是控制保护层与交直流一次系统和换流站辅助系统、站用电设备以及阀冷控制系统的接口，能实现一次设备状态和系统运行信息的采集处理、控制命令输出、信息上传、顺序事件记录、控制命令输出以及就地连锁控制等功能。

控制保护系统总体架构如图 4-1 所示。

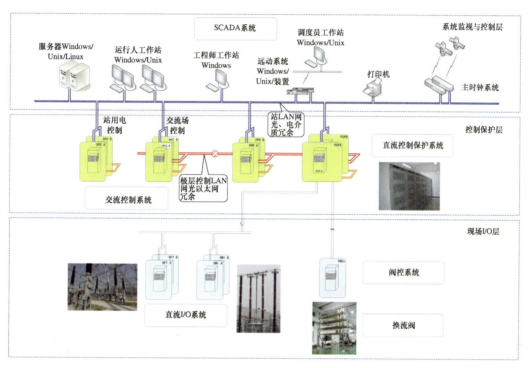

图 4-1　控制保护系统总体架构

4.2　控制保护系统主要设备及功能

柔性直流输电工程控制保护系统按功能划分主要包含：直流控制保护系统、交流控制保护系统、运行人员控制系统、阀基控制系统等。本书以南京南瑞继保电气有限公司（简称南瑞继保公司）生产的极控制保护、中电普瑞科技有限公司（简称中电普瑞公司）生产的阀控系统为例，讲述控制保护系统的构成。

4.2.1　直流控制保护系统

（1）直流极控制屏。直流极控制（pole control and protection，PCP）屏，简称 PCP 屏。直流极控制系统采用冗余配置，站内每极包含 PCP A 和 PCP B 共两套系统，每套系统屏柜内包括主控单元、I/O 单元、通信接口等，如图 4-2 所示。极控制设备实现交直流系统的控制功能，直流站控系统与直流极控主机统一配置，并集成在一台主机之内。

柔性直流极控制屏是换流站的控制中心，其功能主要包括交直流场设备的监视及控制、各种控制策略的计算分析以及实现各设备间的连锁控制逻辑等。PCP屏具体的控制功能包含执行运行人员指令、有功功率控制、无功功率控制、直流电压控制、交流电压控制、电流闭环控制、换流变压器分接头控制等,同时也包括直流双极之间协调控制。另外,PCP屏内还配置通信交换机,实现极间、站间的通信。

(2) 直流场接口屏。直流场接口（DC field terminal）屏,简称DFT屏。通常,直流设备较多,PCP屏内的I/O单元不能满足所有开入开出量的配置要求,因而设置DFT屏作为PCP屏的扩展接口屏,采用双重化配置,包含DFT A套和DFT B套。每套DFT屏柜内包含若干个I/O接口装置,如图4-3所示。

站内断路器/隔离开关操作出口,均通过相应I/O装置的开出板卡实现。断路器/隔离开关分合位置信息、水冷状态和控制信号、阀厅门状态信息、电压互感器报警以及合并单元装置报警、阀控系统相关报警信息,均通过该屏接入后送入控制系统,作为控制系统操作连锁信息。DFT屏与PCP屏采用光纤以太网I/O总线方式连接,连接方式为交叉冗余连接,即每套PCP装置均与两套DFT装置连接,充分保证通信可靠。

(3) 直流保护屏。直流保护（pole protection）屏,简称PPR屏。PPR屏作为直流场设备的保护装置,按三重化配置A/B/C屏,包括保护主机、三取二主机、通信接口、I/O接口等设备,如图4-4所示。其中三取二装置配置两套,分别放置在PPR A屏和PPR B屏。

PPR保护功能包含交流连接线区保护、换流器保护、极区保护、双极区和线路保护,具体保护配置详见第5.2节。

(4) 谐波监视屏。谐波监视（online harmonic monitor）屏,简称OHM屏。OHM屏采用单套配置,每站配置1面。该屏柜主要配置主机监视单元、I/O单元,如图4-5所示。DFT屏通过LAN网与相关控制主机连接,用于与直流控制保护主机通信获取数据以及谐波监视处理。

图4-2 直流极控制屏

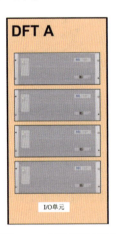
图4-3 直流场接口屏

图4-4 直流保护屏

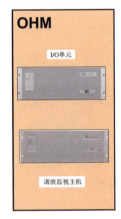
图4-5 谐波监视屏

谐波监视屏可对交流网侧电流及桥臂电流进行实时监视,计算各次谐波的含量。

4.2.2 交流控制保护系统

(1) 换流变压器保护屏。换流变压器保护（converter transformer protection）屏,简称CTP屏。CTP屏按三重化配置A/B/C屏,每屏分别配置PCS-977电量保护装置及PCS-974

非电量保护装置，如图 4-6 所示。

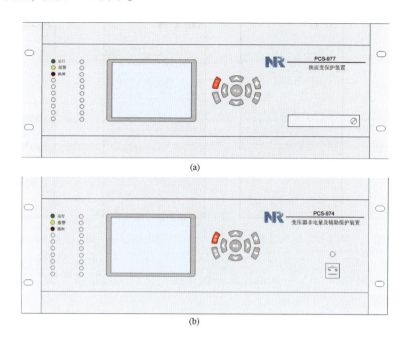

图 4-6　换流变压器保护屏
(a) 电气量保护装置；(b) 非电量保护装置

CTP 屏用于实现换流变压器电气量和本体非电量的保护，通过光纤通信接口与直流 PPR 保护柜三取二装置相连，实现三取二出口逻辑跳闸。

(2) 交流场测控屏。交流场测控 (AC yard control) 屏，简称 ACC 屏。交流场测控功能由冗余配置的 ACC 屏柜实现，每个极配置 ACC A 套和 ACC B 套装置，每套屏柜内主要配置主控单元、通信接口、I/O 单元等，如图 4-7 所示。

交流场测控装置的功能包含：所有交流断路器、隔离开关的监视和控制连锁；交流电流、电压的测量；与保护、故障录波器等的接口；与交流场设备（包括断路器、隔离开关、测量设备）的接口等。

(3) 站用电测控屏。站用电测控 (station power control) 屏，简称 SPC 屏。SPC 屏采用冗余配置，每站 2 面屏，屏内主要配置主机单元、通信接口、I/O 单元，如图 4-8 所示。

SPC 屏主要实现全站站用电系统开关的监视与控制连锁，站用电系统电流、电压的测量等功能。

(4) 站用电测控接口屏。站用电接口 (station power terminal) 屏，简称 SPT 屏。SPT 屏是 SPC 屏的扩展接口屏，采用冗余配置，每站配置 2 面 SPT 屏，屏内主要配置通信接口、I/O 单元，如图 4-9 所示。

SPT 屏实现站用电控制和监视接口等功能。

(5) 辅助系统控制屏。辅助系统控制 (assist system control) 屏，简称 ASC 屏。每站配置 2 面 ASC 屏，屏内主要配置主控单元、通信接口、I/O 单元，如图 4-10 所示。

图 4-7　交流场测控屏　　图 4-8　站用电测控屏　　图 4-9　站用电测控接口屏　　图 4-10　站用电测控接口屏

ASC 屏通过站层控制 LAN 与其他控制系统连接，主要实现暖通系统、火灾报警等辅助信号的监视等功能。

4.2.3　运行人员控制系统

（1）服务器屏。该屏主要配置 SCADA 历史服务器 2 台、文件服务器 1 台、站 LAN 交换机、防火墙、站间 WAN 网桥等设备，每站 1 面屏。

（2）综合应用屏。该屏主要配置综合应用服务器以及中心交换机、Ⅲ/Ⅳ区通信网关机设备，用于辅助系统通信，每站 1 面屏。

（3）远动通信屏。该屏主要配置远动通信设备，实现向远方调度中心发送换流站的运行状态，包括遥信、遥测、事件等调度信息，以及交直流系统保护运行信息和能量计量信息，并接收远方调度中心发送来的控制指令，每站 1 面屏。

（4）图形网关屏。该屏主要配置图形网关机设备，用于实现远方调度中心图形浏览及告警直传，每站 1 面屏。

（5）保信子站屏。该屏主要配置保护故障信息系统子站设备以及Ⅱ区通信网关机，用于实现全站保护动作信息和录波信息的收集和管理，每站 1 面屏。

（6）就地控制屏。就地控制（local control）屏，简称 LOC 屏，该屏主要配置就地控制主计算机、交换机和显示器，通过就地 LAN 网与相关控制主机连接，单套配置，用于实现直流控制保护主机的就地控制和监视，每站 1 面屏。

4.2.4　阀基控制系统

阀基控制系统（valve basic controller），简称 VBC 系统或阀控系统，是柔性直流输电控制系统的中间环节，在功能上联系着极控制保护设备 PCP 和换流阀一次设备。

阀控系统采用双冗余配置，以厦门柔性直流工程为例，每个极阀控系统主要配置 2 个电流控制单元、6 个桥臂汇总单元、24 个桥臂分段控制单元以及 2 套 VM 单元，如图 4-11 所示。每套 PCP 极控制系统均与 VBC 阀控系统通信，实现调制波指令、值班状态的下发，以及换流阀相关状态的上送。

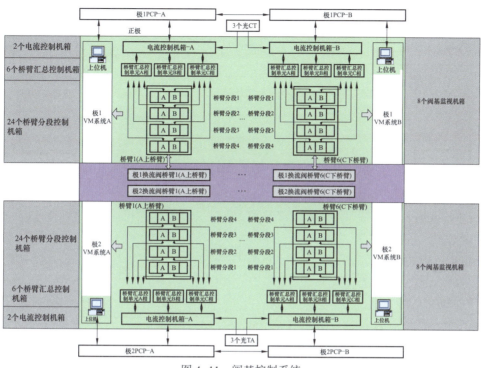

图 4-11 阀基控制系统

阀控系统功能主要包括：NLC 调制、桥臂环流抑制、子模块电容均压、阀保护、阀监视、自监视等功能。

4.3 控制保护系统的通信网络

4.3.1 IEC 60044-8 总线

IEC 60044-8 总线为单向型总线，用于高速传输测量信号，两侧数字处理器的端口按点对点的方式连接。IEC 60044-8 标准总线具有传输数据量大、延时短和无偏差的特点，这对于利用大量实时数据来实现 HVDC 控制保护功能来说这是必须的，IEC 60044-8 总线的传输速率是 10MHz（时钟频率）。

如图 4-12 所示为极控制系统的 IEC 60044-8 总线连接图，其虚线左侧部分为极控制系统 PCP 设备，其中 H2 为 I/O 接口装置，H3 为极控制主机；右侧部分为与 PCP 采用 IEC 60044-8 总线接口的设备，包括电流合并单元、电压测量柜合并单元和阀控柜。

图 4-12 表示的 IEC 60044-8 总线连接主要分为以下三类：

（1）第一类是屏内的 IEC 60044-8 总线，如 PCP 屏内 H3 送给 H2 的采样频率信号，H2 送给 H3 的换流变压器交流侧电流 I_s、电压 U_s，H2 送给 H3 的换流变压器阀侧电流 I_v、阀侧末屏电压。

（2）第二类是与电压/电流合并单元接口的 IEC 60044-8 总线，主要包含直流场电压、

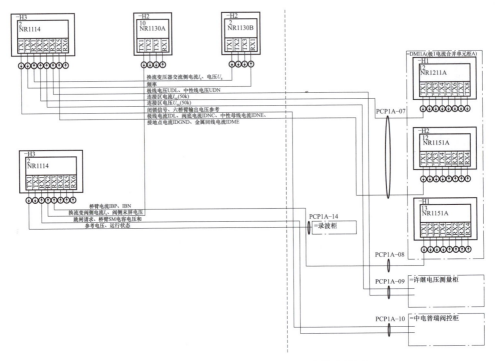

图 4-12 极控制系统 IEC 60044-8 总线连接图

连接区电流、连接区电压、直流场电流、桥臂电流等信号。

（3）第三类是与阀控设备接口的 IEC 60044-8 总线，主要包含 PCP 下发的参考电压和运行状态信息，以及 PCP 接受阀控的跳闸请求和桥臂 SM 电容电压和等信号。

4.3.2 CAN 总线

PCP 通过 CAN 总线与同一屏柜内 I/O 机箱连接通信，它们之间通过屏蔽十芯线进行连接。CAN 总线传输开关量和慢速模拟量，也可以执行开关量出口，以广播的形式与 PCP 主机通信，即 PCP 主机与屏内的 I/O 系统间直连（不存在交叉连接）。此外，PCP 的站间通信、极间通信也是通过 CAN 总线将 PCP 的控制主机与本屏柜内的通信切换装置 PCS-9518 连接的。

4.3.3 光纤以太网

光纤以太网用来在主机和 I/O 设备间传输开关量信号，如开关位置、开关分合状态等。直流输电系统中使用光纤以太网利用了它如下优点：①高效短帧报文，延时短；②非主从方式，某一 I/O 的故障不会影响全部系统，可靠性高；③具有 CRC 校验，具有防错功能。

一、现场控制 LAN 网

现场控制 LAN 网是每个 PCP、SPC 主机系统直属的 I/O 光纤以太网，它主要用于实现各主机系统与下属 I/O 系统的通信交互。DFT 屏柜通过现场控制 LAN 与 PCP 主机交叉冗余连接，即 PCP A 柜的开出信号同时发给 DFT A、DFT B 柜，PCP B 柜的开出信号也同时发给 DFT A、DFT B 柜，如图 4-13 所示。现场控制 LAN 网采用光纤点对点直连方式。

SPC 与 SPT 的连接方式类似。

二、极层控制 LAN 网

设置极层控制 LAN 网，实现直流极控系统与直流保护系统、交流保护等系统进行信号交换，以配合完成相关的直流控制保护功能。极层控制 LAN 网采用冗余的光纤 LAN 网实现，如图 4-14 所示。极层控制 LAN 网设置网络交换机，包含 LAN A 网和 LAN B 网，每台设备均同时与双重化的两个网络连接，以充分保证通信的可靠性。

三、三取二跳闸 LAN 网

每个极配置两套三取二装置，分别置于直流保护的 A 柜和 B 柜。换流变压器保护和直流场保护均为三重化的保护，均通过这两套三取二装置跳闸出口。

以直流保护 PPR 和三取二装置为例，说明三取二跳闸 LAN 的连接方式，其连接图如图 4-15

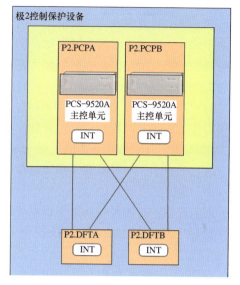

图 4-13 PCP 主机与 DFT 连接图

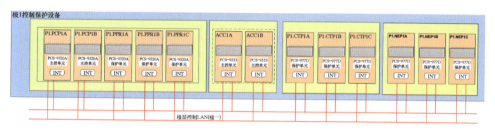

图 4-14 极层控制 LAN 网示意图

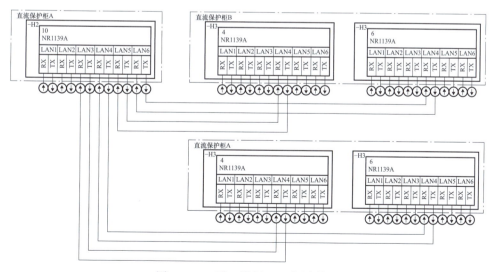

图 4-15 三取二跳闸 LAN 网连接图

所示,其中 H2 为直流保护主机,H3 为三取二装置。每套保护,分别通过两根光纤与冗余的每套三取二装置中通信,两根光纤通信的信号完全相同,当三取二装置同时收到两根光纤的动作信号以后才表明该套保护动作。三重保护与三取二逻辑构成一个整体,三套保护主机中有两套相同类型保护动作被判定为正确的动作行为,才允许出口闭锁或跳闸,以保证可靠性和安全性。

同理,直流保护 PPR B 和 PPR C,换流变压器保护 CTP A、CTP B 和 CTP C 套保护采用相类似的连接方式接入三取二装置,只是在三取二装置中接入的端口不一样。值得注意的是,H3 的板卡 4 和板卡 6 为电气量三取二的板卡,事实上还配置板卡 8 和板卡 10 作为非电量三取二的板卡,与换流变压器非电量保护装置进行通信连接。

四、系统间通信 LAN 网

冗余配置的控制系统间需要设置光纤通信,以便备用系统跟随值班系统的状态。设置系统间通信 LAN 网的系统包括极控制系统 PCP、交流场测控装置 ACC 和站用电控制系统 SPC。

如图 4-16 所示为 PCP 系统间通信 LAN,采用点对点光纤直连方式和双重化的网络,以提高可靠性。

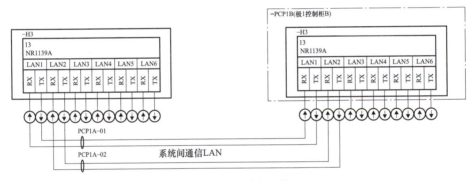

图 4-16 PCP 系统间通信 LAN

4.3.4 SCADA 网络

SCADA 系统可以分为就地控制层、站内运行人员控制系统以及远方调度中心通信层。

(1) 就地控制层即分布式就地控制系统,它配置了专门的就地控制屏 LOC,该屏内主要包括就地控制主计算机、交换机、显示器等设备。就地控制系统有独立的单重通信网络——就地 LAN 网,就地 LAN 网还连有相关的控制主机,如 PCP、SPC、ACC 等。通过就地 LAN 网,运行人员可以在就地控制主计算机上进行操作,与直流极控系统进行交互,实现对换流站系统的就地监视和控制。此外,就地控制系统还提供了一种硬切换按钮的方式,以实现运行人员控制系统和就地控制系统间控制位置的转移。当远方调度中心控制失灵甚至站 LAN 网、运行人员工作站瘫痪时,就地控制系统可作为备用控制系统对换流站起到监控作用。

(2) 换流站运行人员控制系统,主要包括运行人员工作站、工程师工作站、系统服务器、时钟系统、网络打印机等,这些设备通过站 LAN 网与直流控制保护主机、交流站控保护主机等设备相连,从而为运行人员提供运行监视、控制操作、故障或异常工况分析处理、控制保护参数调整等服务。

(3) 远方调度中心通信层主要包括远动 LAN、路由器、纵向加密装置等设备，它主要负责向远方调度中心（如省调）传输换流站交直流系统的运行参数、换流站控制保护系统的运行状态等相关信息，并向各换流站下发调度中心的控制保护参数、操作指令。远方调度中心通过广域网和专用数据通路两种路径与各换流站的远方工作站进行通信，远方工作站再通过双网卡连入站 LAN 网，从而实现远方监控。

以厦门柔性直流输电工程为例，如图 4-17 所示为湖边换流站 SCADA 概要示意图。

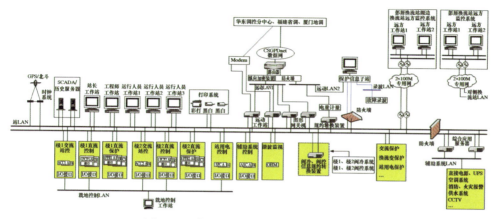

图 4-17 湖边换流站 SCADA 概要示意图

一、站 LAN 网

站 LAN 网将全站控制保护主机、运行人员工作站、服务器以及远动工作站等设备联系起来，站 LAN 网采用星形结构连接，为提高系统可靠性，从运行人员工作站到站服务器系统以及远动通道均实现冗余配置，每台控制保护主机的管理板卡和运行人员工作站上都有冗余的以太网口，并通过交换机互联，实现监视信息的交互。站 LAN 网络与交换机均为冗余，单网线或单硬件故障都不会导致系统故障。

各控制保护装置之间不通过站 LAN 网交换信息。

为了保证直流控制保护系统的高可靠性，即使在站 LAN 网发生故障时，所有控制保护系统也可以脱离 SCADA 系统而短期运行并能进行控制操作。

二、就地控制 LAN 网

在主控楼设备间和各个继电小室配置分布式就地控制系统，本室内的控制保护系统通过独立的网络接口接入就地控制 LAN 网，与就地控制工作站进行通信。

就地控制 LAN 网与站 LAN 网完全相互独立。

该分布式就地控制系统既能满足小室内就地监视和控制操作的需求，也可以作为站 LAN 网瘫痪时直流控制保护系统的备用控制。同时，就地控制系统提供一种硬切换按钮的方法，以实现运行人员控制系统与就地控制系统之间控制位置的转移。

三、SCADA WAN 网

广域网（wide area network，WAN）用于连接两端换流站的站 LAN 网。这可以使两端换流站 SCADA 系统之间相互交换数据。各换流站均装有对站的监控延伸工作站，在任何一端即可完成两个站的监视工作。

4.3.5 远动通信

一、极间通信 LAN 网

极控制系统极间通信连接示意图如图 4-18 所示，该图中 PCS-9518 为通道切换板卡，对来自冗余系统的极间通信通道进行切换。冗余配置的每套 PCP 装置通过 CAN 总线与每台 PCS-9518 连接。两极之间采用光纤进行连接，冗余的通信通道连接，充分保证了通信的可靠性。PCS-9518 跟随值班系统的状态进行通道切换，接入值班系统与对极设备进行通信。

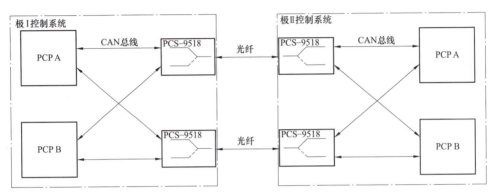

图 4-18 极控制系统极间通信连接示意图

双极之间的协调控制，包含双极之间的功率平衡、控制极的选择等功能，均依赖极间通信来实现。

二、站间通信 LAN 网

极控制系统站间通信连接与极间通信连接类似，其示意图如图 4-19 所示，该图中 MUX 为连接控制保护设备和光纤通信设备的连接装置，根据是否采用 PCM 设备，可选择 MUX64K 或者 MUX2M。冗余配置的每套 PCP 装置与冗余的通信通道连接，充分保证了通信的可靠性。PCS-9518 跟随值班系统的状态进行通道切换，接入值班系统与对站设备进行通信。

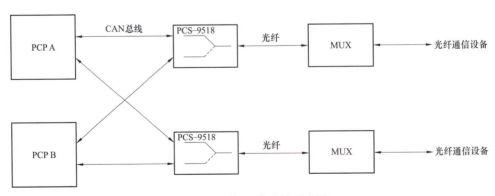

图 4-19 站间通信连接示意图

柔性直流的功率控制可不依赖站间通信，但是联跳对站等功能还是要借助站间通信才能实现。需要说明的是，直流保护中需要用到的直流线路（电缆）差动保护的通道也是使用如图 4-19 所示的通信链路。本侧 PPR 的相关数据通过极层控制 LAN 传送到 PCP，再通过本站 PCP 经由站间通信网络传输到对站；对站 PCP 接收到数据后，再通过对站的极层控制 LAN 发给对站的 PPR 保护。

4.4 控制保护系统设备接口及通信协议

4.4.1 控制与阀控系统接口

控制保护系统与阀控系统（VBC）均采用冗余系统设计，控制保护设备与阀控设备各自冗余系统间采用直连的方式，即 PCP A 主机与阀控 A 系统连接，PCP B 主机与阀控 B 系统连接。这部分功能直接决定了柔性直流输电系统的动态性能，所以对接口的设计要求非常高，需要高速可靠的交换数据，一般采用国际通用协议。为了防止干扰性，一般 VBC 与 PCP 间采用光纤进行连接，保证信号高速、可靠传输，连接示意图如图 4-20 所示，各接口描述如表 4-1 所示。

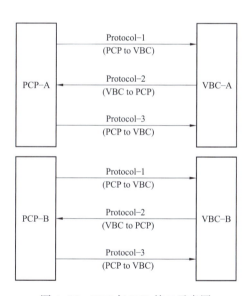

图 4-20 VBC 与 PCP 接口示意图

表 4-1　　　　　　　　　　　　VBC 与 PCP 接口描述

协议	接口内容	接口形式	信号方向
Protocol-1	发控制命令，包括： （1）Lock：闭锁信号； （2）Databack_En：阀故障检测允许； （3）Thy_On：晶闸管动作信号； （4）Upref1~6：六桥臂输出电压参考	HDLC IEC 60044-8 10 Mbit/s	PCP→VBC

续表

协议	接口内容	接口形式	信号方向
Protocol-2	上报状态信息，包括： (1) VBC_Trip：跳闸请求； (2) VBC_Change：切换请求； (3) VBC_Warning：轻微故障； (4) VBC_OK：自检状态； (5) Uc1~6：桥臂 SM 电容电压和	HDLC IEC 60044-8 10 Mbit/s	VBC→PCP
Protocol-3	下发值班信号有： Active：系统值班运行信号	光脉冲 1MHz/10kH	PCP→VBC

其中，Protocol-1 为 PCP 发送给 VBC 的通信协议，包括控制命令及各桥臂输出电压参考值。物理层符合 IEC 60044-8 标准，链路层符合 IEC 60870-5-1 的 FT3 格式。

Protocol-2 是 VBC 发送给 PCP 的通信协议，包含电流单元的状态、申请和各桥臂总电压等。物理层符合 IEC 60044-8 标准，链路层符合 IEC 60870-5-1 的 FT3 格式。

Protocol-3 协议的物理层为光脉冲，是 PCP 系统发送给 VBC，用以表征其是否值班的运行信号，VBC 根据 PCP 的信号决定主机/从机。当 PCP 系统处于值班状态时，该信号为 1MHz 的高频脉冲，当 PCP 系统处于备用状态时，该信号为 10Hz 的脉冲。

各协议中包含的信号如表 4-2 所示。

表 4-2　　　　　　　　　　　VBC 与 PCP 接口信号

信号名	类型	协议	说明
Lock	Bit	Protocol-1	SM IGBT 闭锁控制位
Databack_en	Bit	Protocol-1	SM 启动控制位
Thy_on	Bit	Protocol-1	SM 旁路晶闸管控制位
Upref1~6	Unsigned int	Protocol-1	6 个桥臂参考电压
VBC_Trip	Bit	Protocol-2	主电路故障跳闸申请状态位
VBC_Change	Bit	Protocol-2	VBC 故障切换申请状态位
VBC_Warning	Bit	Protocol-2	系统轻微故障状态位
VBC_OK	Bit	Protocol-2	系统启动自检状态位
Uc1~6	Unsigned int	Protocol-2	6 个桥臂 SM 电容电压和
Active	Bit	Protocol-3	值班信号主从状态控制位

4.4.2　控制与测量系统接口

随着科学的不断进步与技术的不断发展，光供电的电子式 TV、TA 在柔性直流输电系统中得到了广泛的应用，测量设备与控制保护设备的接口方式也由常规的模拟方式变为数字方式。为了规范接口方式，采用如 IEC 60044-8 等国际通用标准协议。

合并单元 MU 装置可同时输出 10k 或 50k 速率的采样数据，10k 采样数据格式遵循 IEC 60044-8 协议所定义的点对点串行 FT3 扩展 22 通道通用数据接口标准，10k 数据帧定义如表 4-3 所示。50k 采样数据每帧中携带的数据 BLOCK（每个 BLOCK 包含 16 个 byte）数目为 1，波特率为 10MHz，50k 数据帧定义如表 4-4。

表 4-3　　　　　　　　　　　10k 数据帧定义（扩展 22 通道）

字节 \ 位	7——0
1	00000101
2	01100100
3~6	备用
7~8	逻辑设备名称
9~18	备用
19~20	CRC
21~22	B02_ A 通道测量采样值
23~24	B02_ B 通道测量采样值
25~26	B02_ C 通道测量采样值
27~28	B02_ A 通道保护采样值
29~30	B02_ B 通道保护采样值
31~32	B02_ C 通道保护采样值
33~34	B06_ A 通道测量采样值
35~36	B06_ B 通道测量采样值
37~38	CRC
39~40	B06_ C 通道测量采样值
41~42	B06_ A 通道保护采样值
43~44	B06_ B 通道保护采样值
45~46	B06_ C 通道保护采样值
47~48	B10_ A 通道测量采样值
49~50	B10_ B 通道测量采样值
51~52	B10_ C 通道测量采样值
53~54	B10_ A 通道保护采样值
55~56	CRC
57~58	B06_ B 通道保护采样值
59~60	B06_ C 通道保护采样值
61~72	备用
73~74	CRC

表 4-4　　　　　　　　　　　50k 数据帧定义

字节 \ 位	7——0
1	00000101
2	01100100

续表

字节 \ 位	7——0
3	逻辑设备名称（0~255）
4	数据状态
5~7	A通道采样数据
8~10	B通道采样数据
11~13	C通道采样数据
14~15	采样计数器（0~49999）
16	备用（固定0x00）
17	备用（固定0x00）
18	备用（固定0x00）
19~20	CRC

10k采样值数据为16位，由2个字节拼凑而成，分别为高、低位字节，例如A通道测量采样值数据的高字节为Byte21，低字节为Byte22。测量通道的数字量与一次值的对应关系为：额定数字量为15000，即合并单元输出数字量15000对应一次系统额定值。保护通道的数字量与一次值的对应关系为：额定数字量为2000，即合并单元输出数字量2000对应一次系统额定值。

50k采样值数据为24位，由3个字节拼凑而成，分别为高、中、低位字节，例如A通道采样数据的高字节为Byte5，中字节为Byte6，低字节为Byte7。数字量与一次值的对应关系为：额定数字量为15000，即合并单元输出数字量15000对应一次系统额定值。

4.4.3 控制与阀冷系统接口

阀冷系统与控制系统采用以下方式进行通信：

（1）开关量接点信号。控制系统下行信号和阀冷系统上行信号。阀冷A、B套系统与控制保护系统DFT屏柜接口，接口信号包括开关量、模拟量和通信连接，这些信号均通过交叉冗余方式连接。下行信号包括：远程启动水冷系统、远程停止水冷系统、换流阀Block闭锁、换流阀Deblock闭锁、阀控制保护系统Active信号、远程切换主循环泵等信号。上行信号包括：阀冷系统预警、跳闸、请求停运阀冷、阀冷系统运行、功率回降、阀冷系统准备就绪等。

（2）4~20mA拟量信号。冷却水进阀温度、冷却水出阀温度、阀厅温度、环境温度、冷却水流量。

（3）Profibus报文。阀冷系统在线参数、设备状态及阀冷系统报警信息通过Profibus上送给极控制系统。阀冷系统转换在线监测为整型数据，对于状态与报警信息的布尔型数据：当状态为"1"时，代表此状态或报警出现；为"0"时，此状态或报警消失。数据传输的波特率为1.5Mbit/s，极控制系统负责对阀冷系统上送的数据打时标。阀冷系统与极控系统的总线结构如图4-21所示。

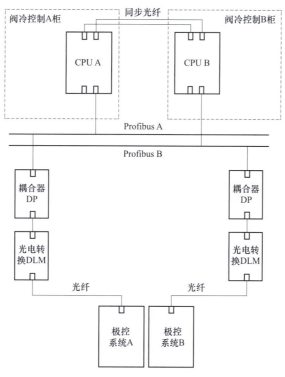

图 4-21　阀冷系统与极控系统的总线结构图

4.4.4　控制与故障录波器接口

故障录波装置与直流控制系统进行通信采用 IEC 60044-8 通信协议。

PCP 装置输出 10k 数据，遵循 IEC 60044-8 协议所定义的点对点串行 FT3 通用数据接口标准，主要包含参考电压信号、运行状态定义、极控制指令定义、跳闸请求信号定义以及阀控系统定义，具体信号定义及信息描述如表 4-5～表 4-9 所示。

表 4-5　　　　　　　　　　PCP 输出至故障录波数据帧定义

位 字节	7——0
1	00000101
2	01100100
3～4	备用
5～6	备用
7～8	逻辑设备名称
9～10	A 相上桥臂参考电压
11～12	B 相上桥臂参考电压
13～14	C 相上桥臂参考电压
15～16	A 相下桥臂参考电压

续表

位 字节	7——0
17~18	B 相下桥臂参考电压
19~20	CRC
21~22	C 相下桥臂参考电压
23~24	运行状态
25~26	备用
27~28	备用
29~30	备用
31~32	极控制指令
33~34	备用
35~36	备用
37~38	CRC
39~40	备用
41~42	备用
43~44	备用
45~46	备用
47~48	备用
49~50	备用
51~52	跳闸请求信号
53~54	阀控系统状态
55~56	CRC
57~58	备用
59~60	备用
61~62	备用
63~64	备用
65~66	备用
67~72	备用
73~74	CRC

注 各相上、下桥臂参考电压信号，数值 0 表示 0V，数值 1 表示 20V，数值 1000 表示 20kV。

表 4-6　　　　　　　　　　运行状态信息定义

数据长度	位置及含义	备注
16bit	Bit0 解锁状态	1：运行 0：停运
	Bit1 值班	1：值班有效 0：值班无效
	Bit2 交流进线开关状态	1：合位 0：分位

续表

数据长度	位置及含义	备注
16bit	Bit3 充电完成	1：充电完成有效 0：充电完成无效
	Bit4 直流电压控制	1：直流电压控制 0：非直流电压控制
	Bit5 有功功率控制方式	1：双极功率控制 0：单极功率控制
	Bit6 无功功率控制方式	1：交流电压控制 0：无功功率控制
	Bit7 连接	1：连接有效 0：连接无效
	Bit8 隔离	1：隔离有效 0：隔离无效
	Bit9 HVDC 方式	1：有效 0：无效
	Bit10 STATCOM 方式	1：有效 0：无效
	Bit11 OLT 方式	1：有效 0：无效
	其他 备用	

表 4-7　　　　　　　　　　　　极控制指令定义

数据长度	位置及含义	备注
16bit	Bit0 全局晶闸管触发命令	1：有效 0：无效
	Bit1 充电标识	1：充电有效 0：充电无效
	Bit2 解锁闭锁指令	1：闭锁 0：解锁
	其他 备用	

表 4-8　　　　　　　　　　　　跳闸请求信号定义

数据长度	位置及含义	备注
16bit	Bit0 跳闸请求信号	1：有效 0：无效
	Bit11~15 备用	

表 4-9　　　　　　　　　　　阀控系统状态定义

数据长度	位置及含义	备注
16bit	Bit0 阀控允许解锁	1：有效 0：无效
	Bit1 阀控请求切换系统	1：有效 0：无效
	Bit2 阀控请求跳闸	1：有效 0：无效
	Bit3 阀控轻微故障	1：有效 0：无效
	Bit4 阀控系统允许充电	1：有效 0：无效
	Bit5~15 备用	

4.5 运行人员控制系统介绍

运行人员控制系统是换流站正常运行时运行人员的主人机界面和站监控数据收集系统的重要部分，它主要由冗余站 LAN 网、主时钟系统、SCADA 服务器、前置服务器、历史服务器等组成，其结构如图 4-22 所示。

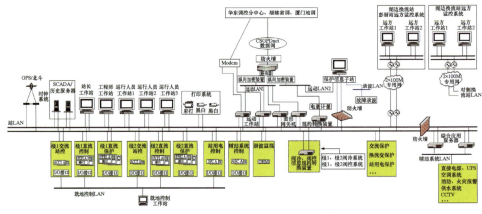

图 4-22　换流站运行人员控制系统结构图

运行人员工作站（OWS）是实现整个柔性直流系统运行监视控制的主要位置，运行人员的控制操作将通过换流站监控系统的人机界面来实现。OWS 人机界面可简单划分为参数监控区和状态监控区两个部分，其人机界面如图 4-23 所示。

参数监控区不会随着状态监控区界面的切换而改变（除工具界面），它可实时地为站内运行人员提供功率、电流、电压等系统参数，PCP 设备的主备运行状态以及站、极间通信状态等重要信息。

状态监控区包含了主接线、顺序控制、站网结构、事件记录等多个操作界面，它可以为运行人员展示更多、更详细的系统参数、状态信息。

第 4 章 控制保护系统的构成

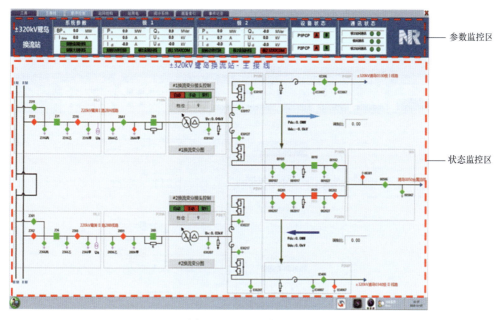

图 4-23 OWS 人机界面

（1）工具界面。工具界面主要用于完成参数配置、保护定值整定、保护动作矩阵修改等工作，如图 4-24 所示。

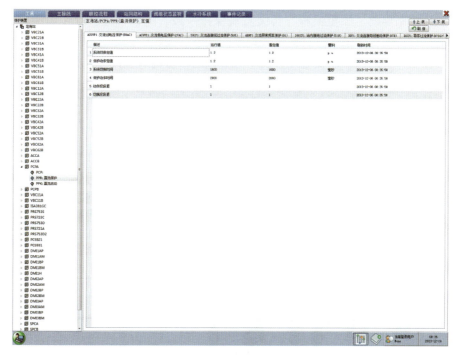

图 4-24 工具界面

（2）主接线界面。主接线界面可以为运行人员实时地展示换流站的运行状态，如潮流的

85

大小及方向，断路器/隔离开关设备的分、合状态，换流器解/闭锁状态等，其界面如图4-25所示。此外，在主接线图上，运行人员还可实现单个断路器、隔离开关设备的分、合控制以及换流变压器的挡位调节。

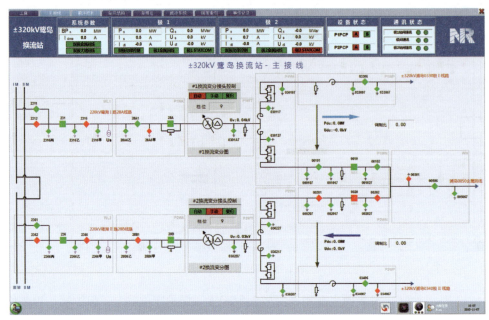

图4-25 运行人员控制系统一次主接线界面

（3）顺序控制界面。顺控流程与传统直流保持一致，配置合理、操作简便且具有连贯性，同时能让运行人员详细了解目前系统处于的状态。在顺序控制界面上，运行人员可进行运行方式、控制方式的操作以及电压、功率等参数的修改调节，其界面如图4-26所示。

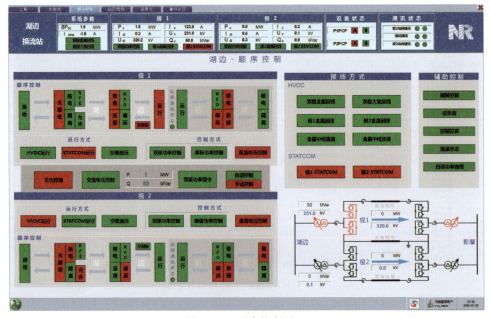

图4-26 顺序控制界面

(4) 站网结构界面。站网结构界面为运行人员展示了间隔层主要设备的状态信息。在此界面上，运行人员可以手动切换两极的 PCP 的主/备状态、PPR 的运行/试验状态，还可主动触发后台系统录波功能，其界面如图 4-27 所示。

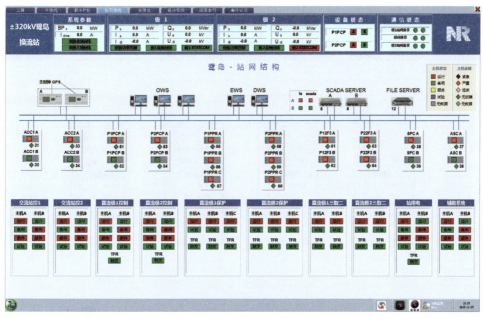

图 4-27　站网结构界面

(5) 站用电操作界面。站用电操作界面主要用于监视站用电系统工作情况，可直观地观察到 10kV 网络的潮流、电压、电流等参数及断路器、隔离开关的位置，保障站内设备供电正常，其界面如图 4-28 所示。

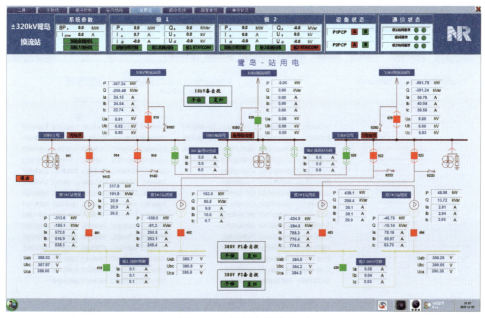

图 4-28　站用电操作界面

(6) 阀冷系统监视界面。通过阀冷系统监视界面,运行人员可实时掌握换流阀冷却系统的整体工作情况,例如冷却水进阀温度、冷却水出阀温度、阀厅温度、冷却水流量等,其界面如图 4-29 所示。

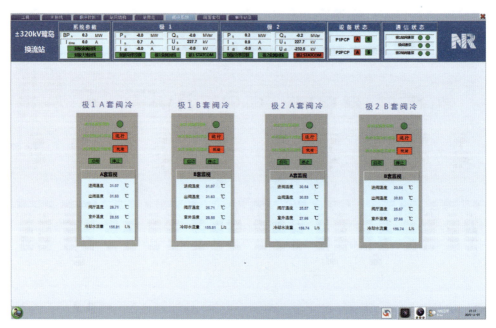

图 4-29　阀冷系统监视界面

(7) 画面索引界面。画面索引界面展示了整个换流站相关的所有遥测、遥信以及保护设备的动作情况等详细信息,便于运行人员、检修人员更加深入地了解整个换流站工作情况,有助于快速定位全站的异常状态,其界面如图 4-30 所示。

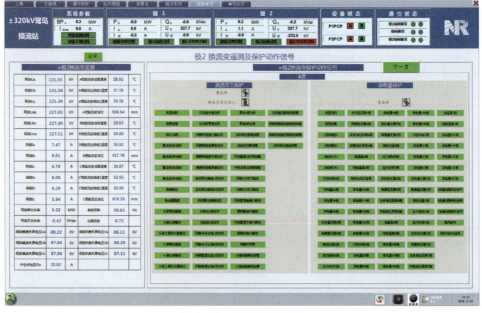

图 4-30　画面索引界面

（8）事件记录界面。事件记录界面罗列了换流站运行操作、设备故障等所有事件，它主要用于记录事件的发生时间及顺序，是事故分析的重要依据。其界面如图4-31所示，在事件记录界面上细分为事件列表、告警列表、故障列表、历史事件等报文列表。此外，运检人员还可通过过滤功能，筛选所需的报文。

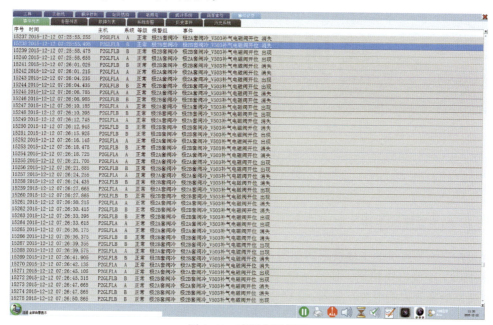

图4-31　事件记录界面

现场单设备调试

5.1 换流变压器保护调试

5.1.1 换流变压器主接线形式

换流站交流侧典型的主接线形式如图 5-1 所示。其中换流变压器网侧通过电缆与 220kV 变电站 220kV 交流出线相连，换流站侧 TA1 为换流变压器网侧套管首端电流互感器，TA2 为换流变网侧套管末端电流互感器，TA3 为换流变压器阀侧套管电流互感器，TA4 为网侧中性点零序电流互感器，TA5 为网侧断路器电流互感器。

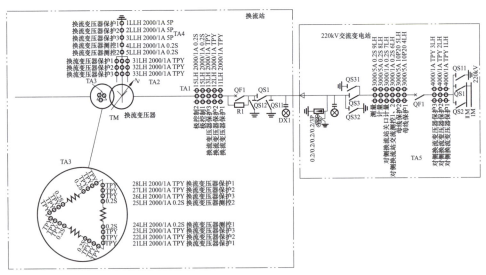

图 5-1 换流站交流侧典型的主接线图

5.1.2 换流变压器保护基本原理

一、差动保护的基本原理

变压器差动保护涉及有电磁感应关系的各侧电流，它的构成原理是磁势平衡原理。以双绕组变压器为例，其差动保护的原理接线图如图 5-2 所示，如果两侧电流i_1、i_2都以流入变

压器为正方向,则正常运行或外部故障时,根据磁势平衡原理得

$$\dot{I}_1 W_1 + \dot{I}_2 W_2 = \dot{I}_e W_1 \tag{5-1}$$

式中　W_1——一次绕组的匝数;
　　　W_2——二次绕组的匝数。

如果忽略励磁电流$\dot{I}_e$,则$\dot{I}_1 W_1 + \dot{I}_2 W_2 = 0$。

如果变压器的变比和变压器星形-三角形接线带来的相位差异都被正确补偿的话,则变压器在正常运行或外部故障时,流过变压器各侧电流的相量和为零。注意:由于变比和联结组别的不同,电力变压器在运行时,各侧电流大小及相位也不同。在构成继电器前必须消除这些影响。现在的数字式变压器保护装置,都利用数字的方法对变比与相移进行补偿。即

$$\Sigma \dot{i} = 0 \tag{5-2}$$

即变压器正常运行或外部故障时,流入变压器的电流等于流出变压器的电流。两侧电流的相量和为零,此时,差动保护不应动作。

当变压器内部故障时,两侧电流的相量和等于短路点的短路电流。差动保护动作,切除故障变压器。

根据差动保护被保护对象及保护所采电流的不同,换流变压器差动保护又分为:换流变压器大差保护、换流变压器小差保护、引线差动保护、网侧绕组差动保护及零序差动保护、阀侧绕组差动保护等。

大差比率差动保护和小差比率差动保护的保护区域是构成比率差动保护的各侧电流互感器之间所包围的部分。该保护容易受励磁涌流

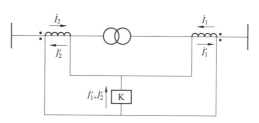

图 5-2　变压器差动保护的原理接线图

和变压器过励磁的影响而发生误动,所以需要配置涌流闭锁元件和过励磁闭锁元件。

由于变压器比率差动保护都设置了涌流闭锁元件,这将造成变压器内部严重故障时差动保护不能迅速切除故障。此外,变压器内部严重故障时,如果 TA 饱和,TA 二次电流的波形将发生严重畸变,并含有大量的谐波分量,从而使差动保护拒动。因此,设置了大差差动速断保护和小差差动速断保护。差动速断保护不经任何条件闭锁动作,当任一相差动电流大于差动速断整定值时瞬时动作跳开换流变压器交流侧断路器。

网侧引线差动保护的保护对象是交流侧断路器到网侧套管的连接线,网侧绕组差动保护的保护对象是网侧绕组,阀侧绕组差动保护的保护对象是阀侧绕组。这三个差动保护不受变压器励磁电流、励磁涌流、带负荷调压及过励磁的影响,不需要涌流闭锁元件、差动速断元件和过励磁闭锁元件。

换流变压器差动保护中只有网侧引线差动保护和网侧绕组差动保护采用零序电流来实现零序比率差动保护。该保护不受变压器励磁电流、励磁涌流、带负荷调压及过励磁的影响,不需要涌流闭锁元件、差动速断元件和过励磁闭锁元件。

二、换流变压器保护的典型配置及电压电流方向

换流变压器保护典型配置及电压电流方向如图 5-3 所示。

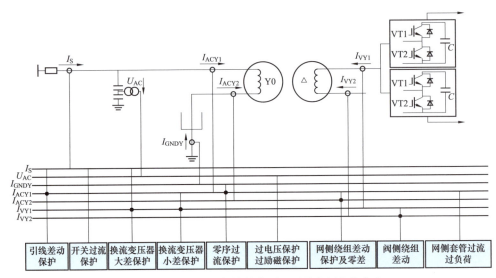

图 5-3　换流变压器保护的典型配置及电压电流方向

其中，I_S 对应图 5-1 中 220kV 交流变电站断路器（QF1）的电流（TA5）；U_{AC} 对应图 5-1 中 220kV 交流变电站线路出线的电压；I_{ACY1} 对应图 5-1 中网侧套管首端（TA1）电流；I_{ACY2} 对应图 5-1 中网侧套管末端（TA2）电流；I_{VY1} 对应图 5-1 中阀侧套管（TA3）的首端电流；I_{VY2} 对应图 5-1 中阀侧套管（TA3）的末端电流；I_{GNDY} 对应图 5-1 中中性点零序（TA4）电流。

5.1.3　换流变压器保护调试技术

本书以国家电网山东电力设备有限公司生产的换流变压器（型号：ZZDFPZ-176700/230-320）配合南瑞继保公司生产的 PCS-977 换流变压器成套保护、PCS-974 非电量及辅助保护装置以及 PCS-9552A "三取二"保护装置为例讲解换流变压器保护的调试技术。

一、换流变压器保护的调试定值

换流变压器保护的调试定值如表 5-1~表 5-7 所示。

表 5-1　　　　　　　　　　设　备　参　数　定　值

序号	参数名称	定值	单位	整定说明
1	换流变压器额定容量	530	MVA	三相Y/Y和Y/△变压器的总容量
2	网侧一次电压	230	kV	铭牌线电压
3	阀侧一次电压	166.57	kV	铭牌线电压
4	网侧 TV 一次值	220	kV	线电压
5	网侧开关 TA 一次值	2000	A	TA5
6	网侧套管首端 TA 一次值	2000	A	TA1
7	网侧套管末端 TA 一次值	2000	A	TA2
8	阀侧首端 TA 一次值	2000	A	TA3 首端
9	阀侧末端 TA 一次值	2000	A	TA3 末端
10	中性点 TA 一次值	2000	A	TA4
11	各侧 TA 二次值	1	A	—

表 5-2　　　　　　　　　　　　　　主 保 护 定 值

序号	参数名称	定值	符号	说明
1	差动保护启动电流定值	0.5	I_e	
2	差动速断电流定值	5.0	I_e	
3	TA 报警差流定值	0.15	I_e	
4	二次谐波制动系数	0.15		
5	TA 断线闭锁差动控制字	1		
6	差动保护涌流闭锁控制字	1		
7	引线差动起动电流定值	0.8	I_n	$1.2I_e$
8	TA 断线闭锁引线差动控制字	1		
9	绕组差动启动电流定值	0.8	I_n	$1.2I_e$
10	TA 断线闭锁绕组差动控制字	1		
11	大差差动速断投入	1		
12	大差比率差动投入	1		
13	大差工频变化量差动投入	1		
14	小差差动速断投入	1		
15	小差比率差动投入	1		
16	小差工频变化量差动投入	1		
17	网侧引线差投入	1		
18	网侧绕组差投入	1		
19	阀侧绕组差动投入	1		

注　1. 所有差动比率制动系数固定为 0.5。
　　2. I_e 为变压器二次额定电流。
　　3. 除控制字外，大差和小差共用定值，所有绕组差共用定值。
　　4. [纵差涌流闭锁原理] [纵差二次谐波制动系数] 为纵差保护和工频变化量差动保护共用定值。
　　5. [纵差涌流闭锁原理] 选择 1 是为二次谐波原理，选择 0 时为波形识别原理。
　　6. [TA 断线闭锁差动控制字] 置 "1" 时，TA 断线后，闭锁低值比率差动保护。[TA 断线闭锁引线差动控制字] 置 "1" 时，TA 断线后，闭锁引线差动保护。[TA 断线闭锁绕组差动控制字] 置 "1" 时，TA 断线后，闭锁绕组差动保护。
　　7. [引线差动启动电流定值] [绕组差动启动电流定值] 其整定计算以差动各侧中平衡系数为 1 的一侧为基准。若在实际的整定计算中是归算到上述的基准侧后的电流有名值，则将这一有名值除以 TA 的二次额定电流（1A 或 5A），即为保护装置的整定值。

表 5-3　　　　　　　　　　　　　　过 励 磁 保 护 定 值

序号	参数名称	定值	单位	说明
1	定时限过励磁 1 段动作倍数	1.5		
2	定时限过励磁 1 段动作时间	2	s	
3	定时限过励磁 2 段动作倍数	1.15		
4	定时限过励磁 2 段动作时间	600	s	
5	定时限过励磁报警动作倍数	1.15		

续表

序号	参数名称	定值	单位	说明
6	定时限过励磁报警动作时间	3	s	
7	反时限过励磁上限倍数	1.4		
8	反时限过励磁上限时间	6.0	s	
9	反时限过励磁1段倍数	1.35		
10	反时限过励磁1段时间	9.6	s	
11	反时限过励磁2段倍数	1.3		
12	反时限过励磁2段时间	14.0	s	
13	反时限过励磁3段倍数	1.25		
14	反时限过励磁3段时间	24.0	s	
15	反时限过励磁4段倍数	1.2		
16	反时限过励磁4段时间	48.0	s	
17	反时限过励磁5段倍数	1.15		
18	反时限过励磁5段时间	154.0	s	
19	反时限过励磁6段倍数	1.13		
20	反时限过励磁6段时间	500	s	
21	反时限过励磁7段倍数	1.12		
22	反时限过励磁7段时间	600	s	
23	反时限过励磁8段倍数	1.1		
24	反时限过励磁8段时间	1900	s	
25	反时限过励磁下限倍数	1.05		
26	反时限过励磁下限时间	9999	s	
27	定时限过励磁1段投入	1		
28	定时限过励磁2段投入	1		
29	定时限过励磁报警投入	1		
30	反时限过励磁跳闸投入	1		
31	反时限过励磁报警投入	1		

注 1. 反时限动作特性曲线的10组输入定值有一定的限制：反时限过励磁上限倍数整定值要大于反时限过励磁1段倍数，而反时限过励磁上限倍数时间整定值小于反时限过励磁1段时间整定值，依此类推。反时限过励磁倍数下限整定值要小于反时限过励磁8段倍数。时间延时考虑最大到9999s，过励磁倍数整定值一般为1.0~1.7。
2. 过励磁整定定值的基准为变压器额定电压，装置内部会自动转换变压器额定电压和TV额定电压的偏差。
3. 反时限过励磁跳闸和报警可分别投退。

表5-4　　　　　　　　　　网侧后备保护定值

序号	参数名称	定值	单位	说明
1	网侧开关过电流1段电流定值	0.93	A	1.4倍额定电流
2	网侧开关过电流1段动作延时	4.0	s	
3	网侧开关过电流2段电流定值	100	A	不用
4	网侧开关过电流2段动作延时	20	s	

续表

序号	参数名称	定值	单位	说明
5	网侧套管过电流 1 段电流定值	0.93	A	1.4 倍额定电流
6	网侧套管过电流 1 段动作延时	4.0	s	
7	网侧套管过电流 2 段电流定值	100	A	不用
8	网侧套管过电流 2 段动作延时	20	s	
9	零流 1 段电流定值	0.15	A	
10	零流 1 段动作延时	4.0	s	
11	零流 2 段电流定值	100	A	不用
12	零流 2 段动作延时	20	s	
13	过电压 1 段电压定值	200	V	不用
14	过电压 1 段动作延时	20.0	s	不用
15	过电压 2 段电压定值	200	V	不用
16	过电压 2 段动作延时	20.0	s	不用
17	网侧套管过负荷电流定值	20	A	不用
18	网侧套管过负荷动作延时	20.0	s	不用
19	中性点零流报警电流定值	0.15	A	0.04~150
20	中性点零流报警动作延时	1.0	s	0~20
21	过电压报警电压定值	63.5	V	2~200
22	过电压报警动作延时	1.0	s	0~20
23	网侧开关过电流 1 段保护投入	1		
24	网侧开关过电流 2 段保护投入	0		
25	网侧套管过电流 1 段保护投入	1		
26	网侧套管过电流 2 段保护投入	0		
27	零流 1 段电流选择	1		1：自产零序；0：外接零序
28	零流 2 段电流选择	1		1：自产零序；0：外接零序
29	零流 1 段投入	1		
30	零流 2 段投入	0		
31	过电压三相模式	1		
32	过电压 1 段保护投入	0		
33	过电压 2 段保护投入	0		
34	网侧套管过负荷保护投入	0		
35	中性点零流报警投入	1		
36	过电压报警保护投入	1		

表 5-5　　　　　　　　换流变压器保护跳闸矩阵定值

序号	参数名称	定值	单位	说明
1	差动跳闸矩阵	0000	无	
2	过励磁跳闸矩阵	0000	无	
3	网侧开关过电流 1 段跳闸矩阵	0000	无	
4	网侧开关过电流 2 段跳闸矩阵	0000	无	

续表

序号	参数名称	定值	单位	说明
5	网侧套管过电流 1 段跳闸矩阵	0000	无	
6	网侧套管过电流 2 段跳闸矩阵	0000	无	
7	零流 1 段跳闸矩阵	0000	无	
8	零流 2 段跳闸矩阵	0000	无	
9	过电压 1 段跳闸矩阵	0000	无	
10	过电压 2 段跳闸矩阵	0000	无	

注　换流变压器保护经"三取二"装置，通过直流控制保护系统出口跳闸（闭锁直流），跳闸逻辑由直流控制保护系统确定，换流变压器保护跳闸矩阵定值置 0。

表 5-6　　直流控制系统及"三取二"装置换流变压器跳闸矩阵一

序号	保护名称	1　换流变压器跳闸	2　换流变压器报警	3~19	20　触发录波
1	大差差动速断	●			●
2	大差比率差动	●			●
3	大差工频差动	●			●
4	小差速动差动	●			●
5	小差比率差动	●			●
6	小差工频变量量差动	●			●
7	引线差分差动作	●			●
8	引线差零差动作	●			●
9	网侧绕组差分差动作	●			●
10	网侧绕组差零差动作	●			●
11	阀侧绕组差分差动作	●			●
12	定时限过励磁 I 段动作	●			●
13	定时限过励磁 II 段动作	●			●
14	反时限过励磁动作	●			●
15	过电压 I 段动作	—			—
16	过电压 II 段动作	—			—
17	网侧开关过电流 I 段动作	●			●
18	网侧开关过电流 II 段动作	—			—
19	网侧套管过电流 I 段动作	●			●
20	网侧套管过电流 II 段动作	—			—
21	零序 I 段动作	●			●
22	零序 II 段动作				

表 5-7　　直流控制系统及"三取二"装置换流变压器跳闸矩阵二

序号	保护名称	1　非电量跳闸	2　非电量报警	3~19	20　触发录波
1	A 相本体重瓦斯	●			●
2	A 相开关压力继电器	●			●

续表

序号	保护名称	1 非电量跳闸	2 非电量报警	3~19	20 触发录波
3	B 相本体重瓦斯	●			●
4	B 相开关压力继电器	●			●
5	C 相本体重瓦斯	●			●
6	C 相开关压力继电器	●			●

二、试验仪器

本次换流变压器保护检验的试验仪器选用广东昂立电气自动化有限公司生产的常规继电保护测试仪（型号：A460）。该测试仪具备 6 路电流和 4 路电压输出能力，8 对开入，4 对开出，能够很好的满足试验需求。

三、主保护调试

（一）大差差动速断保护

（1）试验接线。大差差动速断保护调试的试验接线如图 5-4 所示。

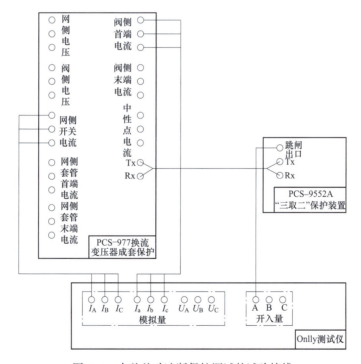

图 5-4　大差差动速断保护调试的试验接线

（2）测试内容。检查大差差动速断保护逻辑、大差差动速断保护动作值及动作时间的准确度。

（3）测试方法。

1）投入"投换流变保护"硬压板、投入"换流变保护投入"软压板、"大差差动速断投入"控制字整定为"1"。其他主保护控制字整定为"0"。

2）大差差动速断电流定值：模拟故障，使大差相差电流幅值从 0.9 倍整定值增大至保护动作；步长不大于整定值的 1‰（最小为 1mA），单步变化时间为 200ms。

3）大差差动速断保护动作时间：模拟故障，加入 1.5 倍整定值的故障电流，测量保护出口动作时间。

（4）技术要求。大差差动速断电流定值误差不大于 5% 或 $0.02I_n$；差动速断动作时间（1.5 倍整定值）误差不大于 20ms。

（5）大差差动速断保护的动作特性。差动速断保护的动作特性如图 5-5 所示。

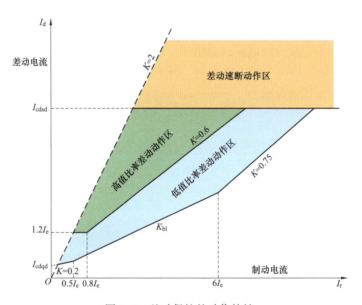

图 5-5　差动保护的动作特性

I_e—变压器额定电流；I_{cdqd}—差动保护启动电流定值；I_{cdsd}—差动速断电流定值；
I_d—差动电流，$I_d = \left|\sum_{i=1}^{m} I_i\right|$；$I_r$—制动电流，$I_r = \frac{1}{2}\sum_{i=1}^{m}|I_i|$；$k_{bl}$—比率制动系数整定值，装置中固定为 0.5。

（6）试验结果。整定值：差动速断电流定值 = $5I_e$，试验结果如表 5-8 所示。

表 5-8　　　　　　　　　　大差差动速断试验结果

位置	相别	动作电流（A）	故障报告	动作时间（ms）
网侧	A	4.99	14ms A 大差差动速断	29.3
	B	4.97	13ms B 大差差动速断	27.8
	C	4.96	14ms C 大差差动速断	29.1
阀侧首端	A	3.97	10ms A 大差差动速断	25.5
	B	3.96	8ms B 大差差动速断	22.1
	C	3.96	13ms C 大差差动速断	23.5
结论	合格			
备注	①$m=1.5$ 时测量动作时间；②装置采用减零序的调整方式对各侧 TA 二次电流相位进行调整；③试验测得的动作时间为换流变压器保护及"三取二"装置的出口时间之和			

（二）大差比率差动保护

（1）试验接线。大差比率差动保护调试的试验接线如图 5-4 所示。

（2）测试内容。检查大差差动保护逻辑、差动保护启动电流定值及动作时间的准确度、大差差动比率特性曲线。

（3）测试方法。

1）投入"投换流变保护"硬压板、投入"换流变保护投入"软压板、"大差比率差投入"控制字整定为"1"。其他主保护控制字整定为"0"。

2）差动保护启动电流定值：模拟故障，使大差相差电流幅值从 0.9 倍整定值增大至保护动作；步长不大于整定值的 1‰（最小为 1mA），单步变化时间为 200ms。

3）大差比率差动保护动作时间：模拟故障，使得大差相差电流幅值达到 2.0 倍的理论动作值，测量保护出口动作时间。

4）大差比率特性曲线：在大差比率制动曲线每段折线横坐标（制动电流）上选取三点或多点，模拟故障，测试该点差动动作值；步长不大于整定值的 1‰（最小为 1mA），单步变化时间为 200ms。

（4）技术要求。差动保护启动电流定值误差不大于 5% 或 $0.02I_N$；差动动作时间（2 倍整定值）误差不大于 30ms。

（5）大差比率差动保护的动作特性。大差比率差动保护的动作特性如图 5-5 所示。

（6）试验结果。

1）差动保护启动电流定值校验。整定值：差动保护启动电流定值 = $0.5I_e$，试验结果如表 5-9 所示。

表 5-9　　大差差动启动值试验结果

位置	相别	动作电流（A）	故障报告	动作时间（ms）
网侧	A	0.552	17ms A 大差比率差动	30.1
	B	0.551	17ms B 大差比率差动	36.7
	C	0.550	15ms C 大差比率差动	39.3
阀侧首端	A	0.435	17ms A 大差比率差动	38.5
	B	0.436	18ms B 大差比率差动	36.1
	C	0.438	15ms C 大差比率差动	38.5
结论	合格			
备注	①$m=2$ 时测量动作时间；②装置采用减零序的调整方式对各侧 TA 二次电流相位进行调整；③试验测得的动作时间为换流变压器保护及"三取二"装置的出口时间之和			

a. 网侧差动保护启动电流理论值计算：由图 5-5 可以看出，当差动保护启动电流定值（即图 5-5 中的 I_{cdqd}）为 $0.5I_e$ 时，差动保护实际的启动电流值是直线 1（即 $I_d=2I_r$）和直线 2（即 $I_d=0.2I_r+I_{cdqd}$）的交点。联立两条直线的方程，可以得出交点的纵坐标，即 $I_d=0.556I_e$（由定值单中的数据可以算出网侧的额定电流 $I_e=0.665A$）。假设只加网侧的单相电流，且假设

试验时所加电流为 I，则可知 $I=I_d$。由于差动保护各侧采用了减零序的方式对电流进行了调整。因此，差动保护网侧实际的启动电流值为 $1.5 \times I_e$，即 $1.5 \times 0.556 \times 0.665 = 0.554$A。

b. 阀侧首端差动保护启动电流理论值计算：由定值单的数据可以算出阀侧首端的额定电流，$I_e = 0.530$A。则差动保护阀侧首端实际的启动电流值为 $1.5 \times 0.556 \times 0.530 = 0.442$A。

2）大差比率差动特性曲线校验。大差比率差动制动系数：$K_1 = \underline{0.2}$；$K_2 = \underline{0.5}$；$K_3 = \underline{0.75}$（K_1、K_2、K_3 为装置内部固定），试验结果如表 5-10 所示。

表 5-10　　　　　　　　　大差比率差动特性试验结果

动作电流	施加电流 I_1（A）						
	0.580	0.798	1.421	3.918	6.408	7.658	9.027
I_2（A）	0.017	0.161	0.460	1.657	2.846	3.440	3.936
I_{diff}（I_e）	0.560	0.597	0.846	1.843	2.844	3.350	4.098
I_{bias}（I_e）	0.301	0.501	1.001	3.005	5.000	6.000	6.997
平均制动系数 K_{ra}	0.199	—	0.498			—	0.750
结论	合格						
备注	第一折线测试 2 个点，应包括第一个拐点；第二折线测试 3 个点；计算制动系数，应符合厂家技术要求；第三折线动作电流如超过测试仪器输出范围，可以省略测试						

以下以第二折线为例，说明大差比率差动特性曲线的校验选点计算过程：由图 5-5 差动保护的动作特性图可以算出，第二折线的曲线方程为 $I_d = 0.5I_r - 0.5I_e + 0.6I_e$，$I_r$ 的取值范围为 $0.5I_e \leq I_r \leq 6I_e$。选取三个校验点的横坐标分别为 $I_{r1} = I_e$、$I_{r2} = 3I_e$、$I_{r3} = 5I_e$。当 $I_{r1} = I_e$ 时，由曲线方程可以算出 $I_{d1} = 0.85I_e$。假设试验时分别只加单相的网侧电流 I_1 和阀侧电流 I_2，电流角度：网侧为 $0°$、阀侧为 $180°$。根据 I_d 和 I_r 的公式可以得出：$I_1 - I_2 = 0.85I_e$ 和 $I_1 + I_2 = 2I_e$，联立两个公式可以得出：$I_1 = 1.425I_e$ 和 $I_2 = 0.575I_e$。

由于网侧的额定电流为 0.665A，阀侧的额定电流为 0.530A，且差动保护各侧采用了减零序的方式对电流进行了调整。因此有 $I_1 = 1.5 \times 1.425 \times 0.665 = 1.421$A 和 $I_2 = 1.5 \times 0.575 \times 0.530 = 0.457$A。该点对应试验结果中第二段曲线的第一个点。其他点的计算过程类似，在此不再赘述。

（三）小差差动速断保护

（1）试验接线。小差差动速断保护调试的试验接线如图 5-6 所示。

（2）测试内容。检查小差差动速断保护逻辑、小差差动速断保护动作值及动作时间的准确度。

（3）测试方法。

1）投入"投换流变保护"硬压板、投入"换流变保护投入"软压板、"小差差动速断投入"控制字整定为"1"。其他主保护控制字整定为"0"。

2）小差差动速断电流定值：模拟故障，使小差相差电流幅值从 0.9 倍整定值增大至保护动作；步长不大于整定值的 1‰（最小为 1mA），单步变化时间为 200ms。

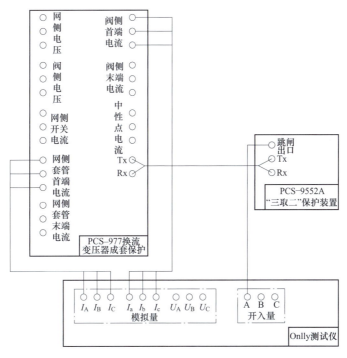

图 5-6 小差差动速断保护调试的试验接线

3）小差差动速断保护动作时间：模拟故障，加入 1.5 倍整定值的故障电流，测量保护出口动作时间。

（4）技术要求。小差差动速断电流定值误差不大于 5% 或 $0.02I_n$；差动速断动作时间（1.5 倍整定值）误差不大于 20ms。

（5）小差差动速断保护的动作特性。小差差动速断保护的动作特性如图 5-5 所示。

（6）试验结果。整定值：差动速断电流定值 $=5I_e$，试验结果如表 5-11 所示。

表 5-11　　　　　　　　　　小差差动速断试验结果

位置	相别	动作电流（A）	故障报告	动作时间（ms）
网侧套管首端	A	4.970	14ms A 小差差动速断	29.1
	B	4.960	14ms B 小差差动速断	28.6
	C	4.970	14ms C 小差差动速断	20.6
阀侧首端	A	3.970	10ms A 小差差动速断	25.4
	B	3.960	8ms B 小差差动速断	22.3
	C	3.960	12ms C 小差差动速断	21.3
结论	合格			
备注	①$m=1.2$ 时测量动作时间；②装置采用减零序的调整方式对各侧 TA 二次电流相位进行调整；③试验测得的动作时间为换流变压器保护及"三取二"装置的出口时间之和			

（四）小差比率差动保护

（1）试验接线。小差比率差动保护调试的试验接线如图 5-6 所示。

(2)测试内容。检查小差差动保护逻辑、差动保护启动电流定值及动作时间的准确度、小差差动比率特性曲线。

(3)测试方法。

1)投入"投换流变保护"硬压板、投入"换流变保护投入"软压板、"小差比率差动投入"控制字整定为"1"。其他主保护控制字整定为"0"。

2)差动保护启动电流定值:模拟故障,使小差相差电流幅值从 0.9 倍整定值增大至保护动作;步长不大于整定值的 1‰(最小为 1mA),单步变化时间为 200ms。

3)小差比率差动保护动作时间:模拟故障,使得小差相差电流幅值达到 2.0 倍的理论动作值,测量保护出口动作时间。

4)小差比率特性曲线:在小差比率制动曲线每段折线横坐标(制动电流)上选取三点或多点,模拟故障,测试该点差动动作值;步长不大于整定值的 1‰(最小为 1mA),单步变化时间为 200ms。

(4)技术要求。差动保护启动电流定值误差不大于 5% 或 $0.02I_N$;差动动作时间(2 倍整定值)误差不大于 30ms。

(5)小差比率差动保护的动作特性。小差比率差动保护的动作特性如图 5-5 所示。

(6)试验结果。

1)差动保护启动电流定值校验。整定值:差动保护启动电流定值 = $0.5I_e$,试验结果如表 5-12 所示。

表 5-12　　　　　　　　　小差差动保护启动值试验结果

位置	相别	动作电流(A)	故障报告	动作时间(ms)
网侧套管首端	A	0.550	15ms A 小差比率差动	38.2
	B	0.550	17ms B 小差比率差动	39.5
	C	0.560	13ms C 小差比率差动	39.5
阀侧首端	A	0.450	15ms A 小差比率差动	37.9
	B	0.450	17ms B 小差比率差动	36.4
	C	0.450	15ms C 小差比率差动	30.1
结论	合格			
备注	①$m=2$ 时测量动作时间;②装置采用减零序的调整方式对各侧 TA 二次电流相位进行调整;③试验测得的动作时间为换流变压器保护及"三取二"装置的出口时间之和			

注　小差差动保护启动电流理论值得计算过程参考大差比率差动保护。

2)小差比率差动特性曲线校验

小差比率差动制动系数:$K_1 = 0.2$;$K_2 = 0.5$;$K_3 = 0.75$(K_1、K_2、K_3 为装置内部固定),试验结果如表 5-13 所示。

表 5-13　　　　　　　　　小差比率差动特性试验结果

动作电流	施加电流 I_1(A)						
	0.580	0.800	1.420	3.920	6.410	7.660	9.030
I_2(A)	0.200	0.163	0.460	1.650	2.840	3.430	3.930
$I_{diff}(I_e)$	0.556	0.599	0.846	1.852	2.852	3.363	4.016

续表

动作电流	施加电流 I_1(A)						
	0.580	0.800	1.420	3.920	6.410	7.660	9.030
$I_{bias}(I_e)$	0.303	0.500	1.001	3.000	4.996	5.993	6.994
平均制动系数 K_{ra}	0.185	—	0.499			—	0.743
结论	合格						
备注	第一折线测试2个点，应包括第一个拐点；第二折线测试3个点；计算制动系数，应符合厂家技术要求；第三折线动作电流如超过测试仪器输出范围，可以省略测试						

注 小差比率差动特性曲线校验的选点方法及其计算过程参考大差比率差动保护。

（五）二次谐波制动特性试验

（1）测试内容。检查二次谐波制动逻辑及制动系数的准确度。

（2）测试方法。

1）投入"投换流变保护"硬压板、投入"换流变保护投入"软压板、"大差比率差动投入"或者"小差比率差动投入"控制字整定为"1"、"差动保护涌流闭锁控制字"整定为"1"。其他主保护控制字整定为"0"。

2）模拟故障，使"大差差电流幅值"或者"小差差电流幅值"基波分量为选定的动作值，二次谐波分量从1.1倍整定值往下降。步长不大于理论值得1‰（最小为1mA），单步变化时间为200ms。

（3）技术要求。二次谐波应能闭锁大差比率差动保护和小差比率差动保护。

（4）试验结果。

1）大差比率差动保护二次谐波制动特性试验。整定值：二次谐波制动系数 = 0.15，ABC三相试验结果分别如表5-14~表5-16所示。

a. A相二次谐波制动特性检验。

表5-14　　　　A相大差比率差动保护二次谐波制动特性试验结果

位置	试验项目	施加电流（A）				
网侧	谐波电流 I_H	0.152	0.220	0.300	0.380	0.450
	基波电流 I_m	1.000	1.500	2.000	2.500	3.000
	K_H(%)	15.2	15.0	15.0	15.2	15.0
结论	合格					
备注	谐波制动系数为 $K_H = \dfrac{I_H}{I_m} \times 100\%$					

b. B相二次谐波制动特性检验。

表5-15　　　　B相大差比率差动保护二次谐波制动特性试验结果

位置	试验项目	施加电流（A）				
网侧	谐波电流 I_H	0.152	0.230	0.304	0.380	0.461
	基波电流 I_m	1.000	1.500	2.000	2.500	3.000
	K_H(%)	15.2	15.3	15.2	15.2	15.4

位置	试验项目	施加电流（A）				
结论	合格					
备注	谐波制动系数为 $K_H = \dfrac{I_H}{I_m} \times 100\%$					

c. C 相二次谐波制动特性检验。

表 5-16　　C 相大差比率差动保护二次谐波制动特性试验结果

位置	试验项目	施加电流（A）				
网侧	谐波电流 I_H	0.152	0.228	0.304	0.384	0.466
	基波电流 I_m	1.000	1.500	2.000	2.500	3.000
	$K_H(\%)$	15.2	15.2	15.2	15.4	15.5
结论	合格					
备注	谐波制动系数为 $K_H = \dfrac{I_H}{I_m} \times 100\%$					

2）小差比率差动保护二次谐波制动特性试验。整定值：二次谐波制动系数 = 0.15，ABC 三相试验结果分别如表 5-17 ~ 表 5-19 所示。

a. A 相二次谐波制动特性检验。

表 5-17　　A 相小差比率差动保护二次谐波制动特性试验结果

位置	试验项目	施加电流（A）				
网侧	谐波电流 I_H	0.150	0.224	0.300	0.375	0.460
	基波电流 I_m	1.000	1.500	2.000	2.500	3.000
	$K_H(\%)$	15.0	14.9	15.0	15.0	15.3
结论	合格					
备注	谐波制动系数为 $K_H = \dfrac{I_H}{I_m} \times 100\%$					

b. B 相二次谐波制动特性检验。

表 5-18　　B 相小差比率差动保护二次谐波制动特性试验结果

位置	试验项目	施加电流（A）				
网侧	谐波电流 I_H	0.153	0.225	0.301	0.382	0.460
	基波电流 I_m	1.000	1.500	2.000	2.500	3.000
	$K_H(\%)$	15.3	15.0	15.0	15.3	15.3
结论	合格					
备注	谐波制动系数为 $K_H = \dfrac{I_H}{I_m} \times 100\%$					

c. C 相二次谐波制动特性检验。

表 5-19　　　　C 相小差比率差动保护二次谐波制动特性试验结果

位置	试验项目	施加电流（A）				
网侧	谐波电流 I_H	0.152	0.233	0.300	0.381	0.467
	基波电流 I_m	1.000	1.500	2.000	2.500	3.000
	$K_H(\%)$	15.2	15.5	15.0	15.2	15.6
结论	合格					
备注	谐波制动系数为 $K_H = \dfrac{I_H}{I_m} \times 100\%$					

（六）网侧引线差动保护

（1）试验接线。网侧引线差动保护调试的试验接线如图 5-7 所示。

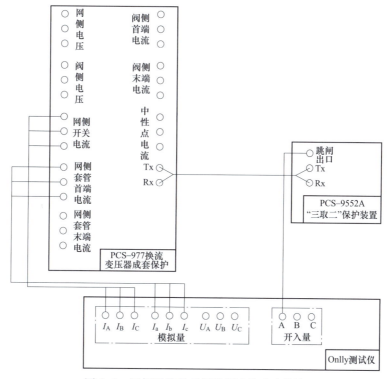

图 5-7　网侧引线差动保护调试的试验接线

（2）测试内容。检查网侧引线差动保护逻辑、网侧引线差动保护动作值及动作时间的准确度、网侧引线差动比率特性曲线。

（3）测试方法。

1）投入"投换流变保护"硬压板、投入"换流变保护投入"软压板、"网侧引线差投入"控制字整定为"1"，其他主保护控制字整定为"0"。

2）引线差动起动电流定值：模拟故障，使得"网侧引线差差流幅值"或者"网侧引线差零序差流幅值"从 0.9 倍整定值增大至保护动作；步长不大于整定值的 1‰（最小为 1mA），单步变化时间为 200ms。

3）引线差动动作时间：模拟故障，使得"网侧引线差差流幅值"或者"网侧引线差零序差流幅值"达到 2.0 倍的理论动作值，测量保护出口动作时间。

4）引线差动比率特性曲线：在引线差动比率特性曲线每段折线横坐标（制动电流）上选取三点或多点，模拟故障，测试该点差动作值；步长不大于整定值的 1‰（最小为 1mA），单步变化时间为 200ms。

（4）技术要求。差动保护启动电流定值误差不大于 5% 或 $0.02I_N$；差动动作时间（2 倍整定值）误差不大于 30ms。

（5）网侧引线差动保护的动作特性。网侧引线差零序差动保护的动作特性如图 5-8 所示。网侧引线差分差差动保护的动作特性如图 5-9 所示。

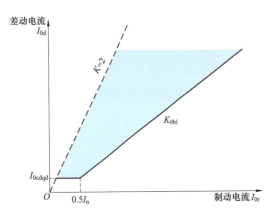

图 5-8　网侧引线差零序差动保护的动作特性

I_{0cdqd}—零序比率差动起动定值；I_{0d}—零序差动电流；
I_{0r}—零序差动制动电流；K_{0bl}—零序差动比率制动系数整定值，装置内部固定为 0.5；
I_n—TA 二次额定电流

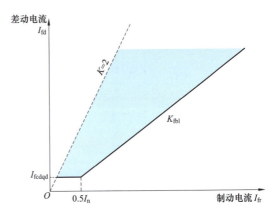

图 5-9　网侧引线差分差差动保护的动作特性

I_{fcdqd}—网侧引线差分差起动定值；I_{fd}—网侧引线差差动电流，
$I_{fd}=|\dot{I}_1+\dot{I}_2|$，$I_1$ 和 I_2 分别为网侧和网侧套管首端电流；
I_{fr}—网侧引线差制动电流，$I_{fr}=\max\{|I_1|,|I_2|\}$；
K_{fbl}—网侧引线差分差比率制动系数整定值，
装置内部固定为 0.5；I_n—TA 二次额定电流

（6）试验结果。

1）引线差动起动电流定值校验。整定值：引线差动启动电流定值 = $0.8I_n$，试验结果如表 5-20 所示。

表 5-20　　　　　　　　网侧引线差动启动值试验结果

位置	相别	动作电流（A）	故障报告	动作时间（ms）
网侧	A	1.110	12ms A 引线差分差动作 12ms 引线差零差动作	33.2
	B	1.100	12ms B 引线差分差动作 12ms 引线差零差动作	30.1
	C	1.110	11ms C 引线差分差动作 12ms 引线差零差动作	30.1
	ABC	1.100	12ms ABC 引线差分差动作	31.1

续表

位置	相别	动作电流（A）	故障报告	动作时间（ms）
网侧套管首端	A	1.100	12ms A 引线差分差动作 12ms 引线差零差动作	33.3
	B	1.100	11ms B 引线差分差动作 11ms 引线差零差动作	29.4
	C	1.100	12ms C 引线差分差动作 12ms 引线差零差动作	30.6
	ABC	1.100	12ms ABC 引线差分差动作	30.6
结论	合格			
备注	①$m=2$ 时测量动作时间；②试验测得的动作时间为换流变压器保护及"三取二"装置的出口时间之和			

注 1. 由于网侧引线差分相差动保护和网侧引线差零序差动保护的投退共用"网侧引线差投入"控制字，因此，试验过程中加入单相电流时，网侧引线差分差和网侧引线差零差会同时动作；三相加平衡电流时，网侧引线差零差不动作。

2. 引线差动起动电流理论值得计算：以网侧启动电流计算为例。由于 $I_{fr}=\max\{|I_1|,|I_2|\}$ 且 $I_{fd}=|\dot{I}_1+\dot{I}_2|$，而试验时只通入网侧单相电流，假设通入单相电流为 I，则 $I_{fr}=I_{fd}=I$。因此，引线差动起动电流理论值是直线 $I_{fd}=I_{fr}$ 和直线 $I_{fd}=0.5\times(I_{fr}-0.5I_n)+0.8I_n$ 的交点（引线差动起动电流定值是 $0.8I_n$ 已经超过了动作特性曲线的拐点，即 $0.5I_n$）。联立两个直线方程可得，$I_{fr}=1.1A$，即所加单相电流为 1.1A 时，差动动作。

2）引线差动比率特性曲线校验。整定值：网侧引线/零序差动比率制动系数：<u>0.5</u>（装置内部固定），试验结果如表 5-21 所示。

表 5-21   网侧引线差动比率特性试验结果

动作电流	施加电流 I_1(A)					
	2.000	3.000	4.000	5.000	6.000	7.000
I_2(A)	0.453	0.956	1.456	1.957	2.456	2.960
I_{diff}(A)	1.547	2.044	2.544	3.043	3.544	4.040
I_{bias}(A)	2.000	3.000	4.000	5.000	6.000	7.000
平均制动系数 K_{ra}	0.499					
结论	合格					
备注	第一折线测试 2 个点，应包括第一个拐点；第二折线测试 3 个点；计算制动系数，应符合厂家技术要求；第三折线动作电流如超过测试仪器输出范围，可以省略测试					

注 由于引线差动起动电流定值为 $0.8I_n$，使得第一折线无法选点测试。因此，本次网侧引线差动动作特性曲线未在第一折线处选点测试。

(七) 网侧绕组差动保护

（1）试验接线。网侧绕组差动保护调试的试验接线如图 5-10 所示。

（2）测试内容。检查网侧绕组差动保护逻辑、网侧绕组差动保护动作值及动作时间的准确度、网侧绕组差动比率特性曲线。

（3）测试方法。

1）投入"投换流变保护"硬压板、投入"换流变保护投入"软压板、"网侧绕组差投入"控制字整定为"1"，其他主保护控制字整定为"0"。

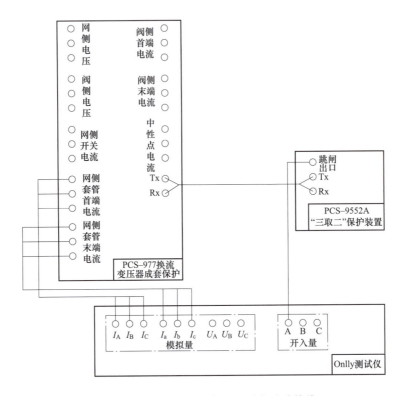

图 5-10 网侧绕组差动保护调试的试验接线

2）绕组差动起动电流定值：模拟故障，使得"网侧绕组差差流幅值"或者"网侧绕组差零序差流幅值"从 0.9 倍整定值增大至保护动作；步长不大于整定值的 1‰（最小为 1mA），单步变化时间为 200ms。

3）网侧绕组差动动作时间：模拟故障，使得"网侧绕组差差流幅值"或者"网侧绕组差零序差流幅值"达到 2.0 倍的理论动作值，测量保护出口动作时间。

4）网侧绕组差动比率特性曲线：在网侧绕组差动比率特性曲线每段折线横坐标（制动电流）上选取三点或多点，模拟故障，测试该点差动动作值；步长不大于整定值的 1‰（最小为 1mA），单步变化时间为 200ms。

（4）技术要求。差动保护启动电流定值误差不大于 5% 或 $0.02I_N$；差动动作时间（2 倍整定值）误差不大于 30ms。

（5）网侧绕组差动保护的动作特性。网侧绕组差零序差动保护的动作特性如图 5-11 所示。网侧绕组差分差差动保护的动作特性如图 5-12 所示。

（6）试验结果。

1）绕组差动起动电流定值校验。整定值：绕组差动起动电流定值 = $0.8I_n$，试验结果如表 5-22 所示。

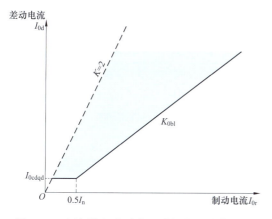

图 5-11 网侧绕组差零序差动保护的动作特性

I_{0cdqd}—零序比率差动起动定值；

I_{0d}—零序差动电流；I_{0r}—零序差动制动电流；

K_{0bl}—零序差动比率制动系数整定值，装置内部固定为 0.5；I_n—TA 二次额定电流

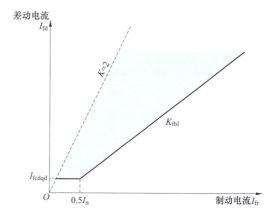

图 5-12 网侧绕组差分差差动保护的动作特性

I_{fcdqd}—网侧绕组差分差起动定值；

I_{fd}—网侧绕组差差动电流；I_{fr}—网侧绕组差制动电流；

K_{fbl}—网侧绕组差分差比率制动系数整定值，装置内部固定为 0.5；I_n—TA 二次额定电流

表 5-22 网侧绕组差动启动值试验结果

位置	相别	动作电流（A）	故障报告	动作时间（ms）
网侧套管首端	A	1.10	12ms A 网侧绕组差分差动作 12ms 网侧绕组差零差动作	32.7
	B	1.10	11ms B 网侧绕组差分差动作 12ms 网侧绕组差零差动作	30.4
	C	1.10	12ms C 网侧绕组差分差动作 12ms 网侧绕组差零差动作	30.2
	ABC	1.10	11ms ABC 网侧绕组差分差动作	30.4
网侧套管末端	A	1.10	12ms A 网侧绕组差分差动作 12ms 网侧绕组差零差动作	33.5
	B	1.10	11ms B 网侧绕组差分差动作 11ms 网侧绕组差零差动作	30.2
	C	1.10	12ms C 网侧绕组差分差动作 12ms 网侧绕组差零差动作	30.6
	ABC	1.10	11ms ABC 网侧绕组差分差动作	21.9
结论			合格	
备注	①$m=2$ 时测量动作时间；②试验测得的动作时间为换流变压器保护及"三取二"装置的出口时间之和			

注 1. 由于网侧绕组分相差动保护和网侧绕组零序差动保护的投退共用"网侧绕组差投入"控制字，因此，试验过程中加入单相电流时，网侧绕组分相差动保护和网侧绕组零序差动保护会同时动作；三相加平衡电流时，网侧绕组零序差动保护不动作。

2. 网侧绕组差动保护起动电流理论值得计算过程参考网侧引线差动保护。

2）网侧绕组/零序差动比率特性曲线校验。整定值：网侧绕组/零序差动比率制动系数：<u>0.5</u>（装置内部固定），试验结果如表 5-23 所示。

表 5-23　　　　　　　　网侧绕组零序差动比率特性试验结果

动作电流	施加电流 I_1(A)					
	2.000	3.000	4.000	5.000	6.000	7.000
I_2(A)	0.454	0.953	1.452	1.951	2.452	2.956
I_{diff}(A)	1.546	2.047	2.548	3.049	3.548	4.044
I_{bias}(A)	2.000	3.000	4.000	5.000	6.000	7.000
平均制动系数 K_{ra}	0.500					
结论	合格					
备注	第一折线测试 2 个点，应包括第一个拐点；第二折线测试 3 个点；计算制动系数，应符合厂家技术要求；第三折线动作电流如超过测试仪器输出范围，可以省略测试					

（八）阀侧绕组差动保护

(1) 试验接线。阀侧绕组差动保护调试的试验接线如图 5-13 所示。

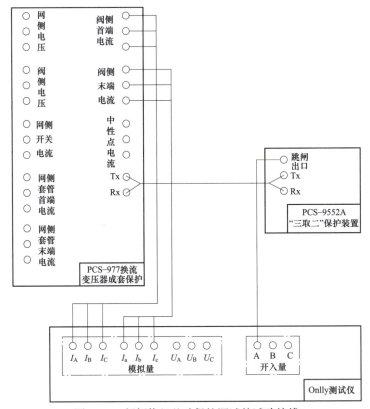

图 5-13　阀侧绕组差动保护调试的试验接线

(2) 测试内容。检查阀侧绕组差动保护逻辑、阀侧绕组差动保护动作值及动作时间的准确度、阀侧绕组差动比率特性曲线。

(3) 测试方法。

1) 投入"投换流变保护"硬压板、投入"换流变保护投入"软压板、"阀侧绕组差投入"控制字整定为"1"，其他主保护控制字整定为"0"。

2）绕组差动起动电流定值：模拟故障，使得"阀侧绕组差差流幅值"从 0.9 倍整定值增大至保护动作；步长不大于整定值的 1‰（最小为 1mA），单步变化时间为 200ms。

3）阀侧绕组差动动作时间：模拟故障，使得"阀侧绕组差差流幅值"达到 2.0 倍的理论动作值，测量保护出口动作时间。

4）阀侧绕组差动比率特性曲线：在阀侧绕组差动比率特性曲线每段折线横坐标（制动电流）上选取三点或多点，模拟故障，测试该点差动动作值；步长不大于整定值的 1‰（最小为 1mA），单步变化时间为 200ms。

(4) 技术要求。差动保护起动电流定值误差不大于 5% 或 $0.02I_n$；差动动作时间（2 倍整定值）误差不大于 30ms。

(5) 阀侧绕组差动保护的动作特性。阀侧绕组差动保护的动作特性如图 5-14 所示。

(6) 试验结果。

1）绕组差动起动电流定值校验。整定值：绕组差动启动电流定值＝$\underline{0.8I_n}$，试验结果如表 5-24 所示。

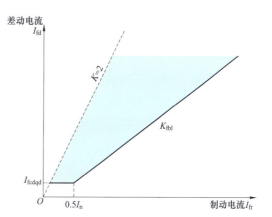

图 5-14 阀侧绕组差动保护的动作特性

I_{fcdqd}—阀侧绕组差动保护起动定值；
I_{fd}—阀侧绕组差动保护差动电流；
I_{fr}—阀侧绕组差动保护制动电流；
K_{fbl}—阀侧差动保护比率制动系数整定值，装置内部固定为 0.5；I_n—TA 二次额定电流

表 5-24　　　　　　　　　　阀侧绕组差动启动值试验结果

位置	相别	动作电流（A）	故障报告	动作时间（ms）
阀侧套管首端	A	1.100	12ms A 阀侧绕组分差动作	33.0
	B	1.120	12ms B 阀侧绕组分差动作	29.8
	C	1.100	12ms C 阀侧绕组分差动作	30.7
阀侧套管末端	A	1.100	12ms A 阀侧绕组分差动作	33.3
	B	1.100	12ms B 阀侧绕组分差动作	30.6
	C	1.110	12ms C 阀侧绕组分差动作	30.4
结论			合格	
备注	①m＝2 时测量动作时间；②试验测得的动作时间为换流变压器保护及"三取二"装置的出口时间之和			

注　阀侧绕组差动保护起动电流理论值的计算过程参考网侧引线差动保护。

2）阀侧绕组差动比率特性曲线校验。整定值：阀侧绕组差动比率制动系数：$\underline{0.5}$（装置内部固定），试验结果如表 5-25 所示。

表 5-25　　　　　　　　　　阀侧绕组差动比率特性试验结果

动作电流	施加电流 I_1(A)					
	2.000	3.000	4.000	5.000	6.000	7.000
I_2(A)	0.452	0.952	1.453	1.952	2.452	2.954
I_{diff}(A)	1.548	2.048	2.547	3.048	3.548	4.046

续表

动作电流	施加电流 I_1(A)					
	2.000	3.000	4.000	5.000	6.000	7.000
I_{bias}(A)	2.000	3.000	4.000	5.000	6.000	7.000
平均制动系数 K_{ra}	0.500					
结论	合格					
备注	第一折线测试 2 个点,应包括第一个拐点;第二折线测试 3 个点;计算制动系数,应符合厂家技术要求;第三折线动作电流如超过测试仪器输出范围,可以省略测试					

（九）TA 断线闭锁差动保护

（1）测试内容。检查 TA 断线闭锁差动保护逻辑。

（2）测试方法。

1）投入"投换流变保护"硬压板,投入"换流变保护投入"软压板,所有差动保护控制字整定为"1","CT 断线闭锁差动"控制字整定为"1","CT 断线闭锁引线差动"控制字整定为"1","CT 断线闭锁绕组差动"控制字整定为"1"。

2）模拟 TA 断线,使断线后的差动电流大于"CT 报警差流定值",但不大于 $1.1I_e$,检查 TA 断线是否能告警并闭锁差动保护。

3）模拟 TA 断线,使断线后的差动电流大于 $1.1I_e$,检查差动保护是否能够正确动作。

（3）技术要求。装置应具有 TA 断线告警功能,可通过控制字选择是否闭锁差动保护。当 TA 断线闭锁差动保护控制字置"1"时,差动电流大于 $1.1I_e$ 时,差动保护应能正确动作。

（4）测试过程。本书以 TA 断线闭锁大差比率差动为例,说明 TA 短线闭锁差动保护的测试过程。假设所加网侧电流为 I_1,阀侧电流为 I_2。

模拟 TA 断线,但产生差流不大于 $1.1I_e$。所加电流大小及相位为

$$\begin{cases} I_{1a} = 1.08I_e \angle 0° \\ I_{1b} = 1.08I_e \angle -120° \\ I_{1c} = 1.08I_e \angle 120° \end{cases}$$

式中,I_e 为网侧额定电流,即 0.665A。

$$\begin{cases} I_{2a} = 1.08I_e \angle 180° \\ I_{2b} = 1.08I_e \angle 60° \\ I_{2c} = 1.08I_e \angle -60° \end{cases}$$

式中,I_e 为阀侧额定电流,即 0.530A。

此时,流过换流变压器的电流为穿越电流,差流为 0,大差比率差动不动作。试验过程如下:

1）将阀侧 A 相电流,突变为 0,即模拟换流变压器阀侧单相 TA 断线。此时,大差比率差动不动作,并延时报 TA 断线。

2）恢复阀侧 A 相电流为穿越电流,等待 TA 断线信号复归后,将阀侧 ABC 三相电流同时突变为 0,即模拟换流变压器阀侧三相 TA 断线。此时,大差比率差动不动作,并延时报 TA 断线。

模拟 TA 断线，但产生差流大于 $1.1I_e$。所加电流大小及相位为

$$\begin{cases} I_{1a} = 2I_e \angle 0° \\ I_{1b} = 2I_e \angle -120° \\ I_{1c} = 2I_e \angle 120° \end{cases}$$

式中，I_e 为网侧额定电流，即 0.665A。

$$\begin{cases} I_{2a} = 2I_e \angle 180° \\ I_{2b} = 2I_e \angle 60° \\ I_{2c} = 2I_e \angle -60° \end{cases}$$

式中，I_e 为阀侧额定电流，即 0.530A。

此时，流过换流变压器的电流为穿越电流，差流为 0，大差比率差动不动作。试验过程如下：

1）将阀侧 A 相电流，突变为 0，即模拟换流变阀侧单相 TA 断线。此时，大差比率差动动作，并延时报 TA 断线。

2）恢复阀侧 A 相电流为穿越电流，将阀侧 ABC 三相电流同时突变为 0，即模拟换流变压器阀侧三相 TA 断线。此时，大差比率差动动作，并延时报 TA 断线。

四、后备保护调试

（一）过励磁保护调试

（1）试验接线。过励磁保护调试的试验接线如图 5-15 所示。

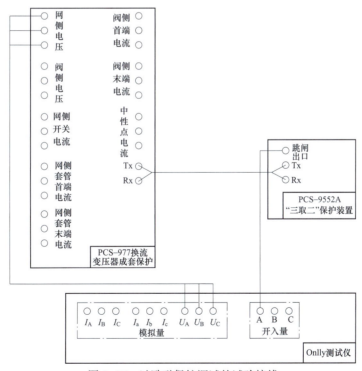

图 5-15 过励磁保护调试的试验接线

（2）测试内容。检查过励磁保护逻辑、过励磁保护动作值、返回值及动作时间的准确度。

（3）测试方法。

1)投入"投换流变保护"硬压板,投入"换流变保护投入"软压板,"定时限过励磁1段投入"控制字整定为"1","定时限过励磁2段投入"控制字整定为"1","定时限过励磁报警投入"控制字整定为"1","反时限过励磁跳闸投入"控制字整定为"1","反时限过励磁报警投入"控制字整定为"1",其他主保护控制字整定为"0"。

2)过励磁倍数:模拟变压器过励磁,使三相电压从0.9倍基准值往上升或频率从50Hz往下降至保护动作;电压步长不大于整定值的1‰(最小为10mV),频率0.001Hz,单步变化时间为整定延时+100ms。

3)过励磁返回系数:模拟变压器过励磁,使三相电压从0.9倍基准值往上升或频率从50Hz往下降至保护动作;然后使三相电压下降或频率上升至保护返回;步长1‰理论值(最小为10mV),频率0.001Hz,单步变化时间为整定延时+100ms。

4)反时限过励磁动作时间:模拟变压器过励磁,过励磁倍数分别为整定值,测量保护出口动作时间。

(4)技术要求。过励磁基准电压采用网侧额定相电压,过励磁倍数误差不大于2.5%,返回系数不小于0.96;反时限过励磁时间能设7段,整定过励磁1段,其余各段倍数按级差0.05递增,每段整定范围为0.1~1000s。

(5)试验结果。

1)定时限过励磁报警动作倍数及报警动作时间校验。整定值:定时限过励磁报警动作倍数=<u>1.15</u>,定时限过励磁报警动作时间=<u>3</u>s。试验结果如表5-26所示。

表5-26　　　　　　　　　定时限过励磁报警试验结果

项目	ABC相实测值	
	电压(V)	频率(Hz)
动作值	69.21	43.8
返回值	67.12	45.2
返回系数	0.970	0.97
动作时间	3067.8ms	3065.3ms
故障报告	定时限过励磁报警	
结论	合格	
备注	①返回系数必须大于0.96(三相电压必须同时满足才出口)。②$U_e = \dfrac{U_T}{U_{TV}} \times \dfrac{100}{\sqrt{3}}$,其中$U_T$—设备参数定值中变压器高压侧额定铭牌电压;$U_{TV}$—设备参数定值中的高压侧TV一次值	

2)定时限过励磁Ⅰ段校验。整定值:定时限过励磁Ⅰ段动作倍数=<u>1.5</u>,定时限过励磁Ⅰ段动作时间=<u>2</u>s。试验结果如表5-27所示。

表5-27　　　　　　　　　定时限过励磁Ⅰ段试验结果

项目	ABC相实测值	
	电压(V)	频率(Hz)
动作值	90.14	33.99
返回值	87.43	34.00

续表

项目	ABC 相实测值	
	电压（V）	频率（Hz）
返回系数	0.97	0.99
动作时间	2023.4ms	2025.2ms
故障报告	定时限过励磁Ⅰ段动作	
结论	合格	
备注	① 返回系数必须大于 0.96（三相电压必须同时满足才出口）。 ② $U_e = \dfrac{U_T}{U_{TV}} \times \dfrac{100}{\sqrt{3}}$，其中 U_T—设备参数定值中变压器高压侧额定铭牌电压；U_{TV}—设备参数定值中的高压侧 TV 一次值	

3）定时限过励磁Ⅱ段校验。整定值：定时限过励磁Ⅱ段动作倍数=<u>1.15</u>，定时限过励磁Ⅱ段动作时间=<u>600</u>s。试验结果如表 5-28 所示。

表 5-28　　　　　　　　　　定时限过励磁Ⅱ段试验结果

项目	ABC 相实测值	
	电压（V）	频率（Hz）
动作值	69.11	43.8
返回值	69.98	45.2
返回系数	0.97	0.97
动作时间	600032.4ms	599975.6ms
故障报告	定时限过励磁Ⅱ段动作	
结论	合格	
备注	① 返回系数必须大于 0.96（三相电压必须同时满足才出口）。 ② $U_e = \dfrac{U_T}{U_{TV}} \times \dfrac{100}{\sqrt{3}}$，其中 U_T—设备参数定值中变压器高压侧额定铭牌电压；U_{TV}—设备参数定值中的高压侧 TV 一次值	

4）反时限过励磁保护校验。整定值详见表 5-3 过励磁保护定值，试验结果如表 5-29 所示。

表 5-29　　　　　　　　　　反时限过励磁保护试验结果

序号	整定倍数	整定时间（s）	实测时间（ms）
			ABC 相
1	1.4	6	6050.3
2	1.35	9.6	9517.7
3	1.3	14	13941.2
4	1.25	24	23826.0
5	1.2	48	47427.9
6	1.15	154	153973.9

续表

序号	整定倍数	整定时间（s）	实测时间（ms）
			ABC 相
7	1.13	500	500674.2
8	1.12	600	600774.3
9	1.1	1900	1900921.1
备注	三相电压分别加入 mU_e，m 为整定倍数		

(二) 网侧后备保护调试

(1) 网侧开关过电流保护。

1) 试验接线。网侧开关过电流保护调试的试验接线如图 5-16 所示。

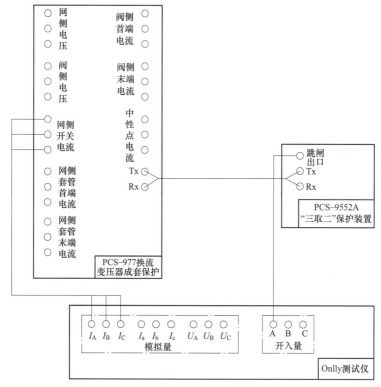

图 5-16 网侧开关过电流保护调试的试验接线

2) 测试内容。检查过电流保护逻辑、过电流保护动作值及动作时间的准确度。

3) 测试方法

a. 投入"投换流变保护"硬压板，投入"换流变保护投入"软压板，"网侧开关过电流Ⅰ段保护投入"控制字整定为"1"，其他主保护及后备保护控制字整定为"0"。

b. 电流动作值：模拟故障，加入故障电流 1.05 倍整定值，保护可靠动作；加入故障电流 0.95 倍整定值，保护可靠不动作。

c. 动作时间：模拟故障，使电流为 1.2 倍整定值，并测量保护出口动作时间。

4) 技术要求。动作值误差不大于 5% 或 $0.02I_n$，延时误差不大于 1% 或 40ms。

5) 试验结果。整定值：网侧开关过电流Ⅰ段电流定值=0.93A，网侧开关过电流Ⅰ段动作时间=4.0s。试验结果如表5-30所示。

表5-30　　　　　　　　　网侧开关过电流Ⅰ段保护试验结果

序号	项目	相别	故障报告	动作时间（ms）
1	$m=1.05$ 时 $I=0.977A$	A	4002ms A 网侧开关过电流Ⅰ段动作	4037.6
		B	4002ms B 网侧开关过电流Ⅰ段动作	4036.2
		C	4002ms C 网侧开关过电流Ⅰ段动作	4039.1
2	$m=0.95$ 时 $I=0.880A$	A	—	—
		B	—	—
		C	—	—
3	结论		合格	
4	备注		① 故障电流 $I=m×$整定值；② $m=1.2$时，测量动作时间	

（2）网侧套管过电流保护。

1）试验接线。网侧套管过电流保护调试的试验接线如图5-17所示。

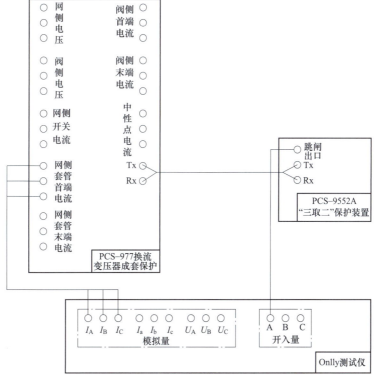

图5-17　网侧套管过电流保护调试的试验接线

2）测试内容。检查过电流保护逻辑、过电流保护动作值及动作时间的准确度。

3）测试方法。

a. 投入"投换流变保护"硬压板，投入"换流变保护投入"软压板，"网侧套管过电流Ⅰ段保护投入"控制字整定为"1"，其他主保护及后备保护控制字整定为"0"。

b. 电流动作值：模拟故障，加入故障电流 1.05 倍整定值，保护可靠动作；加入故障电流 0.95 倍整定值，保护可靠不动作。

c. 动作时间：模拟故障，使电流为 1.2 倍整定值，并测量保护出口动作时间。

4）技术要求。动作值误差不大于 5%或 0.02I_n，延时误差不大于 1%或 40ms。

5）试验结果。整定值：网侧套管过电流 I 段电流定值=<u>0.93</u>A，网侧套管过电流 I 段动作时间=<u>4.0</u>s。试验结果如表 5-31 所示。

表 5-31　　　　　　　　网侧套管过电流 I 段保护试验结果

序号	项目	相别	故障报告	动作时间（ms）
1	$m=1.05$ 时 $I=\underline{0.977}$A	A	4002ms A 网侧套管过电流 I 段动作	4037.6
		B	4002ms B 网侧套管过电流 I 段动作	4036.2
		C	4002ms C 网侧套管过电流 I 段动作	4039.1
2	$m=0.95$ 时 $I=\underline{0.880}$A	A	—	—
		B	—	—
		C	—	—
3	结论		合格	
4	备注		① 故障电流 $I=m×$整定值；② $m=1.2$ 时，测量动作时间	

（3）零流保护。

1）试验接线。零流保护调试的试验接线图 5-17 所示。

2）测试内容。检查零序过电流保护逻辑、零序过电流保护动作值及动作时间的准确度。

3）测试方法。

a. 投入"投换流变保护"硬压板，投入"换流变保护投入"软压板，"零流 1 段电流选择"控制字整定为"1"，"零流 1 段投入"控制字整定为"1"，其他主保护及后备保护控制字整定为"0"。

b. 零序过电流定值：模拟故障，加入故障电流 1.05 倍整定值，保护可靠动作；加入故障电流 0.95 倍整定值，保护可靠不动作。

c. 零序过电流动作时间：模拟故障，使电流为 1.2 倍整定值，并测量保护出口动作时间。

（4）技术要求。零序过电流保护定值误差不大于 5%或 0.02I_n，延时误差不大于 1%或 40ms。

（5）试验结果。整定值：零流 I 段电流定值=<u>0.15</u>A，零流 I 段动作延时=<u>4.0</u>s。试验结果如表 5-32 所示。

表 5-32　　　　　　　　网侧零序过电流 I 段保护试验结果

序号	项目	相别	故障报告	动作时间（ms）
1	$m=1.05$ 时 $I=\underline{0.1575}$A	ABC	4002ms 网侧零序过电流 I 段动作	4033.2
2	$m=0.95$ 时 $I=\underline{0.1425}$A	ABC	—	—
3	结论		合格	
4	备注		① 故障电流 $I=m×$整定值；② $m=1.2$ 时，测量动作时间	

五、非电量保护调试

（1）测试内容。检查非电量保护逻辑，测试涉及直接跳闸的回路自启动电压、启动功率。

（2）测试方法。

1）模拟主变压器非电量信号开入，测试非电量保护出口为跳闸或告警。

2）对于涉及直接跳闸的非电量信号开入回路，通入直流电压，并在该回路上串接电流表，使电压从50%额定直流电源往上升，直至开入信号接通，测试启动电压和启动时的电流。

3）对于涉及直接跳闸的非电量信号开入回路，通入额定直流电源，测试开入信号接通动作时间。

（3）技术要求。换流变压器本体轻瓦斯、压力释放、速动压力继电器、油位传感器投报警，冷却器全停投报警；换流变压器有载分接开关应采用流速继电器或压力继电器，不应采用带浮球的气体继电器；换流变压器有载分接开关仅配置了油流或速动压力继电器一种的，应投跳闸；换流变压器有载分接开关配置了油流和速动压力继电器的，油流应投跳闸，压力应投报警。换流变压器的油温及绕组温度保护，宜投报警。非电量保护跳闸接点和模拟量采样不应经中间元件转接，应直接接入控制保护系统或非电量保护屏。用于非电量跳闸的直跳继电器，启动功率应大于5W，动作电压在额定直流电源电压的55%~70%范围内，额定直流电源电压下动作时间为10~35ms，具备抗220V工频干扰电压的能力。

（4）试验结果。非电量保护试验结果如表5-33所示。

表5-33　　　　　　　　　　非电量保护试验结果

序号	开入量名称	动作电压（V）	动作时间（ms）	动作功率（W）	检查结果
1	A相重瓦斯	145	17.6	8.26	正确
2	B相重瓦斯	143	18.2	8.01	正确
3	C相重瓦斯	144	18.1	8.06	正确
4	A相开关压力继电器	144	18.8	8.21	正确
5	B相开关压力继电器	143	18.5	8.01	正确
6	C相开关压力继电器	142	17.3	7.95	正确
备注	应根据现场实际接线和装置配置，检查所有开入量				

5.2　直流场保护调试

5.2.1　概述

柔性直流输电系统直流保护系统的目的是在直流系统出现各种不同类型故障情况下，尽可能地通过改变控制策略或者移除最少的故障元件，使得故障对于系统和设备的影响最小。直流保护系统对大部分故障提供两种及两种以上原理保护，以及主后备保护。现场直流保护系统PPR由南瑞继保生产的PCS-9559 I/O单元、PCS-9552直流保护单元、PCS-9552保护"三取二"单元组成。

5.2.2 保护范围

柔性直流输电系统的保护根据一次设备和柔性直流的特点划分的区域有交流保护区；换流变压器保护区；交流连接线保护区；换流器保护区，包括阀和子模块保护；直流极保护区；直流线路区；双极保护区。直流保护配置及测点如图 5-18 所示。

以上保护区域的划分确保了对所有相关直流设备进行保护，相邻保护区域之间重叠，不存在死区问题。

交流保护区主要是对交流侧的设备进行保护，由交流保护装置实现。换流变压器保护区主要对换流变压器进行保护，由换流变保护实现。站内交流连接母线区主要对换流变压器与换流器之间的交流母线进行保护。换流器保护区主要对换流器、换流器与交流母线的部分连接线路以及桥臂电抗器进行保护，某些保护在阀保护、阀控系统（如桥臂过流保护）中实现。直流极保护区包括极高压母线区和中性母线区，主要是对极母线上的设备进行保护。直流线路保护区主要对直流输电线路进行保护。双极保护区主要是对双极共用区域的保护。

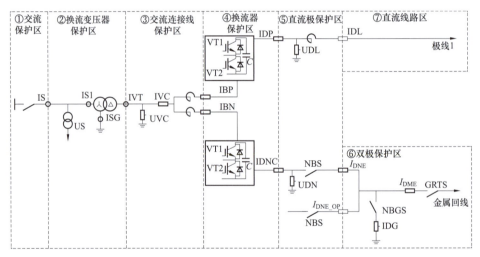

图 5-18 直流保护配置及测点

5.2.3 直流保护系统特点

（1）按极配置直流保护系统。

（2）直流保护系统由三台独立保护主机与两台冗余的"三取二"逻辑主机构成。通过"三取二"逻辑确保每套保护单一元件损坏时保护不误动，保证安全性；三套保护主机中有两套相同类型保护动作被判定为正确的动作行为，才允许出口闭锁或跳闸，保证可靠性。

（3）"三取二"逻辑同时实现于独立的"三取二"主机和"控制主机"中。"三取二"主机接收各套保护分类动作信息，其"三取二"逻辑出口实现跳换流变压器开关、启动开关失灵保护等功能；控制主机同样接收各套保护分类动作信息，通过相同的"三取二"保护逻辑实现闭锁、跳交流开关、极隔离功能等其他动作出口。

（4）直流保护系统采用动作矩阵出口方式，灵活方便的设置各类保护的动作处理策略。区别不同的故障状态，对所有保护合理安排警告、报警、设备切除、再起动和停运等不同的保护动作处理策略。

（5）每一个保护的跳闸出口分为两路供给同一断路器的两个跳闸线圈。

（6）所有保护的报警和跳闸都在运行人员工作站上事件列表中醒目显示。

（7）保护有各自准确的保护算法和跳闸、报警判据，以及各自的动作处理策略；根据故障程度的不同、发展趋势的不同，某些保护具有分段的执行动作。

（8）直流保护系统工作在测试状态时，保护除不能出口外，正常工作。保护在直流系统非测试状态运行时，均正常工作，并能正常动作。保护自检系统检测到测量故障时，闭锁保护功能；在检测到装置硬件故障时，闭锁保护出口。

直流保护系统根据不同的故障类型，采取不同的故障清除措施，具体出口动作处理策略类型如下：

（1）永久性闭锁 PERM_BLOCK。发送闭锁脉冲到全部的器件，使所有换流阀立即闭锁。

（2）晶闸管开通 SCR_ON。防止 IGBT 上并联二极管损坏，送给 VBC 的晶闸管开通信号，MMC 结构特有，主要用在阀差动保护动作、换流器差动保护动作以及直流欠压过电流保护动作，或者检测到双极短路故障。

（3）交流断路器跳闸 TRIP。跳开换流变压器交流断路器，中断交流网络和换流站的连接，防止交流系统向位于变压器换流站侧的故障注入电流。另外，交流电源的移除，也防止了换流阀遭受不必要的电压应力，尤其是在遭受电流应力的同时。

（4）交流断路器锁定 LOCK。在发送断路器跳闸命令的同时，也要发送锁定信号来闭锁断路器，这是为了防止运行人员找到故障起因前断路器误闭合。锁定命令和解除锁定命令也可以由运行人员手动发出。

（5）控制系统切换 SS。有一些故障情况是由于控制系统的问题造成的，控制系统切换后故障可以消失，保持继续输送功率，因此有些保护动作后第一动作是请求控制系统切换。这些保护可能包括：交流过流保护、直流过压保护、桥臂过流Ⅱ、Ⅲ保护等。

（6）极隔离 ISO。极隔离指断开直流侧母线和直流侧电缆的连接，通过在正常停电的情况下手动执行或者故障情况下发送保护动作命令来完成。

（7）报警 ALARM。对于不影响正常运行的故障的首要反应措施是通过报警来告知运行人员出现问题，但系统仍然保持在正常运行状态。

（8）极平衡。当双极运行时如果接地极线电流过大，进行此操作，以平衡两极的功率，减小接地极线电流。

（9）重合开关。当各转换开关不能断弧时，保护转换开关。

5.2.4 "三取二"配置

一、"三取二"实现方案

厦门柔性直流工程直流保护采用三重化配置，出口采用"三取二"逻辑判别。该"三取二"逻辑同时实现于独立的"三取二"主机和控制主机中。

直流保护"三取二"逻辑如图 5-19 所示。

（1）"三取二"主机。"三取二"主机冗余配置，接收各套保护分类动作信息，其"三取二"逻辑出口实现跳换流变压器断路器、启动母差失灵保护等功能。

（2）控制主机三取二逻辑。在控制系统主机中，配置了相同的"三取二"逻辑。各控

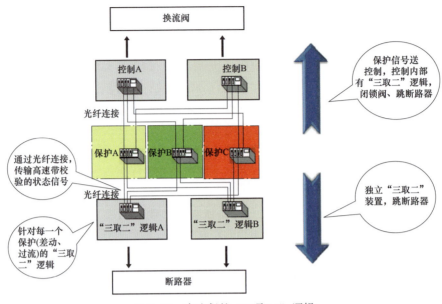

图 5-19 直流保护"三取二"逻辑

制主机同样接收各套保护分类动作信息,通过相同的"三取二"保护逻辑出口,实现闭锁、跳交流断路器、启动母差失灵等功能。

直流系统的三套保护,以光纤方式连接到冗余的交换机与控制主机进行通信,传输经过校验的数字量信号。每套保护,分别通过两根光纤与冗余的"三取二"装置中的一套通信,两根光纤通信的信号完全相同,当"三取二"装置同时收到两根光纤的动作信号以后才表明该套保护动作。三重保护与"三取二"逻辑构成一个整体,三套保护主机中有两套相同类型保护动作被判定为正确的动作行为,才允许出口闭锁或跳闸,以保证可靠性和安全性。

1) 当三套保护系统中有一套保护因故退出运行后,采取二取一保护逻辑。
2) 当三套保护系统中有两套保护因故退出运行后,采取一取一保护逻辑。
3) 当三套保护系统全部因故退出运行后,极闭锁。

二、"三取二"方案特点

(1) 在独立的"三取二"主机和控制主机中分别实现"三取二"功能,"三取二"装置出口实现跳交流进线开关、启动母差失灵功能,控制主机"三取二"逻辑实现跳交流进线开关、启动母差失灵、直流闭锁等其他功能。在保护动作后,如极端情况下冗余的"三取二"装置出口未能跳交流进线开关,控制主机也将完成跳交流进线开关工作。

(2) 保护主机与"三取二"主机、控制主机通过光纤连接,传输经校验的数字量信号,提高了信号传输的可靠性和抗干扰能力。

(3) "三取二"功能按保护分类实现,而非简单跳闸出口相"或"运算,提高了"三取二"逻辑的精确性和可靠性。

由于各保护装置送出至"三取二"主机和控制主机的均为数字量信号,"三取二"逻辑可以做到按保护类型实现,正常时只有二套以上保护有同一类型的保护动作时,"三取二"逻辑才会出口。由于根据具体的保护动作类型判别,而不是简单地取跳闸接点相"或"运算,大大提高了"三取二"逻辑的精确性和可靠性。

5.2.5 直流保护现场调试方法

以厦门柔性直流工程为例,介绍了直流保护系统单体调试的方法,内容包括测试仪配置方法,试验接线以及具体保护项目的测试方法,语言浅显易懂,易于被现场调试人员接受。

一、继保测试仪的使用方法

直流保护系统采样既接收来自常规电磁式互感器的模拟量也接收来自电子式互感器提供的数字量,前者包括交流场区域的网侧电压 US,换流变压器低压绕组首末端套管电流 IVT1、IVT2;后者包括交流连接线电流 IVC,上下桥臂电流 IBP、IBN,极线电流 IDP、IDL,中性母线电流 IDNC、IDNE,对极中性母线电流 IDNE_OP,接地极电流 IDGND,金属回线电流 IDME,阀侧电压 UVC,直流电压 UDL、UDN。其中 IVC、IBP、IBN 共用一根光纤传输,IDP、IDL、IDNC、IDNE、IDNE_OP、IDG、IDME 共用一根光纤传输,UVC、UDL、UDN 共用一根光纤传输,数字量均为 IEC 60044-8 协议。这些模拟量和数字量的电压电流变比和额定码值如表 5-34 所示。

表 5-34　　　　　　　模拟量和数字量电压电流变比及额定码值

项目	额定码值	设备一次侧	单位	设备二次侧	单位
IVT	—	2000	A	1	A
US	—	220	kV	100	V
UVC	6000	320	kV	—	—
IVC	2000	1850	A	—	—
IDL, IDP, IDNC, IDNE, IDNE_OP	2000	1600	A	—	—
IDME	2000	1600	A	—	—
IDGND	2000	1600	A	—	—
IBP, IBN	2000	1850	A	—	—
UDL	6000	320	kV	—	—
UDN (S1, S2)	6000	50	kV	—	—

常规继保测试仪使用方法简单,只要将电压电流试验导线接到对应端子排即可,此处不再介绍,下面具体介绍如何通过博电数字式继保测试仪"PowerTest For PNF801"给直流保护系统通入电压电流量。

(1)试验接线。PNF801 含有 8 个 FT3 口,选取其中三个口通过光纤与直流保护主机背板光口进行相连,结果如图 5-20 所示。

(2)测试仪配置。

1)点击 PNF801 软件图标,进入如图 5-21 所示的软件主界面。

2)点击"通用试验(扩展)"(或者"状态序列")进入如图 5-22 所示界面。

3)单击工具栏中"IEC",进入如图 5-23 所示配置界面。

4)点击左上角"系统参数设置",进入如图 5-24 所示界面,将"输出选择"设置为"IEC 60044-8(国网)"。

5)点击左侧"IEC 60044-7/8 报文",进入 FT3 通道配置界面,设置方法如下:

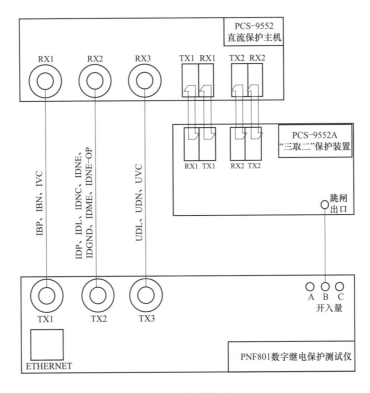

图 5-20 试验接线图

图 5-21 博电 PNF801 测试仪主界面

第5章 现场单设备调试

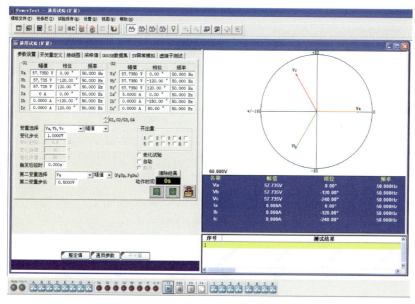

图 5-22 通用试验测试界面

图 5-23 配置界面

a. 根据表 5-34,将保护电流(SCP)、测量电流(SCM)、保护电压(SV)的码值分别设置为 2000、15000、6000,根据被试验装置参数配置将"被测装置采样率"设置为 10kHz,"波特率"设置为 10Mbit/s,将保护额定电流、零序额定电流、额定相电压分别设置为 1、1、17.32。

b. 根据图 5-20 接线,选取前三组分别对应光口 1、光口 2、光口 3,并根据保护装置接收合并单元数据通道号完成传输物理量通道的映射设置,设置结果分别如图 5-25(a)~图

125

5-25（c）所示。

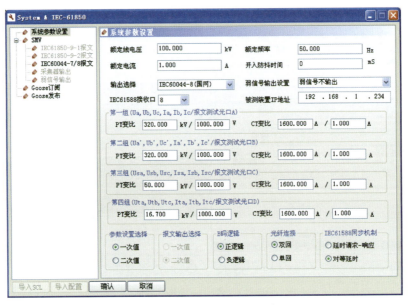

图 5-24　系统参数设置

6）系统参数设置根据图 5-25 设置，由于不同光口的物理量 TA 变比不同且有共用 1 个通道的情况，因此试验过程中应将未试验光口关闭。根据表 5-34 将光口 1、光口 2、光口 3 的 TA、TV 参数分别设置如图 5-26（a）、图 5-26（b）所示。

其中 TV 变比的二次值是根据图 5-25 "额定相电压"来设置的。

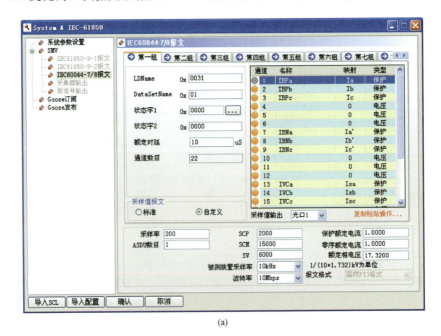

(a)

图 5-25　物理量通道映射设置（一）
(a) 桥臂电流、交流连接线电流通道映射设置

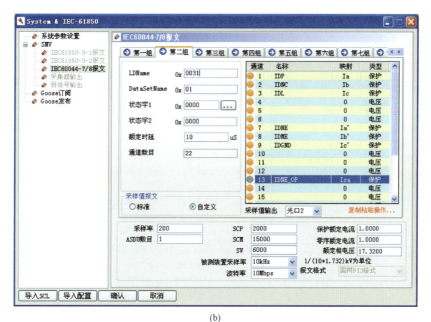

图 5-25 物理量通道映射设置（二）
(b) 直流电流通道映射设置；(c) 直流电压、阀侧电压通道映射设置

7) 点击"确认"完成配置回到测试界面。

8) PNF801 测试仪配置有硬接点开入开出通道，可将跳闸节点接到测试仪的开入通道，以便完成出口时间测试。

(3) 测试仪直流量设置。

1) 直流量输出设置。要使测试仪输出直流量，只要将"通用试验（扩展）"测试界面中将对应映射通道频率改为 0Hz，或者在"状态序列"测试界面中勾选中"直流"复选框即可。

(a)

(b)

图 5-26 不同光口 TA、TV 变比参数设置

(a) 光口 1、光口 3 TA、TV 变比设置；(b) 光口 2、光口 3 TA、TV 变比设置

2）改变直流量的正负输出。PNF801 直流量的正负输出只能在"通用试验（扩展）"测试界面中设置，当需要输出正值时，将对应映射通道相位改为 0°，需要输出负值时，将对应映射通道相位改为 180°。

二、保护用电压电流方向

图 5-27 中的红色箭头代表的是 TA、TV 的一次极性朝向，差动保护严格按照此方向编写程序。

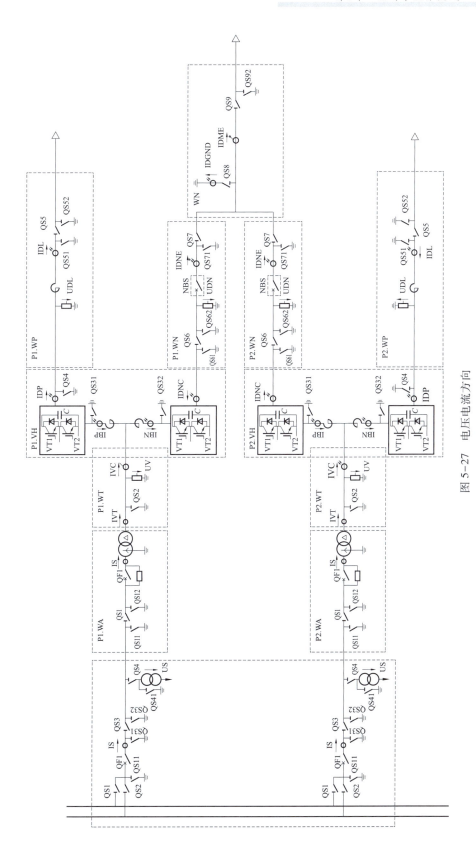

图 5-27 电压电流方向

三、程序中标幺值约定

程序中标幺值和一次值对应关系如表5-35所示。一次值不作为定值整定项，程序内部固定，同时有交流和直流的差动，使用直流额定。

表5-35　　　　　　　　　　标幺值和一次值的对应关系

项目名称	项目（单位）	鹭岛换流站	浦园换流站
网侧额定	电压（kV）	230	230
直流额定	功率（MW）	500	500
	电压（kV）	320	320
	电流（A）	1562.5	1562.5
阀侧额定	功率（MVA）	530	530
	电压（kV）	166.57	166.57
	电流有效值（A）	1837.04	1837.04
	电流峰值（A）	2597.57	2597.57
桥臂电流	额定交流（A）	918.52	918.52
	额定直流（A）	520.83	520.83
	电流有效值（A）	1055.91	1055.91
	电流峰值（A）	1819.82	1819.82

四、保护定值校验

由于保护出口采用的是"三取二"逻辑，因此试验时应当保证未被试验的一套或者两套PPR均处于测试状态。

（一）交流过电压保护（ACOVP）

保护原理：$U_S > U_{set}$。

交流过电压保护定值单如表5-36所示。

表5-36　　　　　　　　　　交流过电压保护定值单

序号	描述	定值	单位
1	动作定值	1.2	（标幺值）
2	系统切换时间	1600	ms
3	动作时间	2000	ms
4	投退	1	—

注　定值中标幺值取网侧额定电压230kV。

试验步骤：

（1）使用常规继保测试仪，接好试验导线。

（2）根据定值单整定保护定值。

（3）计算试验动作值（二次有效值）。

1）1.05倍可靠动作值：76.05V。

2）0.95倍可靠不动作值：68.81V。

3）1.2倍测试动作时间。

(4) 完成每一相保护测试。

试验结果：交流过电压保护试验结果如表 5-37 所示。

表 5-37　　　　　　　　　　　交流过电压保护试验结果

序号	项目	相别	故障报告	动作时间（ms）
1	$m=1.05$ $U=76.05\text{V}$	A	交流保护/交流网侧过电压切换 交流保护/交流网侧过电压跳闸	2018
		B	交流保护/交流网侧过电压切换 交流保护/交流网侧过电压跳闸	2018
		C	交流保护/交流网侧过电压切换 交流保护/交流网侧过电压跳闸	2018
2	$m=1.05$ $U=68.81\text{V}$	A	—	—
		B	—	—
		C	—	—
3	结论		合格	

（二）交流低电压保护（ACUVP）

保护原理：$U_\text{S}<U_\text{set}$。

动作条件：阀处于解锁状态。

交流低电压保护定值单如表 5-38 所示。

表 5-38　　　　　　　　　　　交流低电压保护定值单

序号	描述	定值	单位
1	动作定值	0.6	（标幺值）
2	动作时间	1800	ms
3	投退	1	—

注　定值中标幺值取网侧额定电压 230kV。

试验步骤：

(1) 使用常规继保测试仪，接好试验导线。

(2) 根据定值单整定保护定值。

(3) 计算试验动作值（二次有效值）。

1）1.05 倍可靠不动作值：38.03V。

2）0.95 倍可靠动作值：34.40V。

3）0.7 倍测试动作时间。

(4) 阀解锁置数。

(5) 完成每一相保护测试。

(6) 退出控制字。

试验结果：交流低电压保护试验结果如表 5-39 所示。

表 5-39　　　　　　　　　交流低电压保护试验结果

序号	项目	相别	故障报告	动作时间（ms）
1	$m=1.05$ 时 $U=38.03\text{V}$	A	—	—
		B	—	—
		C	—	—
2	$m=0.95$ 时 $U=34.40\text{V}$	A	交流保护/交流低电压保护跳闸	1827
		B	交流保护/交流低电压保护跳闸	1826
		C	交流保护/交流低电压保护跳闸	1823
3	合格			

（三）交流连接线过电流保护（TOCP）

保护原理：$I_{VT}>I_{set}$。

I_{VT} 为换流变压器低压绕组套管电流，由于采用 Yd7 接线方式，因此参与每一相连接线过电流计算的套管电流包括该相绕组末端电流和另一相绕组首端电流。

交流连接线过电流保护定值单如表 5-40 所示。

表 5-40　　　　　　　　　交流连接线过电流保护定值单

序号	描述	定值	单位
1	Ⅰ段动作定值	1.8	（标幺值）
2	Ⅰ段动作时间	5	ms
3	Ⅱ段动作定值	1.2	（标幺值）
4	Ⅱ段动作切换	2500	ms
5	Ⅱ段动作时间	3000	ms
6	Ⅲ段动作定值	1.05	（标幺值）
7	Ⅲ段动作切换	121	min
8	Ⅲ段动作时间	122	min
9	Ⅰ段保护投退	1	—
10	Ⅱ段保护投退	1	—
11	Ⅲ段保护投退	1	—

Ⅰ段动作条件：瞬时值大于 1.8（标幺值）时间大于 5ms。其中（标幺值）取阀侧电流峰值 2597.57A，考虑动作时间对应的二次值为 2.34A。

试验步骤：

(1) 使用常规继保测试仪，接好试验导线。

(2) 根据定值单整定Ⅰ段保护定值。

(3) 计算试验动作值（二次有效值）。

1) 1.05 倍可靠动作值：2.46A。

2) 0.95 倍可靠不动作值：2.22A。

3) 1.2 倍测试动作时间。

(4) 完成每一相保护测试。

试验结果:交流连接线过电流保护Ⅰ段试验结果如表 5-41 所示。

表 5-41　　　　　　　　交流连接线过电流保护Ⅰ段试验结果

序号	项目	相别	故障报告	动作时间(ms)
1	$m=1.05$ 时 $I=2.46A$	A	交流母线/交流连接线过电流保护 A 相Ⅰ段跳闸	10.2
		B	交流母线/交流连接线过电流保护 B 相Ⅰ段跳闸	11.1
		C	交流母线/交流连接线过电流保护 C 相Ⅰ段跳闸	10.1
2	$m=0.95$ 时 $I=2.22A$	A	—	—
		B	—	—
		C	—	—
3	结论		合格	

Ⅱ段动作条件:有效值大于 1.2(标幺值)时间大于 3000ms。其中(标幺值)取阀侧电流有效值 1837.04A,考虑动作时间对应的二次值为 1.102A。

试验步骤:
(1)使用常规继保测试仪,接好试验导线。
(2)根据定值单整定Ⅱ段保护定值。
(3)计算试验动作值(二次有效值)。
1)1.05 倍可靠动作值:1.157A。
2)0.95 倍可靠不动作值:1.047A。
3)1.2 倍测试动作时间。
(4)完成每一相保护测试。

试验结果:交流连接线过电流保护Ⅱ段试验结果如表 5-42 所示。

表 5-42　　　　　　　　交流连接线过电流保护Ⅱ段试验结果

序号	项目	相别	故障报告	动作时间(ms)
1	$m=1.05$ 时 $I=1.157A$	A	交流母线/交流连接线过电流保护 A 相Ⅱ段切换 交流母线/交流连接线过电流保护 A 相Ⅱ段跳闸	3024
		B	交流母线/交流连接线过电流保护 B 相Ⅱ段切换 交流母线/交流连接线过电流保护 B 相Ⅱ段跳闸	3026
		C	交流母线/交流连接线过电流保护 C 相Ⅱ段切换 交流母线/交流连接线过电流保护 C 相Ⅱ段跳闸	3025
2	$m=0.95$ 时 $I=1.047A$	A	—	—
		B	—	—
		C	—	—
3	结论		合格	

Ⅲ段试验可以参照Ⅱ段试验步骤,由于Ⅲ段切换和动作时间较长,可以将时间定值改为 0min 进行试验,试验结果表 5-43 所示。

表 5-43　　　　　　　　　　交流连接线过流保护Ⅲ段试验结果

序号	项目	相别	故障报告	动作时间（ms）
1	$m=1.05$ 时 $I=\underline{1.013}A$	A	交流母线/交流连接线过电流保护 A 相Ⅲ段切换 交流母线/交流连接线过电流保护 A 相Ⅲ段跳闸	22.9
		B	交流母线/交流连接线过电流保护 B 相Ⅲ段切换 交流母线/交流连接线过电流保护 B 相Ⅲ段跳闸	21.2
		C	交流母线/交流连接线过电流保护 C 相Ⅲ段切换 交流母线/交流连接线过电流保护 C 相Ⅲ段跳闸	26.6
2	$m=0.95$ 时 $I=\underline{0.916}A$	A	—	—
		B	—	—
		C	—	—
3	结论		合格	

（四）交流频率异常保护（ABNF）

保护原理：$|f_{U_s}-f_{U_{snom}}|>f_{set}$。

网侧电压 U_s 的三相频率超过基频±0.5Hz 时，请求系统切换。

交流频率异常保护定值单如表 5-44 所示。

表 5-44　　　　　　　　　　交流频率异常保护定值单

序号	描述	定值	单位
1	切换定值	0.5	Hz
2	切换时间	2000	ms
3	投退	1	—

试验步骤：

（1）使用常规继保测试仪，接好试验导线。

（2）根据定值单整定交流频率异常保护定值。

（3）计算试验动作值。

1）1.05 倍可靠动作值：50.525Hz 或 49.475Hz。

2）0.95 倍可靠不动作值：50.475Hz 或 49.525Hz。

（4）阀解锁置数。

（5）完成保护测试。

试验结果：交流频率异常保护试验结果如表 5-45 所示。

表 5-45　　　　　　　　　　交流频率异常保护试验结果

序号	项目	相别	故障报告	动作时间（ms）
1	$m=+1.05$ 时 $f=\underline{50.525}Hz$	ABC	交流保护/交流异常频率保护切换	—
2	$m=+0.95$ 时 $f=\underline{50.475}Hz$	ABC	—	—
3	$m=-1.05$ 时 $f=\underline{49.475}Hz$	ABC	交流保护/交流异常频率保护切换	—

续表

序号	项目	相别	故障报告	动作时间（ms）
4	$m=-0.95$ 时 $f=49.525\text{Hz}$	ABC	—	—
5	结论	合格		

（五）交流连接线差动保护（BDP）

保护原理：$|I_{VT}+I_{VC}|>I_{set}$，不带比率制动系数。

如前所述 I_{VT} 为换流变压器低压绕组套管电流，参与每一相交流连接线差动保护计算的套管电流包括该相绕组末端电流和另一相绕组首端电流。I_{VC} 为交流连接线上光 TA 电流，需使用数字继保测试仪进行测试。

交流连接线差动保护定值单如表 5-46 所示。

表 5-46　　　　　　　　　交流连接线差动保护定值单

序号	描述	定值	单位
1	动作定值	0.6	（标幺值）
2	动作时间	4	ms
3	投退	1	—

动作条件：差动电流瞬时值大于 0.6（标幺值）时间大于 4ms。其中（标幺值）取阀侧电流峰值 2597.57A。

I_{VT} 试验步骤：

（1）使用常规继保测试仪，接好试验导线。

（2）根据定值单整定交流连接线差动保护定值。

（3）计算试验动作值（二次有效值）。

1）1.05 倍可靠动作值：0.715A。

2）0.95 倍可靠不动作值：0.647A。

3）2 倍测试动作时间。

（4）完成每一相保护测试。

试验结果：I_{VT} 交流连接线差动保护试验结果如表 5-47 所示。

表 5-47　　　　　　　I_{VT} 交流连接线差动保护试验结果

位置	项目	相别	故障报告	动作时间（ms）
I_{VT}	$m=1.05$ 时 $I=0.715\text{A}$	A	交流母线/交流连接线差动保护跳闸	9.4
		B	交流母线/交流连接线差动保护跳闸	9.5
		C	交流母线/交流连接线差动保护跳闸	9.6
	$m=0.95$ 时 $I=0.647\text{A}$	A	—	—
		B	—	—
		C	—	—
结论	合格			

I_{VC} 试验步骤：

(1) 接好试验光纤，配置好测试仪参数，参见"继保测试仪的使用方法"相关内容。

(2) 将测试界面频率改为 0Hz，使用直流量测试。

(3) 计算试验动作值（一次瞬时值）。

1) 1.05 倍可靠动作值：1636A。

2) 0.95 倍可靠不动作值：1480A。

3) 2 倍测试动作时间。

(4) 完成每一相保护测试。

试验结果：I_{VC} 交流连接线差动保护试验结果如表 5-48 所示。

表 5-48 I_{VC} 交流连接线差动保护试验结果

位置	项目	相别	故障报告	动作时间（ms）
I_{VC}	m=1.05 时 I=1636A	A	交流母线/交流连接线差动保护跳闸	9.3
		B	交流母线/交流连接线差动保护跳闸	9.7
		C	交流母线/交流连接线差动保护跳闸	9.4
	m=0.95 时 I=1480A	A	—	—
		B	—	—
		C	—	—
结论	合格			

（六）交流阀侧零序过电压保护（TNSP）

保护原理：$|U_{va}+U_{vb}+U_{vc}|>U_{v0set}$，计算中相电压滤除直流分量。

交流阀侧零序过电压保护定值单如表 5-49 所示。

表 5-49 交流阀侧零序过电压保护定值单

序号	描述	定值	单位
1	动作定值	0.4	（标幺值）
2	动作时间	150	ms
3	投退	1	—

动作条件：零序电压模值大于 0.4（标幺值）时间大于 150ms，其中（标幺值）取阀侧额定相电压（166.57/$\sqrt{3}$ kV）。

试验步骤：

(1) 接好试验光纤，配置好测试仪参数，参见"继保测试仪的使用方法"相关内容。

(2) 根据定值单整定交流阀侧零序过电压保护定值。

(3) 计算试验动作值（一次有效值）。

1) 1.05 倍可靠动作值：28.57kV。

2) 0.95 倍可靠不动作值：25.84kV。

3) 1.2 倍测试动作时间。

(4) 完成保护测试。

试验结果：交流阀侧零序过电压保护试验结果如表 5-50 所示。

表 5-50　　　　　　　　　交流阀侧零序过电压保护试验结果

序号	项目	相别	故障报告	动作时间（ms）
1	$m=1.05$ 时 $3U_0=28.57$kV	$3U_0$	交流母线/交流阀侧零序电压保护跳闸	176.2
2	$m=0.95$ 时 $3U_0=25.84$kV	$3U_0$	—	—
3	结论	合格		

（七）桥臂电抗差动保护（BLDP）

保护原理：$|I_{VC}+I_{BP}-I_{BN}|>I_{set}$，不带比率制动系数，动作时间程序内部固定 1ms。

桥臂电抗差动保护定值单如表 5-51 所示。

表 5-51　　　　　　　　　桥臂电抗差动保护定值单

序号	描述	定值	单位
1	动作定值	1.0	（标幺值）
2	投退	1	—

动作条件：差动电流瞬时值大于 1.0（标幺值）时间大于 1ms。其中（标幺值）取直流额定电流 1562.5A。

试验步骤：

(1) 接好试验光纤，配置好测试仪参数，参见"继保测试仪的使用方法"相关内容。

(2) 将各测试通道频率改为 0Hz，采用直流量测试。

(3) 根据定值单整定桥臂电抗差动保护定值。

(4) 计算试验动作值（一次值）。

1）1.05 倍可靠动作值：1640.3A。

2）0.95 倍可靠不动作值：1484.4A。

3）2 倍测试动作时间

(5) 完成每一相保护测试。

试验结果：桥臂电抗差动保护试验结果如表 5-52 所示。

表 5-52　　　　　　　　　桥臂电抗差动保护试验结果

位置	项目	相别	故障报告	动作时间（ms）
I_{VC}	$m=1.05$ 时 $I=1640.3$A	A	换流器/桥臂电抗差动保护跳闸	7.8
		B	换流器/桥臂电抗差动保护跳闸	7.1
		C	换流器/桥臂电抗差动保护跳闸	7.3
	$m=0.95$ 时 $I=1484.4$A	A	—	—
		B	—	—
		C	—	—

续表

位置	项目	相别	故障报告	动作时间（ms）
I_{BP}	$m=1.05$ 时 $I=1640.3A$	A	换流器/桥臂电抗差动保护跳闸	7.5
		B	换流器/桥臂电抗差动保护跳闸	7.3
		C	换流器/桥臂电抗差动保护跳闸	7.8
	$m=0.95$ 时 $I=1484.4A$	A	—	—
		B	—	—
		C	—	—
I_{BN}	$m=1.05$ 时 $I=1640.3A$	A	换流器/桥臂电抗差动保护跳闸	7.0
		B	换流器/桥臂电抗差动保护跳闸	7.0
		C	换流器/桥臂电抗差动保护跳闸	6.7
	$m=0.95$ 时 $I=1484.4A$	A	—	—
		B	—	—
		C	—	—
结论	合格			

（八）阀差动保护（VDP）

保护原理：$|\Sigma I_{BP}+I_{DP}|>I_{set}$ 或 $|\Sigma I_{BN}+I_{DN}|>I_{set}$，不带比率制动系数，动作时间程序内部固定 1ms，该保护动作后具有触发晶闸管保护功能。

阀差动保护定值单如表 5-53 所示。

表 5-53　　　　　　　　　阀差动保护定值单

序号	描述	定值	单位
1	动作定值	0.6	（标幺值）
2	投退	1	—

动作条件：差动电流瞬时值大于 0.6（标幺值）时间大于 1ms。其中（标幺值）取直流额定电流 1562.5A。

试验步骤：

(1) 接好试验光纤，配置好测试仪参数，参见"继保测试仪的使用方法"的相关内容。

(2) 将各测试通道频率改为 0Hz，采用直流量测试。

(3) 根据定值单整定阀差动保护定值。

(4) 计算试验动作值（一次值）。

1) 1.05 倍可靠动作值：984A。

2) 0.95 倍可靠不动作值：890A。

3) 2 倍测试动作时间。

(5) 完成每一相保护测试。

试验结果：阀差动保护试验结果如表 5-54 所示。

表 5-54　　　　　　　　　　　　　　阀差动保护试验结果

位置	项目	相别	故障报告	动作时间（ms）
I_{BP}	m=1.05 时 I=984A	A	换流器/阀差动保护跳闸	7.5
		B	换流器/阀差动保护跳闸	7.2
		C	换流器/阀差动保护跳闸	7.2
	m=0.95 时 I=890A	A	—	—
		B	—	—
		C	—	—
I_{BN}	m=1.05 时 I=984A	A	换流器/阀差动保护跳闸	7.8
		B	换流器/阀差动保护跳闸	7.8
		C	换流器/阀差动保护跳闸	6.9
	m=0.95 时 I=890A	A	—	—
		B	—	—
		C	—	—
I_{DP}	m=1.05 时 I=984A	L	换流器/阀差动保护跳闸	7.0
	m=0.95 时 I=890A	L	—	—
I_{DN}	m=1.05 时 I=984A	L	换流器/阀差动保护跳闸	7.9
	m=0.95 时 I=890A	L	—	—
结论	合格			
备注	m=2 时，测量动作时间			

（九）桥臂过电流保护（BOCP）

保护原理：$|I_{BP}|>I_{set}$ 或 $|I_{BN}|>I_{set}$，由三段保护组成。

桥臂过电流保护定值单如表 5-55 所示。

表 5-55　　　　　　　　　　　　　　桥臂过电流保护定值单

序号	描述	定值	单位
1	Ⅰ段动作定值	1.8	（标幺值）
2	Ⅰ段动作时间	1	ms
3	Ⅱ段动作定值	1.2	（标幺值）
4	Ⅱ段动作切换	2500	ms
5	Ⅱ段动作时间	3000	ms
6	Ⅲ段动作定值	1.05	（标幺值）
7	Ⅲ段动作切换	121	min
8	Ⅲ段动作时间	122	min

续表

序号	描述	定值	单位
9	Ⅰ段保护投退	1	—
10	Ⅱ段保护投退	1	—
11	Ⅲ段保护投退	1	—

Ⅰ段动作条件：瞬时值大于1.8（标幺值）时间大于1ms。其中（标幺值）取桥臂电流峰值1819.82A。

试验步骤：

(1) 接好试验光纤，配置好测试仪参数，参见"继保测试仪的使用方法"相关内容。

(2) 将各测试通道频率改为0Hz，采用直流量测试。

(3) 根据定值单整定Ⅰ段保护定值。

(4) 计算试验动作值（一次值）。

1) 1.05倍可靠动作值：3439.5A。

2) 0.95倍可靠不动作值：3111.89A。

3) 1.2倍测试动作时间。

(5) 完成每一相保护测试。

试验结果：上桥臂I_{BP}过电流保护Ⅰ段试验结果如表5-56所示。

表5-56　　　　　上桥臂I_{BP}过电流保护Ⅰ段试验结果

序号	项目	相别	故障报告	动作时间（ms）
1	$m=1.05$时 $I=3439.5A$	A	换流器/桥臂过电流保护Ⅰ段跳闸	6.6
		B	换流器/桥臂过电流保护Ⅰ段跳闸	6.4
		C	换流器/桥臂过电流保护Ⅰ段跳闸	6.5
2	$m=0.95$时 $I=3111.89A$	A	—	—
		B	—	—
		C	—	—
3	结论		合格	

下桥臂I_{BN}过电流保护Ⅰ段试验结果如表5-57所示。

表5-57　　　　　下桥臂I_{BN}过电流保护Ⅰ段试验结果

序号	项目	相别	故障报告	动作时间（ms）
1	$m=1.05$时 $I=3439.5A$	A	换流器/桥臂过电流保护Ⅰ段跳闸	6.5
		B	换流器/桥臂过电流保护Ⅰ段跳闸	7.1
		C	换流器/桥臂过电流保护Ⅰ段跳闸	6.5
2	$m=0.95$时 $I=3111.89A$	A	—	—
		B	—	—
		C	—	—
3	结论		合格	

Ⅱ段动作条件：傅里叶变换已将直流分量滤除，程序中只考虑交流基波分量有效值大于 1.2（标幺值）时间大于 3000ms。其中（标幺值）取桥臂电流有效值 1055.91A。

试验步骤：

（1）将各测试通道频率改为 50Hz，采用交流量测试。

（2）根据定值单整定Ⅱ段保护定值。

（3）计算试验动作值（一次值）。

1）1.05 倍可靠动作值：1330.45A。

2）0.95 倍可靠不动作值：1203.74A。

3）1.2 倍测试动作时间。

（4）完成每一相保护测试。

试验结果：上桥臂 I_{BP} 过电流保护Ⅱ段试验结果如表 5-58 所示。

表 5-58　　　　　　　　上桥臂 I_{BP} 过电流保护Ⅱ段试验结果

序号	项目	相别	故障报告	动作时间（s）
1	$m=1.05$ 时 $I=\underline{1330.45}$A	A	换流器/桥臂过电流保护Ⅱ段切换 换流器/桥臂过电流保护Ⅱ段跳闸	3.0225
		B	换流器/桥臂过电流保护Ⅱ段切换 换流器/桥臂过电流保护Ⅱ段跳闸	3.0216
		C	换流器/桥臂过电流保护Ⅱ段切换 换流器/桥臂过电流保护Ⅱ段跳闸	3.0252
2	$m=0.95$ 时 $I=\underline{1203.74}$A	A	—	—
		B	—	—
		C	—	—
3	结论		合格	

下桥臂 I_{BN} 过电流保护Ⅱ段试验结果如表 5-59 所示。

表 5-59　　　　　　　　下桥臂 I_{BN} 过电流保护Ⅱ段试验结果

序号	项目	相别	故障报告	动作时间（s）
1	$m=1.05$ 时 $I=\underline{1330.45}$A	A	换流器/桥臂过电流保护Ⅱ段切换 换流器/桥臂过电流保护Ⅱ段跳闸	3.0225
		B	换流器/桥臂过电流保护Ⅱ段切换 换流器/桥臂过电流保护Ⅱ段跳闸	3.0196
		C	换流器/桥臂过电流保护Ⅱ段切换 换流器/桥臂过电流保护Ⅱ段跳闸	3.0260
2	$m=0.95$ 时 $I=\underline{1203.74}$A	A	—	—
		B	—	—
		C	—	—
3	结论		合格	

Ⅲ段试验可以参照Ⅱ段试验步骤,由于Ⅲ段切换和动作时间较长,可以将时间定值改为0min进行试验,上桥臂I_{BP}过电流保护Ⅲ段试验结果如表5-60所示。

表5-60　　　　　　　　上桥臂I_{BP}过电流保护Ⅲ段试验结果

序号	项目	相别	故障报告	动作时间(ms)
1	$m=1.05$ 时 $I=1164.14A$	A	换流器/桥臂过电流保护Ⅲ段切换 换流器/桥臂过电流保护Ⅲ段跳闸	23.4
		B	换流器/桥臂过电流保护Ⅲ段切换 换流器/桥臂过电流保护Ⅲ段跳闸	21.2
		C	换流器/桥臂过电流保护Ⅲ段切换 换流器/桥臂过电流保护Ⅲ段跳闸	26.7
2	$m=0.95$ 时 $I=1053.27A$	A	—	—
		B	—	—
		C	—	—
3	结论		合格	

下桥臂I_{BN}过电流保护Ⅲ段试验结果如表5-61所示。

表5-61　　　　　　　　下桥臂I_{BN}过电流保护Ⅲ段试验结果

序号	项目	相别	故障报告	动作时间(ms)
1	$m=1.05$ 时 $I=1164.14A$	A	换流器/桥臂过电流保护Ⅲ段切换 换流器/桥臂过电流保护Ⅲ段跳闸	23.6
		B	换流器/桥臂过电流保护Ⅲ段切换 换流器/桥臂过电流保护Ⅲ段跳闸	21.2
		C	换流器/桥臂过电流保护Ⅲ段切换 换流器/桥臂过电流保护Ⅲ段跳闸	26.5
2	$m=0.95$ 时 $I=1053.27A$	A	—	—
		B	—	—
		C	—	—
3	结论		合格	

(十) 换流器过电流保护(VOCP)

保护原理:$|I_{VC}|>I_{set}$,由三段保护组成。

换流器过电流保护定值单如表5-62所示。

表5-62　　　　　　　　换流器过电流保护定值单

序号	描述	定值	单位
1	Ⅰ段动作定值	1.8	(标幺值)
2	Ⅰ段动作时间	5	ms
3	Ⅱ段动作定值	1.2	(标幺值)
4	Ⅱ段动作切换	2500	ms
5	Ⅱ段动作时间	3000	ms

续表

序号	描述	定值	单位
6	Ⅲ段动作定值	1.05	（标幺值）
7	Ⅲ段动作切换	121	min
8	Ⅲ段动作时间	122	min
9	Ⅰ段保护投退	1	—
10	Ⅱ段保护投退	1	—
11	Ⅲ段保护投退	1	—

Ⅰ段动作条件：瞬时值大于1.8（标幺值）时间大于5ms。其中（标幺值）取阀侧电流峰值2597.57A。

试验步骤：

（1）接好试验光纤，配置好测试仪参数，参见"继保测试仪的使用方法"相关内容。

（2）将各测试通道频率改为0Hz，采用直流量测试。

（3）根据定值单整定Ⅰ段保护定值。

（4）计算试验动作值（一次值）。

1）1.05倍可靠动作值：4910.16A。

2）0.95倍可靠不动作值：4442.53A。

3）1.2倍测试动作时间。

（5）完成每一相保护测试。

试验结果：换流器过电流保护Ⅰ段试验结果如表5-63所示。

表5-63　　　　　　　　换流器过电流保护Ⅰ段试验结果

序号	项目	相别	故障报告	动作时间（ms）
1	$m=1.05$ 时 $I=4910.16A$	A	换流器/换流器过电流保护Ⅰ段跳闸	10.5
		B	换流器/换流器过电流保护Ⅰ段跳闸	10.2
		C	换流器/换流器过电流保护Ⅰ段跳闸	10.3
2	$m=0.95$ 时 $I=4442.53A$	A	—	—
		B	—	—
		C	—	—
3	结论		合格	

Ⅱ段动作条件：傅里叶变换已将直流分量滤除，程序中只考虑交流基波分量有效值大于1.2（标幺值）时间大于3000ms。其中（标幺值）取阀侧电流有效值1837.04A。

试验步骤：

（1）将各测试通道频率改为50Hz，采用交流量测试。

（2）根据定值单整定Ⅱ段保护定值。

（3）计算试验动作值（一次值）。

1）1.05倍可靠动作值：2314.67A。

2）0.95倍可靠不动作值：2094.23A。

3) 1.2 倍测试动作时间。

(4) 完成每一相保护测试。

试验结果:换流器过电流保护Ⅱ段试验结果如表 5-64 所示。

表 5-64　　　　　　　　换流器过电流保护Ⅱ段试验结果

序号	项目	相别	故障报告	动作时间（s）
1	$m=1.05$ 时 $I=2314.67$A	A	换流器/换流器过电流保护Ⅱ段切换 换流器/换流器过电流保护Ⅱ段跳闸	3.0242
		B	换流器/换流器过电流保护Ⅱ段切换 换流器/换流器过电流保护Ⅱ段跳闸	3.0213
		C	换流器/换流器过电流保护Ⅱ段切换 换流器/换流器过电流保护Ⅱ段跳闸	3.0270
2	$m=0.95$ 时 $I=2094.23$A	A	—	—
		B	—	—
		C	—	—
3	结论		合格	

Ⅲ段试验可以参照Ⅱ段试验步骤，由于Ⅲ段切换和动作时间较长，可以将时间定值改为 0min 进行试验，试验结果如表 5-65 所示。

表 5-65　　　　　　　　换流器过电流保护Ⅲ段试验结果

序号	项目	相别	故障报告	动作时间（ms）
1	$m=1.05$ 时 $I=2025.34$A	A	换流器/换流器过电流保护Ⅲ段切换 换流器/换流器过电流保护Ⅲ段跳闸	25.9
		B	换流器/换流器过电流保护Ⅲ段切换 换流器/换流器过电流保护Ⅲ段跳闸	22.3
		C	换流器/换流器过电流保护Ⅲ段切换 换流器/换流器过电流保护Ⅲ段跳闸	26.7
2	$m=0.95$ 时 $I=1832.45$A	A	—	—
		B	—	—
		C	—	—
3	结论		合格	

(十一) 换流器差动保护 (CDP)

保护原理: $|I_{DP}-I_{DNC}|>I_{set}$，不带比率制动系数，该保护动作后具有触发晶闸管保护功能。

换流器差动保护定值单如表 5-66 所示。

表 5-66　　　　　　　　换流器差动保护定值单

序号	描述	定值	单位
1	动作定值	1.0	（标幺值）
2	动作时间	5	ms
3	投退	1	—

动作条件:差动电流瞬时值大于 1.0(标幺值)时间大于 5ms。其中(标幺值)取直流额定电流 1562.5A。

试验步骤:

(1)接好试验光纤,配置好测试仪参数,参见"继保测试仪的使用方法"相关内容。

(2)将各测试通道频率改为 0Hz,采用直流量测试。

(3)根据定值单整定换流器差动保护定值。

(4)计算试验动作值(一次值)。

1)1.05 倍可靠动作值:1641A。

2)0.95 倍可靠不动作值:1485A。

3)2 倍测试动作时间。

(5)完成保护测试。

试验结果:换流器差动保护试验结果如表 5-67 所示。

表 5-67　　　　　　　　　　换流器差动保护试验结果

位置	项目	相别	故障报告	动作时间(ms)
I_{DP}	$m=1.05$ 时 $I=1641A$	L	换流器/换流器差动保护跳闸	25.3
	$m=0.95$ 时 $I=1485A$	L	—	—
I_{DNC}	$m=1.05$ 时 $I=1641A$	L	换流器/换流器差动保护跳闸	23.8
	$m=0.95$ 时 $I=1485A$	L	—	—
结论	合格			

(十二)极母线差动保护(PBDP)

保护原理:

极母线差动由两段保护组成,Ⅰ段比率系数为 0.15,Ⅱ段比率系数为 0.2,其比率制动曲线分别如图 5-28(a)、图 5-28(b)所示。

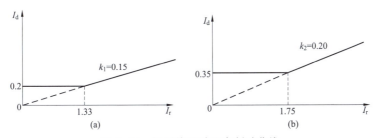

图 5-28　极母线差动比率制动曲线

(a)Ⅰ段比率制动曲线;(b)Ⅱ段比率制动曲线

报警动作方程

$$\begin{cases} I_d > 0.038I_N \\ I_d = |I_{DP} - I_{DL}| \end{cases}$$

Ⅰ段动作方程

$$\begin{cases} I_{d1} > 0.2 I_N & I_{r1} < 1.33 I_N \\ I_{d1} > k_1 I_{r1} & I_{r1} \geq 1.33 I_N \\ I_{d1} = |I_{DP} - I_{DL}| \\ I_{r1} = \max(|I_{DP}|, |I_{DL}|) \end{cases}$$

Ⅱ段动作方程

$$\begin{cases} I_{d2} > 0.35 I_N & I_{r2} < 1.75 I_N \\ I_{d2} > k_2 I_{r2} & I_{r2} \geq 1.75 I_N \\ I_{d2} = |I_{DP} - I_{DL}| \\ I_{r2} = \max(|I_{DP}|, |I_{DL}|) \\ U_{DL} < U_{set} \end{cases}$$

式中，I_N 取直流额定电流 1562.5A。

闭锁条件：极中性母线处于连接状态，即需判 QS6 或者 QS7 合位。

极母线差动保护定值单如表 5-68 所示。

表 5-68　　极母线差动保护定值单

序号	描述	定值	单位
1	报警定值	0.038	(标幺值)
2	Ⅰ段启动定值	0.2	(标幺值)
3	Ⅰ段比率系数	0.15	—
4	Ⅰ段动作时间	150	ms
5	Ⅱ段启动定值	0.35	(标幺值)
6	Ⅱ段比率系数	0.2	—
7	Ⅱ段低压判据电压定值	0.54	(标幺值)
8	Ⅱ段动作时间	6	ms
9	投退	1	—

报警段试验步骤：

(1) 接好试验光纤，配置好测试仪参数，参见"继保测试仪的使用方法"相关内容。

(2) 将各测试通道频率改为 0Hz，采用直流量测试。

(3) 根据定值单整定极母线差动保护定值。

(4) 计算报警定值为 59.4A，在对应电流通道输入小于该值的数值。

(5) 试验开始后按小步长逐步增大数值，直到保护动作值，完成保护测试。

试验结果：极母线差动保护报警段试验结果如表 5-69 所示。

表 5-69　　极母线差动保护报警段试验结果

位置	相别	动作电流（A）	故障报告	动作时间（ms）
I_{DP}	L	59.7	极/极母线差动保护报警	—
I_{DL}	L	59.6	极/极母线差动保护报警	—
结论			合格	

Ⅰ段启动值试验步骤：
(1) 在报警段试验的基础上继续该试验。
(2) 计算Ⅰ段启动定值为312.5A，在对应电流通道输入小于该值的数值。
(3) 试验开始后按小步长逐步增大数值，直到保护动作。
(4) 按照2倍动作值测试动作时间。
(5) 完成保护测试。

试验结果：
极母线差动保护Ⅰ段启动值试验结果如表5-70所示。

表5-70　　　　　　　　　极母线差动保护Ⅰ段启动值试验结果

位置	相别	动作电流（A）	故障报告	动作时间（ms）
I_{DP}	L	313	极/极母线差动保护Ⅰ段跳闸	167.5
I_{DL}	L	314	极/极母线差动保护Ⅰ段跳闸	166.7
结论			合格	

Ⅰ段比率系数试验步骤：
(1) 在Ⅰ段启动值试验的基础上继续该试验。
(2) 根据图5-28曲线在第1折线选择两个测试点，并包括拐点，第2折线测试三个点。
(3) 在I_{DP}映射通道输入计算值，在I_{DL}映射通道输入大于计算得到的数值，两者对应的相位均为0°。
(4) 试验开始后，保持I_{DP}数值固定不变，按小步长逐步减小I_{DL}数值，直到保护动作。
(5) 在每一个测试点重复步骤(3)、(4)直到完成保护测试。

试验结果：极母线差动保护Ⅰ段比率系数试验结果如表5-71所示。

表5-71　　　　　　　　　极母线差动保护Ⅰ段比率系数试验结果

动作电流	施加电流I_{DP}(A)				
	719	1565	2082	3124	3906
I_{DL}(A)	466	1248	1767	2654	3319
I_{diff}(A)	253	317	315	470	587
I_{bias}(A)	719	1565	2082	3124	3906
平均制动系数K_{ra}	0.000		0.151		
结论	合格				

Ⅱ段启动定值、Ⅱ段比率系数试验与Ⅰ段启动定值、Ⅰ段比率系数试验步骤相同，在此不再详细介绍，需要注意的是Ⅱ段试验过程中要开放低压闭锁条件。

极母线差动保护Ⅱ段启动值试验结果如表5-72所示。

表5-72　　　　　　　　　极母线差动保护Ⅱ段启动值试验结果

位置	相别	动作电流（A）	故障报告	动作时间（ms）
I_{DP}	L	548	极/极母线差动保护Ⅱ段跳闸	25.1
I_{DL}	L	548	极/极母线差动保护Ⅱ段跳闸	25.3
结论			合格	

极母线差动保护Ⅱ段比率系数试验结果如表 5-73 所示。

表 5-73　　　　　　极母线差动保护Ⅱ段比率系数试验结果

动作电流	施加电流 I_{DP}(A)				
	781	1563	2735	3117	3872
I_{DL}(A)	234.0	1016.0	2187.5	2493.0	3093.0
I_{diff}(A)	547	547	547.5	624	779
I_{bias}(A)	781	1563	2735	3117	3872
平均制动系数 K_{ra}	0.000			0.201	
结论	合格				

Ⅱ段低压判据定值试验步骤：
（1）在Ⅱ段启动值试验的基础上继续该试验。
（2）首先通过电压 U_{DL} 映射通道给保护装置加入正常电压 320kV，对于极 1 电压映射通道相位角为 0°，对于极 2 电压映射通道相位角应为 180°。
（3）然后在 I_{DP} 映射通道加入大于Ⅱ段启动值的电流，保护不动作。
（4）保持 I_{DP} 数值固定不变，按小步长逐步减小 U_{DL} 数值，直到保护动作，记录动作电压大小，完成保护测试。

试验结果：极母线差动保护Ⅱ段低压判据定值试验结果如表 5-74 所示。

表 5-74　　　　　　极母线差动保护Ⅱ段低压判据定值试验结果

项目	动作电压（kV）	故障报告
U_{DL}	171	极/极母线差动保护Ⅱ段跳闸
结论	合格	

（十三）中性母线差动保护（NBDP）

保护原理：中性母线差动由两段保护组成，Ⅰ段比率系数为 0.1，Ⅱ段比率系数为 0.2，其比率制动曲线分别如图 5-29 所示。

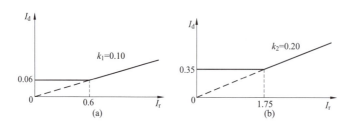

图 5-29　中性母线差动比率制动曲线
（a）Ⅰ段比率制动曲线；（b）Ⅱ段比率制动曲线

报警动作方程

$$\begin{cases} I_d > 0.038 I_N \\ I_d = |I_{DNC} - I_{DNE}| \end{cases}$$

Ⅰ段动作方程

$$\begin{cases} I_{d1} > 0.06 I_N & I_{r1} < 0.6 I_N \\ I_{d1} > k_1 I_{r1} & I_{r1} \geq 0.6 I_N \\ I_{d1} = |I_{DNC} - I_{DNE}| \\ I_{r1} = \max(|I_{DNC}|, |I_{DNE}|) \end{cases}$$

Ⅱ段动作方程

$$\begin{cases} I_{d2} > 0.35 I_N & I_{r2} < 1.75 I_N \\ I_{d2} > k_2 I_{r2} & I_{r2} \geq 1.75 I_N \\ I_{d2} = |I_{DNC} - I_{DNE}| \\ I_{r2} = \max(|I_{DNC}|, |I_{DNE}|) \end{cases}$$

式中，I_N 取直流额定电流 1562.5A。

中性母线差动保护定值单如表 5-75 所示。

表 5-75　　　　　　　　　　　中性母线差动保护定值单

序号	描述	定值	单位
1	报警定值	0.038	（标幺值）
2	Ⅰ段启动定值	0.06	（标幺值）
3	Ⅰ段比率系数	0.10	—
4	Ⅰ段动作时间	150	ms
5	Ⅱ段启动定值	0.35	（标幺值）
6	Ⅱ段比率系数	0.2	—
7	Ⅱ段动作时间	16	ms
8	投退	1	—

闭锁条件：中性母线连接即 QS6 或者 QS7 合位。

报警段试验步骤：

（1）接好试验光纤，配置好测试仪参数，参见"继保测试仪的使用方法"的相关内容。

（2）将各测试通道频率改为 0Hz，采用直流量测试。

（3）根据定值单整定中性母线差动保护定值。

（4）计算报警定值为 59.4A，在对应电流通道输入小于该值的数值。

（5）试验开始后按小步长逐步增大数值，直到保护动作值，完成保护测试。

试验结果：中性母线差动保护报警段试验结果如表 5-76 所示。

表 5-76　　　　　　　　中性母线差动保护报警段试验结果

位置	相别	动作电流（A）	故障报告	动作时间（ms）
I_{DNC}	L	60.6	极/中性母线差动保护报警	—
I_{DNE}	L	60.6	极/中性母线差动保护报警	—
结论			合格	

Ⅰ段启动值试验步骤：

（1）在报警段试验的基础上继续该试验。

(2) 计算Ⅰ段启动定值为 93.7A，在对应电流通道输入小于该值的数值。
(3) 试验开始后按小步长逐步增大数值，直到保护动作。
(4) 按照 2 倍动作值测试动作时间。
(5) 完成保护测试。

试验结果：

中性母线差动保护Ⅰ段启动值试验结果如表 5-77 所示。

表 5-77　　　　　　　中性母线差动保护Ⅰ段启动值试验结果

位置	相别	动作电流（A）	故障报告	动作时间（ms）
I_{DNC}	L	94.7	极/中性母线差动保护Ⅰ段跳闸	169.6
I_{DNE}	L	94.7	极/中性母线差动保护Ⅰ段跳闸	169.7
结论			合格	

Ⅰ段比率系数试验步骤：

(1) 在Ⅰ段启动值试验的基础上继续该试验。
(2) 根据图 5-29 曲线在第 1 折线选择两个测试点，并包括拐点，第 2 折线测试三个点。
(3) 在 I_{DNC} 映射通道输入计算值，在 I_{DNE} 映射通道输入大于计算得到的数值，两者对应的相位均为 0°。
(4) 试验开始后，保持 I_{DNC} 数值固定不变，按小步长逐步减小 I_{DNE} 数值，直到保护动作。
(5) 在每一个测试点重复步骤（3）、（4）直到完成保护测试。

试验结果：中性母线差动保护Ⅰ段比率系数试验结果如表 5-78 所示。

表 5-78　　　　　　　中性母线差动保护Ⅰ段比率系数试验结果

动作电流	施加电流 I_{DNC}(A)				
	623	779	938	1562	2343
I_{DNE}(A)	528	683	842	1403	2106
I_{diff}(A)	95	96	96	159	237
I_{bias}(A)	623	779	938	1562	2343
平均制动系数 K_{ra}	0.000			0.102	
结论	合格				

Ⅱ段启动定值、Ⅱ段比率系数试验与Ⅰ段启动定值、Ⅰ段比率系数试验步骤相同，在此不再详细介绍。Ⅱ段启动定值试验结果如表 5-79 所示。

表 5-79　　　　　　　中性母线差动保护Ⅱ段启动值试验结果

位置	相别	动作电流（A）	故障报告	动作时间（ms）
I_{DNC}	L	548	极/中性母线差动保护Ⅱ段跳闸	34.9
I_{DNE}	L	548	极/中性母线差动保护Ⅱ段跳闸	34.7
结论			合格	

中性母线差动保护Ⅱ段比率系数试验结果如表 5-80 所示。

表 5-80　　　　　　　中性母线差动保护Ⅱ段比率系数试验结果

动作电流	施加电流 I_{DNC}(A)				
	781	1562	2734	3125	3906
I_{DNE}(A)	234	1015	2187	2496	3119
I_{diff}(A)	547	547	547	629	787
I_{bias}(A)	781	1562	2734	3125	3906
平均制动系数 K_{ra}	0.000			0.201	
结论	合格				

（十四）直流欠压过电流保护（OCUVP）

保护原理：由于极1、极2极线电压一正一负，电压判据公式有所区别。

极1判据：max（$|I_{DP}|$，$|I_{DNC}|$）>I_{set}，且（$U_{DL}-U_{DN}$）<U_{set}；

极2判据：max（$|I_{DP}|$，$|I_{DNC}|$）>I_{set}，且（$U_{DN}-U_{DL}$）<U_{set}。

该保护为柔性直流输电系统的主保护，该保护动作后具有触发晶闸管保护功能。

直流欠压过电流保护定值单如表5-81所示。

表 5-81　　　　　　　直流欠压过电流保护定值单

序号	描述	定值	单位
1	电流定值	2.5	（标幺值）
2	电压定值	0.5	（标幺值）
3	投退	1	—

动作条件：系统处于带电状态，电流大于2.5（标幺值）且电压差小于0.5（标幺值），其中电流标幺值取直流额定电流1562.5A，电压标幺值取直流额定电压320kV。

电流定值试验步骤：

（1）接好试验光纤，配置好测试仪参数，参见"继保测试仪的使用方法"相关内容。

（2）将各测试通道频率改为0Hz，采用直流量测试。

（3）根据定值单整定直流欠压过电流保护定值。

（4）通过置数方式使系统处于带电状态。

（5）计算试验电流动作值（一次值）。

1）1.05倍可靠动作值：4101.56A。

2）0.95倍可靠不动作值：3710.94A。

3）1.2倍测试动作时间。

（6）计算试验电压动作值（一次值）。

1）1.05倍可靠不动作值：168.0kV。

2）0.95倍可靠动作值：152.0kV。

3）0.7倍测试动作时间。

（7）试验开始后首先让欠压条件满足，然后按计算电流值完成电流保护测试。

（8）电压定值测试时首先通过电压U_{DL}映射通道给保护装置加入正常电压320kV，极1

试验时，电压映射通道相位为0°，极2试验时，电压映射通道相位为180°。然后让电流满足过电流条件。

（9）按照计算电压值完成电压保护测试。

试验结果：直流欠电压过电流保护试验结果如表5-82所示。

表5-82　　　　　　　　直流欠电压过电流保护试验结果

序号	项目	相别	故障报告	动作时间（ms）
1	$m=1.05$ 时 $I=4101.56A$	P	直流场/直流过电流欠电压保护跳闸	5.6
2	$m=0.95$ 时 $I=3710.94A$	P	—	—
3	$m=1.05$ 时 $I=4101.56A$	N	直流场/直流过电流欠电压保护跳闸	6.0
4	$m=0.95$ 时 $I=3710.94A$	N	—	—
5	$m=1.05$ 时 $U=168.0kV$	L	—	—
6	$m=0.95$ 时 $U=152.0kV$	L	直流场/直流过电流欠电压保护跳闸	6.2
7	结论	合格		

（十五）极差动保护（PDP）

保护原理：极差动由两段保护组成，Ⅰ段比率系数为0.1，Ⅱ段比率系数为0.2，其比率制动曲线分别如图5-30（a）、图5-30（b）所示。

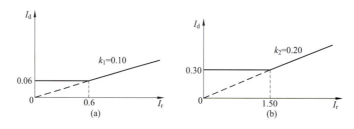

图5-30　极差动比率制动曲线

（a）Ⅰ段比率制动曲线；（b）Ⅱ段比率制动曲线

报警动作方程

$$\begin{cases} I_d > 0.038 I_N \\ I_d = |I_{DL} - I_{DNE}| \end{cases}$$

Ⅰ段动作方程

$$\begin{cases} I_{d1} > 0.06 I_N & I_{r1} < 0.6 I_N \\ I_{d1} > k_1 I_{r1} & I_{r1} \geq 0.6 I_N \\ I_{d1} = |I_{DL} - I_{DNE}| \\ I_{r1} = \max(|I_{DL}|, |I_{DNE}|) \end{cases}$$

Ⅱ段动作方程

$$\begin{cases} I_{d2} > 0.30I_N & I_{r2} < 1.50I_N \\ I_{d2} > k_2 I_{r2} & I_{r2} \geqslant 1.50I_N \\ I_{d2} = |I_{DL} - I_{DNE}| \\ I_{r2} = \max(|I_{DL}|, |I_{DNE}|) \end{cases}$$

式中，I_N 取直流额定电流 1562.5A。

极差动保护定值单如表 5-83 所示。

表 5-83　　　　　　　　　　　极差动保护定值单

序号	描述	定值	单位
1	报警定值	0.038	（标幺值）
2	Ⅰ段启动定值	0.06	（标幺值）
3	Ⅰ段比率系数	0.10	—
4	Ⅰ段动作时间	350	ms
5	Ⅱ段启动定值	0.30	（标幺值）
6	Ⅱ段比率系数	0.2	—
7	Ⅱ段动作时间	30	ms
8	投退	1	—

闭锁条件：中性母线连接即 QS6 或者 QS7 合位。

报警段试验步骤：

（1）接好试验光纤，配置好测试仪参数，参见"继保测试仪的使用方法"相关内容。

（2）将各测试通道频率改为 0Hz，采用直流量测试。

（3）根据定值单整定极差动保护定值。

（4）计算报警定值为 59.4A，在对应电流通道输入小于该值的数值。

（5）试验开始后按小步长逐步增大数值，直到保护动作值，完成保护测试。

试验结果：极差动保护报警段试验结果如表 5-84 所示。

表 5-84　　　　　　　　　　　极差动保护报警段试验结果

位置	相别	动作电流（A）	故障报告	动作时间（ms）
I_{DL}	L	59.5	极/极差动保护报警	—
I_{DNE}	L	59.5	极/极差动保护报警	—
结论			合格	

Ⅰ段启动值试验步骤：

（1）在报警段试验的基础上继续该试验。

（2）计算Ⅰ段启动定值为 93.7A，在对应电流通道输入小于该值的数值。

（3）试验开始后按小步长逐步增大数值，直到保护动作。

（4）按照 2 倍动作值测试动作时间。

（5）完成保护测试。

试验结果：极差动保护Ⅰ段启动值试验结果如表 5-85 所示。

表 5-85　　　　　　　　　　极差动保护 I 段启动值试验结果

位置	相别	动作电流（A）	故障报告	动作时间（ms）
I_{DL}	L	94.6	极/极差动保护 I 段跳闸	371.0
I_{DNE}	L	94.6	极/极差动保护 I 段跳闸	371.1
结论			合格	

I 段比率系数试验步骤：

(1) 在 I 段启动值试验的基础上继续该试验。

(2) 根据图 5-30 曲线在第 1 折线选择两个测试点，并包括拐点，第 2 折线测试三个点。

(3) 在 I_{DL} 映射通道输入计算值，在 I_{DNE} 映射通道输入大于计算得到的数值，两者对应的相位均为 0°。

(4) 试验开始后，保持 I_{DL} 数值固定不变，按小步长逐步减小 I_{DNE} 数值，直到保护动作。

(5) 在每一个测试点重复步骤 (3)、(4) 直到完成保护测试。

试验结果：极差动保护 I 段比率系数试验结果如表 5-86 所示。

表 5-86　　　　　　　　　　极差动保护 I 段比率系数试验结果

动作电流	施加电流 I_1(A)				
	623	779	938	1562	2343
I_2(A)	517	679	840	1403	2100
I_{diff}(A)	106	100	98	159	243
I_{bias}(A)	623	779	938	1562	2343
平均制动系数 K_{ra}	0.000			0.103	
结论	合格				

II 段启动定值、II 段比率系数试验与 I 段启动定值、I 段比率系数试验步骤相同，在此不再详细介绍。

极差动保护 II 段启动定值试验结果如表 5-87 所示。

表 5-87　　　　　　　　　　极差动保护 II 段启动定值试验结果

位置	相别	动作电流（A）	故障报告	动作时间（ms）
I_{DL}	L	469	极/极差动保护 II 段跳闸	48.8
I_{DNE}	L	469	极/极差动保护 II 段跳闸	49.1
结论			合格	

极差动保护 II 段比率系数试验结果如表 5-88 所示。

表 5-88　　　　　　　　　　极差动保护 II 段比率系数试验结果

动作电流	施加电流 I_{DL}(A)				
	781	1562	2343	3125	3906
I_{DNE}(A)	312	1093	1874	2499	3121
I_{diff}(A)	469	469	469	626	785

续表

动作电流	施加电流 I_{DL}(A)				
	781	1562	2343	3125	3906
I_{bias}(A)	781	1562	2343	3125	3906
平均制动系数 K_{ra}	0.000			0.200	
结论	合格				

(十六)接地极线开路保护(ELOCP)

保护原理：正常运行时鹭岛换流站为固定接地点，不含有开关 NBGS，浦园换流站为非接地点，异常情况下可通过合 NBGS 来接地，因此浦园站直流保护还配有合开关 NBGS 的保护，其余的配置两站都一样，只是定值大小有所区别。

$$|U_{DN}|>U_{set}$$

接地极线开路保护定值单如表 5-89 所示。

表 5-89　　　　　　　　　接地极线开路保护定值单

序号	描述	定值	单位
1	Ⅰ段电压定值（非接地）	85	kV
2	Ⅰ段电压定值（接地）	10	kV
3	Ⅰ段合开关 NBGS 段延时	60	s
4	Ⅰ段动作段延时	90	s
5	Ⅱ段电压定值（非接地）	115	kV
6	Ⅱ段电压定值（接地）	20	kV
7	Ⅱ段合开关 NBGS 段延时	350	ms
8	Ⅱ段动作段延时	450	ms
9	Ⅲ段电压定值（非接地）	250	kV
10	Ⅲ段电压定值（接地）	30	kV
11	Ⅲ段动作延时（非接地）	30	ms
12	Ⅲ段动作延时（接地）	10	ms

闭锁条件：PCP 发送的接线方式。

下面以鹭岛站试验过程为例。

Ⅰ段试验步骤：

(1) 接好试验光纤，配置好测试仪参数，参见"继保测试仪的使用方法"的相关内容。

(2) 将电压通道 U_{DN} 频率改为 0Hz，采用直流量测试。

(3) 根据定值单整定接地极线开路保护定值。

(4) 置数本站为接地点。

(5) 计算试验动作值（一次值）。

1) 1.05 倍可靠动作值：10.5kV。

2) 0.95 倍可靠不动作值：9.5kV。

3) 1.2 倍测试动作时间。

(6)完成保护测试。

试验结果：接地极线开路保护Ⅰ段（接地）试验结果如表 5-90 所示。

表 5-90　　　　　　　接地极线开路保护Ⅰ段（接地）试验结果

序号	项目	相别	故障报告	动作时间（s）
1	$m=1.05$ 时 $U=10.5\text{kV}$	N	极/接地极线开路保护Ⅰ段跳闸	90.028
2	$m=0.95$ 时 $U=9.5\text{kV}$	N	—	—
3	结论	合格		

Ⅱ段、Ⅲ段试验方法与Ⅰ段类似，在此不再详细叙述，仅给出分别如表 5-91 和 5-92 所示结果。

表 5-91　　　　　　　接地极线开路保护Ⅱ段（接地）试验结果

序号	项目	相别	故障报告	动作时间（ms）
1	$m=1.05$ 时 $U=21.0\text{kV}$	N	极/接地极线开路保护Ⅱ段跳闸	478.7
2	$m=0.95$ 时 $U=19.0\text{kV}$	N	—	—
3	结论	合格		

表 5-92　　　　　　　接地极线开路保护Ⅲ段（接地）试验结果

序号	项目	相别	故障报告	动作时间（ms）
1	$m=1.05$ 时 $U=31.5\text{kV}$	N	极/接地极线开路保护Ⅲ段跳闸	39.5
2	$m=0.95$ 时 $U=28.5\text{kV}$	N	—	—
3	结论	合格		

（十七）直流过电压保护（DCOVP）

保护原理：$|U_{DL}-U_{DN}|>U_{set}$ 或 $|U_{DL}|>U_{set}$。

直流过电压保护定值单如表 5-93 所示。

表 5-93　　　　　　　　　直流过电压保护定值单

序号	描述	定值	单位
1	Ⅰ段动作定值	1.15	（标幺值）
2	Ⅰ段动作时间	10	ms
3	Ⅱ段动作定值	1.05	（标幺值）
4	Ⅱ段报警时间	2	s
5	Ⅱ段切换时间	6	s

续表

序号	描述	定值	单位
6	Ⅱ段动作时间	10	s
7	投退	1	—

注 定值中标幺值取直流额定电压 320kV。

Ⅰ段试验步骤：
(1) 接好试验光纤，配置好测试仪参数，参见"继保测试仪的使用方法"的相关内容。
(2) 根据定值单整定直流过电压保护定值。
(3) 将电压通道 U_{DL} 和 U_{DN} 频率改为 0Hz，采用直流量测试。
(4) 计算试验电压动作值（一次值）。
1) 1.05 倍可靠动作值：386.40kV。
2) 0.95 倍可靠不动作值：349.60kV。
3) 1.2 倍测试动作时间。
(5) 首先通过电压映射通道给保护装置加入正常电压 U_{DL} 320kV、U_{DN} 0kV，极 1 试验时，电压映射通道相位为 0°，极 2 试验时，电压映射通道相位为 180°。
(6) 按照计算电压值完成电压定值测试。

试验结果：直流过电压保护Ⅰ段试验结果如表 5-94。

表 5-94　　　　　　　　　直流过电压保护Ⅰ段试验结果

序号	项目	相别	故障报告	动作时间（ms）
1	$m=1.05$ 时 $U=386.40\text{kV}$	L	直流场/直流过电压保护Ⅰ段跳闸	39.2
2	$m=0.95$ 时 $U=349.60\text{kV}$	L	—	—
3	结论	合格			

Ⅱ段保护测试方法与Ⅰ段类似，在此不再详细叙述，仅给出如表 5-95 所示试验结果。

表 5-95　　　　　　　　　直流过电压保护Ⅱ段试验结果

序号	项目	相别	故障报告	动作时间（s）
1	$m=1.05$ 时 $U=352.80\text{kV}$	L	直流场/直流过电压保护Ⅱ段报警 直流场/直流过电压保护Ⅱ段切换 直流场/直流过电压保护Ⅱ段跳闸	10.028
2	$m=0.95$ 时 $U=319.20\text{kV}$	L	—	—
3	结论	合格			

(十八) 直流低电压保护（DCUVP）

保护原理：$|U_{DL}-U_{DN}|<\Delta$。

直流低电压保护定值单如表 5-96 所示。

表 5-96　　　　　　　　　　　直流低电压保护定值单

序号	描述	定值	单位
1	Ⅰ段动作定值	0.8	（标幺值）
2	Ⅰ段动作时间	50	ms
3	Ⅱ段动作定值	0.95	（标幺值）
4	Ⅱ段报警时间	2	s
5	Ⅱ段切换时间	6	s
6	Ⅱ段动作时间	10	s
7	投退	1	—

注　定值中标幺值取直流额定电压 320kV。

闭锁条件：阀处于解锁状态。

Ⅰ段试验步骤：

（1）接好试验光纤，配置好测试仪参数，参见"继保测试仪的使用方法"相关内容。

（2）根据定值单整定直流低电压保护定值。

（3）将电压通道 U_{DL} 和 U_{DN} 频率改为 0Hz，采用直流量测试。

（4）计算试验电压动作值（一次值）。

1）1.05 倍可靠不动作值：268.8kV。

2）0.95 倍可靠动作值：243.2kV。

3）0.7 倍测试动作时间。

（5）首先通过电压映射通道给保护装置加入正常电压 U_{DL} 320kV、U_{DN} 0kV，极 1 试验时，电压映射通道相位为 0°，极 2 试验时，电压映射通道相位为 180°。

（6）通过置数方式使阀解锁。

（7）按照计算电压值完成电压定值测试。

试验结果：直流低电压保护Ⅰ段试验结果如表 5-97 所示。

表 5-97　　　　　　　　　　直流低电压保护Ⅰ段试验结果

序号	项目	相别	故障报告	动作时间（ms）
1	$m=1.05$ 时 $U=268.8kV$	L	—	—
2	$m=0.95$ 时 $U=243.2kV$	L	直流场/直流低电压保护Ⅰ段跳闸	55.4
3	结论	合格		

Ⅱ段保护测试方法与Ⅰ段类似，在此不再详细叙述，仅给出如表 5-98 所示试验结果。

表 5-98　　　　　　　　　　直流低电压保护Ⅱ段试验结果

序号	项目	相别	故障报告	动作时间（s）
1	$m=1.05$ 时 $U=319.2kV$	L	—	—

续表

序号	项目	相别	故障报告	动作时间（s）
2	$m=0.95$ 时 $U=288.8\mathrm{kV}$	L	直流场/直流低电压保护Ⅱ段报警 直流场/直流低电压保护Ⅱ段切换 直流场/直流低电压保护Ⅱ段跳闸	10.0063
3	结论		合格	

（十九）双极中性线差动保护（BNBDP）

保护原理：双极中性线差动保护比例系数为 0.1，其比率制动曲线如图 5-31 所示。

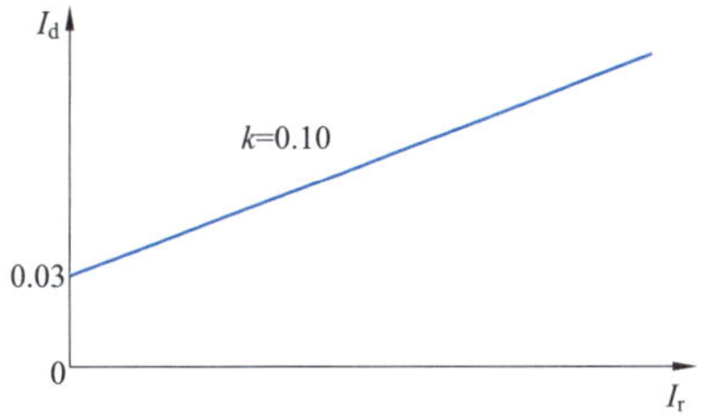

在不同运行方式下（单极、双极），双极中性线差动保护会自动选择对应的计算公式。其动作方程如下：

报警动作方程：

双极运行 $\begin{cases} I_d > 0.015I_N \\ I_d = |P1.I_{DNE} - P2.I_{DNE} + I_{DGND} + I_{DME}| \end{cases}$

极 1 单极运行 $\begin{cases} I_d > 0.015I_N \\ I_d = |P1.I_{DNE} + I_{DGND} + I_{DME}| \end{cases}$

极 2 单极运行 $\begin{cases} I_d > 0.015I_N \\ I_d = |P2.I_{DNE} - I_{DGND} - I_{DME}| \end{cases}$

图 5-31 双极中性线差动比率制动曲线

动作方程：

双极运行 $\begin{cases} I_d > kI_r + 0.03I_N \\ I_d = |P1.I_{DNE} - P2.I_{DNE} + I_{DGND} + I_{DME}| \\ I_r = |P1.I_{DNE} - P2.I_{DNE}| \end{cases}$

极 1 单极运行 $\begin{cases} I_d > kI_r + 0.03I_N \\ I_d = |P1.I_{DNE} + I_{DGND} + I_{DME}| \\ I_r = |P1.I_{DNE}| \end{cases}$

极 2 单极运行 $\begin{cases} I_d > kI_r + 0.03I_N \\ I_d = |P2.I_{DNE} - I_{DGND} - I_{DME}| \\ I_r = |P2.I_{DNE}| \end{cases}$

式中，I_N 取直流额定电流 1562.5A；$P1.I_{DNE}$ 表示极 1 电流 I_{DNE}；$P2.I_{DNE}$ 表示极 2 电流 I_{DNE}。

双极中性母线差动保护"三取二"出口逻辑与其他保护有区别，其"三取二"出口采用"三取二""二取二""一取一"原则，为使该保护可靠正确动作，考虑双极闭锁跳闸对系统的影响较大，当 PPR 仅有两套保护处于投入时，采用"二取二"的出口原则；但有三套保护或仅有一套保护处于投入状态时，出口方式和其他保护一致。保护跳闸先由控制极 PPR 先动作，进线开关跳开后，控制极切换到另一个极，若此时故障仍存在，再由该极 PPR 跳开本极交流进线开关。

双极中性线差动保护定值单如表 5-99 所示。

表 5-99　　　　　　　　　　　双极中性线差动保护定值单

序号	描述	定值	单位
1	报警定值	0.015	（标幺值）
2	启动定值	0.03	（标幺值）
3	动作时间（单极）	600	ms
4	极平衡时间（双极）	200	ms
5	动作时间（双极）	2.0	s
6	投退	1	—

单极闭锁条件：①单极 I_{DNE} 判该极 QS6 或 QS7 合；②I_{DGND} 判 QS8 合位；③I_{DME} 判 QS9 合位。

双极闭锁条件：①阀解锁状态；②双极 I_{DNE} 判对应极 QS6 或 QS7 合；③I_{DGND} 判 QS8 合位；④I_{DME} 判 QS9 合位。

报警段试验步骤：

(1) 接好试验光纤，配置好测试仪参数，参见"继保测试仪的使用方法"相关内容。

(2) 将各测试通道频率改为 0Hz，采用直流量测试。

(3) 根据定值单整定双极中性线差动保护定值。

(4) 通过置数方式使阀解锁，相关隔离开关处于合位，或者实操相关隔离开关到合位。

(5) 计算报警定值为 23.4A，在对应电流通道输入小于该值的数值。

(6) 试验开始后分别在各电流通道按小步长逐步增大数值，直到保护报警，完成测试。

试验结果：双极中性线差动保护报警段试验结果如表 5-100 所示。

表 5-100　　　　　　　　　双极中性线差动保护报警段试验结果

位置	相别	动作电流（A）	故障报告	动作时间（ms）
$P1.I_{DNE}$	N	24.7	双极/中性母线差动保护报警	—
$P2.I_{DNE}$	N	24.6	双极/中性母线差动保护报警	—
I_{DGND}	N	24.6	双极/中性母线差动保护报警	—
I_{DME}	N	24.6	双极/中性母线差动保护报警	—
结论			合格	

双极运行启动值试验步骤：

(1) 在报警段试验的基础上继续该试验。

(2) 计算启动定值为 46.9A，在对应电流通道输入小于该值的数值。

(3) 试验开始后按小步长逐步增大数值，直到保护动作。

(4) 按照 2 倍动作值测试动作时间。

(5) 重复步骤（2）、(3)、(4)，完成其余电流启动定值试验。

(6) 完成保护测试。

试验结果：双极中性线差动保护双极运行启动值试验结果如表 5-101 所示。

表 5-101　　　　双极中性线差动保护双极运行启动值试验结果

位置	相别	动作电流（A）	故障报告	动作时间（s）
$P1.I_{DNE}$	N	53	双极/中性母线差动保护极平衡 双极/中性母线差动保护跳闸	2.0073
$P2.I_{DNE}$	N	53	双极/中性母线差动保护极平衡 双极/中性母线差动保护跳闸	2.0068
I_{DGND}	N	48	双极/中性母线差动保护极平衡 双极/中性母线差动保护跳闸	2.0068
I_{DME}	N	48	双极/中性母线差动保护极平衡 双极/中性母线差动保护跳闸	2.0065
结论			合格	
备注			$m=2$ 时测量动作时间	

双极运行比率系数试验步骤：

（1）在启动值试验的基础上继续该试验。

（2）根据图 5-31 在曲线上选择三个测试点。

（3）在极 $1I_{DNE}$ 映射通道输入计算值，在 I_{DME} 映射通道输入大于计算得到的数值，两者对应的相位分别为 0°、180°。

（4）试验开始后，保持 I_{DNE} 数值固定不变，按小步长逐步减小 I_{DME} 数值，直到保护动作。

（5）在每一个测试点重复步骤（3）、（4）直到完成保护测试。

试验结果：双极中性线差动保护双极运行比率系数试验结果如表 5-102 所示。

表 5-102　　　　双极中性线差动保护双极运行比率系数试验结果

动作电流	施加电流 I_{DNE}(A)		
	100	600	1500
I_{DME}(A)	43.3	492.7	1303.1
I_{diff}(A)	56.7	107.3	196.9
I_{bias}(A)	100	600	1500
平均制动系数 K_{ra}	0.100		
结论	合格		

单极运行启动定值及比率系数试验与双极试验步骤类似，在此不再详细介绍，仅给出极 1 试验结果。

单极运行启动定值试验结果如表 5-103 所示。

表 5-103　　　　　　单极运行启动定值试验结果

位置	相别	动作电流（A）	故障报告	动作时间（ms）
P1. IDNE	N	53	双极/中性母线差动保护跳闸	606.3
I_{DGND}	N	48	双极/中性母线差动保护跳闸	608.0

续表

位置	相别	动作电流（A）	故障报告	动作时间（ms）
I_{DME}	N	48	双极/中性母线差动保护跳闸	606.2
结论			合格	

单极运行比率系数试验结果如表 5-104 所示。

表 5-104　　　　　　　　单极运行比率系数试验结果

动作电流	施加电流 I_{DNE}（A）		
	100	600	1500
I_{DME}（A）	43.3	492.6	1303
I_{diff}（A）	56.7	107.4	197
I_{bias}（A）	100	600	1500
平均制动系数 K_{ra}	0.100		
结论	合格		

（二十）站接地过电流保护（SGOCP）

保护原理：

$$|I_{DGND}|>I_{set}$$

站接地过电流保护定值根据单极、双极运行方式的不同会有所不同。

站接地过电流保护定值单如表 5-105 所示。

表 5-105　　　　　　　　站接地过电流保护定值单

序号	描述	定值	单位
1	报警定值	100	A
2	动作定值（单极）	200	A
3	动作时间（单极）	2	s
4	动作定值（双极）	100	A
5	极平衡时间（双极）	1.5	s
6	动作时间（双极）	3	s
7	投退	1	—

闭锁条件：①阀解锁状态；②中性线连接（QS6 或 QS7 合）。

报警试验步骤：

（1）接好试验光纤，配置好测试仪参数，参见"继保测试仪的使用方法"相关内容。

（2）将各测试通道频率改为 0Hz，采用直流量测试。

（3）根据定值单整定站接地过电流保护定值。

（4）通过置数方式使两极阀解锁，两极相关隔离开关处于合位，或者实操两极相关隔离开关到合位。

（5）计算报警定值（一次值）。

1）1.05 倍可靠告警值：105A。

2) 0.95倍可靠不告警值：95A。

（6）在对应电流通道输入计算值完成保护测试。

试验结果：站接地过电流保护报警段试验结果如表5-106所示。

表5-106　　　　　　　　站接地过电流保护报警段试验结果

序号	项目	相别	故障报告	动作时间（ms）
1	$m=1.05$ 时 $I=105\text{A}$	L	双极/站接地过电流保护报警	—
2	$m=0.95$ 时 $I=95\text{A}$	L	—	—
3	结论	合格		

双极运行动作定值试验步骤：

（1）在报警段试验的基础上继续该试验。

（2）计算试验动作值（一次值）。

1) 1.05倍可靠动作值：105A。

2) 0.95倍可靠不动作值：95A。

3) 1.2倍测试动作时间。

（3）在对应电流通道输入计算值完成保护测试。

试验结果：站接地过电流保护（双极运行）试验结果如表5-107所示。

表5-107　　　　　　　站接地过电流保护（双极运行）试验结果

序号	项目	相别	故障报告	动作时间（s）
1	$m=1.05$ 时 $I=105\text{A}$	L	双极/站接地过电流保护报警 双极/站接地过电流保护极平衡 双极/站接地过电流保护跳闸	3.006
2	$m=0.95$ 时 $I=95\text{A}$	L	—	—
3	结论	合格		
4	备注	①故障电流$I=m×$整定值；②$m=1.2$时，测量动作时间		

单极运行定值试验与双极运行试验步骤类似，需要将未试验极对应的中性母线断开（QS6和QS7分位），在此不再详细叙述，仅给出如表5-108所示极1试验结果。

表5-108　　　　　　　站接地过电流保护（单极运行）试验结果

序号	项目	相别	故障报告	动作时间（s）
1	$m=1.05$ 时 $I=210\text{A}$	L	双极/站接地过电流保护跳闸	2.0058
2	$m=0.95$ 时 $I=190\text{A}$	L	—	—
3	结论	合格		

(二十一) 金属回线纵差保护 (MRLDP)

金属回线纵差保护比率制动曲线如图 5-32 所示，比率系数为 0.10。

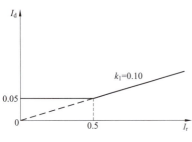

图 5-32 金属回线比率制动曲线

报警动作方程：

$$\begin{cases} I_d > 0.03 I_N & I_r < 0.3 I_N \\ I_d > k I_r & I_r \geqslant 0.3 I_N \\ I_d = |S1.I_{DME} + S2.I_{DME}| \\ I_r = \dfrac{1}{2} |S1.I_{DME} - S2.I_{DME}| \end{cases}$$

动作方程：

$$\begin{cases} I_d > 0.05 I_N & I_r < 0.5 I_N \\ I_d > k I_r & I_r \geqslant 0.5 I_N \\ I_d = |S1.I_{DME} + S2.I_{DME}| \\ I_r = \dfrac{1}{2} |S1.I_{DME} - S2.I_{DME}| \end{cases}$$

式中，I_N 取直流额定电流 1562.5A；$S1.I_{DME}$ 表示浦园换流站电流 I_{DME}；$S2.I_{DME}$ 表示鹭岛换流站电流 I_{DME}。

该保护涉及两站直流量，需要在两站联调时才能完成比率系数的校验，在单装置调试时只能完成报警和动作启动值测试。

金属回线纵差保护定值单如表 5-109 所示。

表 5-109　　　　　　　　　　金属回线纵差保护定值单

序号	描述	定值	单位
1	报警启动定值	0.03	（标幺值）
2	报警比率系数	0.10	—
3	报警时间	2000	ms
4	动作启动定值	0.05	（标幺值）
5	动作比率系数	0.10	—
6	动作切换时间	2500	ms
7	动作时间	3000	ms
8	投退	1	—

闭锁条件：本站 QS9 合位、站间通信 OK、选定控制极。

报警段试验步骤：

(1) 接好试验光纤，配置好测试仪参数，参见"继保测试仪的使用方法"相关内容。

(2) 将各测试通道频率改为 0Hz，采用直流量测试。

(3) 根据定值单整定金属回线纵差保护定值。

(4) 操作本站 QS9 在合位。

(5) 通过置数方式使得站间通信 OK，选定试验 PPR 所在极为控制极。

(6) 计算报警动作值（一次值）。

1) 1.05倍可靠动作值：49.219A。
2) 0.95倍可靠不动作值：44.531A。
（7）在对应电流通道输入计算值完成保护测试。
试验结果：金属回线纵差保护报警段试验结果如表5-110所示。

表5-110　　　　　　　　金属回线纵差保护报警段试验结果

序号	项目	相别	故障报告	动作时间（ms）
1	$m=1.05$ 时 $I=49.219A$	N	金属回线/纵差保护报警	—
2	$m=0.95$ 时 $I=44.531A$	N	—	—
3	结论	合格		

动作启动值试验步骤：
（1）在报警段试验的基础上继续该试验。
（2）计算试验动作值（一次值）。
1) 1.05倍可靠动作值：82.031A。
2) 0.95倍可靠不动作值：74.219A。
3) 2倍测试动作时间。
（3）在对应电流通道输入计算值完成保护测试。
（4）完成保护测试。
试验结果：金属回线纵差保护启动值试验结果如表5-111所示。

表5-111　　　　　　　　金属回线纵差保护启动值试验结果

序号	项目	相别	故障报告	动作时间（s）
1	$m=1.05$ 时 $I=82.031A$	N	金属回线/纵差保护切换 金属回线/纵差保护跳闸	3.025
2	$m=0.95$ 时 $I=74.219A$	N	—	—
3	结论	合格		

（二十二）直流线路纵差保护（LDLP）
直流线路纵差保护其比率制动曲线如图5-33所示，比率系数为0.10。
报警动作方程

$$\begin{cases} I_d > 0.03I_N & I_r < 0.3I_N \\ I_d > kI_r & I_r \geq 0.3I_N \\ I_d = |S1.I_{DL} + S2.I_{DL}| \\ I_r = \dfrac{1}{2}|S1.I_{DL} - S2.I_{DL}| \end{cases}$$

动作方程

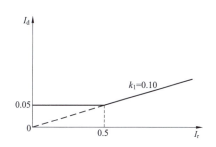

图5-33　直流线路纵差比率制动曲线

$$\begin{cases} I_d > 0.05I_N & I_r < 0.5I_N \\ I_d > kI_r & I_r \geq 0.5I_N \\ I_d = |S1.I_{DL} + S2.I_{DL}| \\ I_r = \dfrac{1}{2}|S1.I_{DL} - S2.I_{DL}| \end{cases}$$

式中，I_N 取直流额定电流 1562.5A。

该保护涉及两站直流量，需要在两站联调时才能完成比率系数的校验，在单装置调试时只能完成报警和动作启动值测试。

直流线路纵差保护定值单如表 5-112 所示。

表 5-112　　　　　　　　　　直流线路纵差保护定值单

序号	描述	定值	单位
1	报警启动定值	0.03	（标幺值）
2	报警比率系数	0.10	—
3	报警时间	2000	ms
4	动作启动定值	0.05	（标幺值）
5	动作比率系数	0.10	—
6	动作切换时间	2500	ms
7	动作时间	3000	ms
8	投退	1	—

闭锁条件：站间通信 OK。

报警段试验步骤：

(1) 接好试验光纤，配置好测试仪参数，参见"继保测试仪的使用方法"相关内容。

(2) 将各测试通道频率改为 0Hz，采用直流量测试。

(3) 根据定值单整定直流线路纵差保护定值。

(4) 通过置数方式使得站间通信 OK。

(5) 计算报警动作值（一次值）。

1) 1.05 倍可靠动作值：49.219A。

2) 0.95 倍可靠不动作值：44.531A。

(6) 在对应电流通道输入计算值完成保护测试。

试验结果：直流线路纵差保护报警段试验结果如表 5-113 所示。

表 5-113　　　　　　　　直流线路纵差保护报警段试验结果

序号	项目	相别	故障报告	动作时间（ms）
1	$m=1.05$ 时 $I=49.219A$	N	直流线路/纵差保护报警	—
2	$m=0.95$ 时 $I=44.531A$	N	—	—
3	结论	合格		

动作启动值试验步骤：
(1) 在报警段试验的基础上继续该试验。
(2) 计算试验动作值（一次值）。
1) 1.05 倍可靠动作值：82.031A。
2) 0.95 倍可靠不动作值：74.219A。
3) 2 倍测试动作时间。
(3) 在对应电流通道输入计算值完成保护测试。
(4) 完成保护测试。
试验结果：直流线路纵差保护启动值试验结果如表 5-114 所示。

表 5-114　　　　　　　　　直流线路纵差保护启动值试验结果

序号	项目	相别	故障报告	动作时间（s）
1	$m=1.05$ 时 $I=82.031$A	N	直流线路/纵差保护切换 直流线路/纵差保护跳闸	3.025
2	$m=0.95$ 时 $I=74.219$A	N	—	—
3	结论		合格	

(二十三) 中性母线开关保护 (NBSP)
保护原理：在 NBS 处于分位一段时间后，若
$$|I_{\text{DNE}}|>I_{\text{set}}$$
则重合 NBS。
中性母线开关保护定值单如表 5-115 所示。

表 5-115　　　　　　　　　　中性母线开关保护定值单

序号	描述	定值	单位
1	电流定值	75	A
2	开关分位指示延时	120	ms

试验步骤：
(1) 接好试验光纤，配置好测试仪参数，参见"继保测试仪的使用方法"相关内容。
(2) 将各测试通道频率改为 0Hz，采用直流量测试。
(3) 计算试验动作值（一次值）。
1) 1.05 倍可靠动作值：78.75A。
2) 0.95 倍可靠不动作值：71.25A。
3) 1.2 倍测试动作时间。
(4) 完成保护测试。
试验结果：中性母线开关保护试验结果如表 5-116 所示。

表 5-116　　　　　　　　　　中性母线开关保护试验结果

序号	项目	相别	故障报告	动作时间（ms）
1	$m=1.05$ 时 $I=\underline{78.75}\text{A}$	L	极/中性母线开关保护重合 NBS	145.5
2	$m=0.95$ 时 $I=\underline{71.25}\text{A}$	L	—	—
3	结论	合格		

（二十四）大地回线转换开关保护（GRTSP）

保护原理：在大地回线转换开关处于分位后，若

$$|I_{\text{DME}}|>I_{\text{set}}$$

则重合开关 GRTS。

大地回线转换开关保护定值单如表 5-117 所示。

表 5-117　　　　　　　　　　大地回线转换开关保护定值单

序号	描述	定值	单位
1	电流定值	20	A
2	开关分位指示延时	200	ms

试验步骤：

（1）接好试验光纤，配置好测试仪参数，参见"继保测试仪的使用方法"相关内容。

（2）将各测试通道频率改为 0Hz，采用直流量测试。

（3）计算试验动作值（一次值）。

1）1.05 倍可靠动作值：21A。

2）0.95 倍可靠不动作值：19A。

3）1.2 倍测试动作时间。

（4）完成保护测试。

试验结果：大地回线转换开关保护试验结果如表 5-118 所示。

表 5-118　　　　　　　　　　大地回线转换开关保护试验结果

序号	项目	相别	故障报告	动作时间（ms）
1	$m=1.05$ 时 $I=\underline{21}\text{A}$	L	大地回线转换开关保护重合 GRTS	203
2	$m=0.95$ 时 $I=\underline{19}\text{A}$	L	—	—
3	结论	合格		

（二十五）站接地开关保护（NBGSP）

保护原理：在站内接地开关处于分位后，若

$$|I_{\text{DG}}|>I_{\text{set}}$$

则重合开关 NBGS。

站接地开关保护定值单如表 5-119 所示。

表 5-119　　　　　　　　　　　站接地开关保护定值单

序号	描述	定值	单位
1	电流定值	10	A
2	开关分位指示延时	200	ms

试验步骤：

（1）接好试验光纤，配置好测试仪参数，参见"继保测试仪的使用方法"相关内容。

（2）将各测试通道频率改为 0Hz，采用直流量测试。

（3）计算试验动作值（一次值）。

1）1.05 倍可靠动作值：10.5A。

2）0.95 倍可靠不动作值：9.5A。

3）1.2 倍测试动作时间。

（4）完成保护测试。

试验结果：站接地开关保护试验结果如表 5-120 所示。

表 5-120　　　　　　　　　　　站接地开关保护试验结果

序号	项目	相别	故障报告	动作时间（ms）
1	$m=1.05$ 时 $I=21\text{A}$	L	站接地开关保护重合 NBGS	202
2	$m=0.95$ 时 $I=19\text{A}$	L	—	—
3	结论	合格		

5.3　柔性直流工程控制系统调试

极控制系统（PCP）作为实现所有极和换流器相关功能的硬件和软件，在整个柔性直流工程中起着举足轻重的作用，对该系统的调试也是整个柔性直流工程现场调试的重中之重。

以厦门真双极接线的柔性直流工程为例，极控制系统的功能一般分为双极控制层和极控制层两个主要部分，其中双极控制层承担着全站双极功率分配、全站无功控制、功率调制、双极换流变压器分接头协调、附加控制等功能；极控制层承担着极功率控制、电流内环控制、极换流变压器抽头控制、极的开路试验、极间通信、极无功控制、直流电压控制、交流电压控制、极运行方式控制、极功率调制、极的解锁/闭锁、调制波产生、极的过负荷限制、换流阀子模块监视等功能。此外还包括就地控制工作站、通信、事件顺序记录、冗余功能、测量功能等。

现场调试的主要项目包括：极控屏柜检查、通电检验、通信总线启动试验、极控主机启动试验、遥测量精度试验、硬接点遥信检查及传动试验、直流系统投入运行前后极控主机CPU 负荷率检查、顺序控制功能试验、切换功能试验等。

限于文章的篇幅，本文仅对部分重点、难点试验内容进行介绍。

5.3.1　遥测量精度试验

PCP 采样包括网侧电压、网侧电流、阀侧电压、阀侧电流、桥臂电流、直流电压、直流电流等，涉及不同采样传输方式。一般通过本屏 I/O 装置及相关电流电压合并单元传输，本屏 I/O 装置采用常规测试仪校验模式，如图 5-34 所示；相关电流电压合并单元采用数字式测试仪校验模式，如图 5-35 所示。进行遥测量精度试验的前提是了解采样传输协议，表 5-121 是厦门柔性直流工程电流合并单元协议（详见本书第 4 章），然后根据采样率、通信波特率等相关设置进行相应的遥测试验。

由于现场工程应用的关系，极控制系统一般不带液晶显示屏，因而进行遥测量精度试验时，需到后台使用自带的录波软件查看测试的精度。

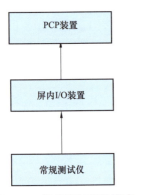

图 5-34 常规测试校验模式

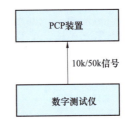

图 5-35 数字化校验模式

表 5-121 电流合并单元部分协议

通道序号	信号源	比例因子	额定值
1	B05_A 通道测量值	SCP	2000
2	B05_B 通道测量值		
3	B05_C 通道测量值		
4	B05_A 通道保护值		
5	B05_B 通道保护值		
6	B05_C 通道保护值		
7	B08_A 通道测量值		
8	B08_B 通道测量值		
9	B08_C 通道测量值		
10	B08_A 通道保护值		
11	B08_B 通道保护值		

5.3.2 开关量检查

由于 PCP 中涉及的开关量接口较多，可结合分系统试验一并进行校验，这在以下分系统试验中会涉及，在此不再赘述。

5.3.3 顺序控制及联锁

顺序控制主要是对换流站内断路器、隔离开关的分/合操作和换流器从接地到运行、从运行到接地等提供自动执行功能。包括接地、未接地、隔离、连接（根据不同接线方式）、运行、停运、金属中线连接、金属中线隔离、中性母线连接与隔离、接地极线连接与隔离等操作，如图 5-36 所示为厦门柔直鹭岛换流站系统主接线图。

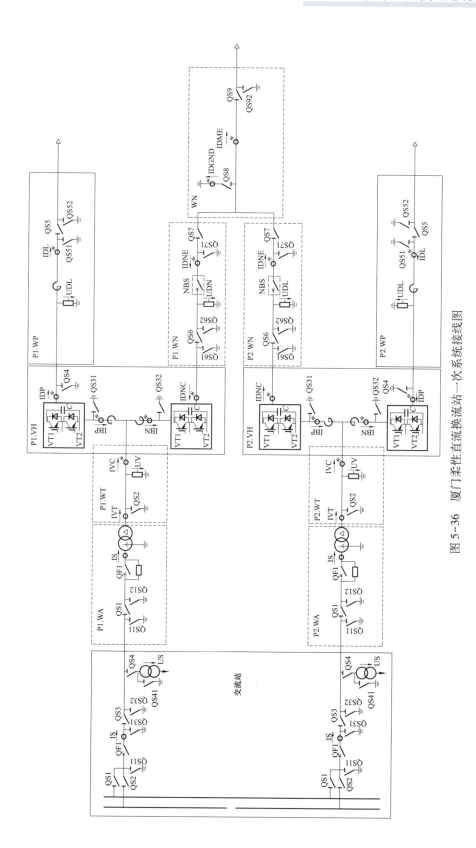

图 5-36 厦门柔性直流换流站一次系统接线图

顺控操作项目及其判据如表 5-122 所示。

表 5-122　　　　　　　　　　　顺 控 操 作 判 据

序号	项目	判据
1	接地	WA.QS12、WT.QS2、VH.QS31、VH.QS32、VH.QS4、WP.QS51、WN.QS61、WN.QS62、WN.QS71 合位
2	未接地	WA.QS12、WT.QS2、VH.QS31、VH.QS32、VH.QS4、WP.QS51、WN.QS61、WN.QS62、WN.QS71 分位
3	隔离	WP.QS5、WN.QS6、WN.QS7、WN.NBS、WA.QS1、WA.QF1 分位
4	HVDC 连接	WP.QS5、WN.QS6、WN.QS7、WN.NBS、WA.QS1 合位
5	STATCOM 连接	WN.QS6、WN.QS7、WN.NBS、WA.QS1 合位，WP.QS5 分位
6	空载加压连接	WN.QS6、WN.QS7、WN.NBS、WA.QS1 合位
7	停运	阀闭锁
8	运行	阀解锁
9	金属中线连接	WN.QS8 合位、WN.QS9 合位
10	金属中线隔离	WN.QS8 分位、WN.QS9 分位
11	中性母线连接	WN.NBS 合位、WN.QS6 合位、WN.QS7 合位
12	中性母线隔离	WN.NBS 分位、WN.QS6 分位、WN.QS7 分位
13	接地极连接	WN.QS8 合位
14	接地极隔离	WN.QS8 分位

在厦门柔性直流输电工程中，操作过程中首先使联锁条件均满足，此时可以操作控制对象；再逐一使其中某一闭锁条件不满足，此时不能控制操作对象。所有联锁条件均要验证完毕，其联锁条件如表 5-123 所示。

表 5-123　　　　　　极 1 隔离开关/接地开关操作联锁条件表

控制对象	联锁条件
P1.WA.QS1 隔离开关（合闸）	P1.WL.QF1 分位
	P1.WL.QS32 分位
	P1.WA.QF1 分位
	P1.WA.QS11 分位
	P1.WA.QS12 分位
	P1.WT.QS2 分位
	P1.VH.QS31 分位
	P1.VH.QS32 分位
	P1.VH.QS4 分位
	P1.WP.QS51 分位
	P1.WN.QS61 分位
	直流侧无压（$U_{dc} < 0.05 U_{dN}$）
	交流侧无压（$U_s < 0.05 U_{sN}$）

续表

控制对象	联锁条件
P1.WA.QS1 隔离开关（合闸）	与 PCP 值班主机通信正常
	控制位置（远方）
P1.WA.QS1 隔离开关（分闸）	P1.WL.QF1 分位
	P1.WA.QF1 分位
	P1.WP.QS5 分位
	直流侧无压（$U_{dc}<0.05U_{dN}$）
	与 PCP 值班主机通信正常
	控制位置（远方）
P1.WA.QS11 接地开关（合闸）	P1.WA.QS1 分位
	P1.WL.QS3 分位
	带电显示装置未带电
	控制位置（远方）
P1.WA.QS11 接地开关（分闸）	控制位置（远方）
P1.WA.QS12 接地开关（合闸）	P1.WA.QS1 分位
	P1.WA.QS5 分位
	P1.WA.QS6 分位
	与 PCP 值班主机通信正常
	控制位置（远方）
P1.WA.QS12 接地开关（分闸）	控制位置（远方）
P1.WA.QF1 断路器（合闸1）	P1.WL.QF1 合位
	P1.WA.QS1 合位
	已充电（单相电压有效值 $U_{Sx}>0.6U_N$）
	流过旁路电阻的电流极小（$I_S<15A$）
	断路器未故障
	控制位置（远方）
P1.WA.QF1 断路器（合闸2）	P1.WA.QS1 分位
	P1.WP.QS5 分位
	P1.WN.QS6 合位、P1.WN.QS7 分位 或者 P1.WN.QS6 分位、P1.WN.QS7 合位
	与 PCP 值班主机通信正常
	控制位置（远方）
P1.WA.QF1 断路器（分闸）	P1.WL.QF1 分位
	直流侧无压（$U_{dc}<0.05U_{dN}$）
	与 PCP 值班主机通信正常
	控制位置（远方）
P1.WT.QS2 接地开关（合闸）	P1.WA.QS1 分位
	P1.WP.QS5 分位

续表

控制对象	联锁条件
P1.WT.QS2 接地开关（合闸）	P1.WN.QS6 分位
	与 ACC 值班主机通信正常
	控制位置（远方）
P1.WT.QS2 接地开关（分闸）	控制位置（远方）
P1.VH.QS31 接地开关（合闸）	P1.WA.QS1 分位
	P1.WP.QS5 分位
	P1.WN.QS6 分位
	与 ACC 值班主机通信正常
	控制位置（远方）
P1.VH.QS31 接地开关（分闸）	控制位置（远方）
P1.VH.QS32 接地开关（合闸）	P1.WA.QS1 分位
	P1.WP.QS5 分位
	P1.WN.QS6 分位
	与 ACC 值班主机通信正常
	控制位置（远方）
P1.VH.QS32 接地开关（分闸）	控制位置（远方）
P1.VH.QS4 接地开关（合闸）	P1.WA.QS1 分位
	P1.WP.QS5 分位
	P1.WN.QS6 分位
	与 ACC 值班主机通信正常
P1.VH.QS4 接地开关（分闸）	控制位置（远方）
P1.WP.QS51 接地开关（合闸）	P1.WA.QS1 分位
	P1.WP.QS5 分位
	P1.WN.QS6 分位
	与 ACC 值班主机通信正常
	控制位置（远方）
P1.WP.QS51 接地开关（分闸）	控制位置（远方）
P1.WP.QS5 隔离开关（合闸）	P1.WL.QF1 分位
	P1.WP.QS51 分位
	P1.WP.QS52 分位
	P1.VH.QS4 分位
	P1.VH.QS31 分位
	P1.VH.QS32 分位
	P1.WN.QS61 分位
	P1.WT.QS2 分位
	P1.WA.QS12 分位

续表

控制对象	联锁条件
P1.WP.QS5 隔离开关（合闸）	对站对应极 PxWP.QS52 分位（站间通信正常时判，站间通信异常时人工确认后满足）
	本站直流侧无压（$U_{dc}<0.05U_{dN}$）
	站直流侧无压或对站 WP.QS52 分位（$U_{dc}<0.05U_{dcN}$，站间通信正常时判，站间通信异常时默认满足）
	与 ACC 值班主机通信正常
	控制位置（远方）
P1.WP.QS5 隔离开关（分闸）	P1.WL.QF1 分位
	直流侧无压（$U_{dc}<0.05U_{dN}$）
	直流侧无流（$I_{dc}<0.005I_{dN}$）
	与 ACC 值班主机通信正常
	控制位置（远方）
P1.WP.QS52 接地开关（合闸）	P1.WP.QS5 分位
	对站对应极 P1.WP.QS5 分位（站间通信正常时判，站间通信异常时人工确认后满足）
	控制位置（远方）
P1.WP.QS52 接地开关（分闸）	控制位置（远方）
P1.WN.QS61 接地开关（合闸）	P1.WA.QS1 分位
	P1.WP.QS5 分位
	P1.WN.QS6 分位
	与 ACC 值班主机通信正常
	控制位置（远方）
P1.WN.QS61 接地开关（分闸）	控制位置（远方）
P1.WN.QS6 隔离开关（合闸）	P1.WN.NBS 分位
	P1.WL.QF1 分位
	P1.WN.QS61 分位
	P1.WN.QS62 分位
	P1.WN.QS71 分位
	P1.VH.QS4 分位
	P1.VH.QS31 分位
	P1.VH.QS32 分位
	P1.WT.QS2 分位
	P1.WA.QS12 分位
	P1.WP.QS51 分位
	与 ACC 值班主机通信正常
	控制位置（远方）
P1.WN.QS6 隔离开关（分闸）	P1.WN.NBS 分位
	P1.WL.QF1 分位

续表

控制对象	联锁条件
P1.WN.QS6 隔离开关（分闸）	与 ACC 值班主机通信正常
	控制位置（远方）
P1.WN.QS62 接地开关（合闸）	P1.WN.QS6 分位
	P1.WN.QS7 分位
	控制位置（远方）
P1.WN.QS62 接地开关（分闸）	控制位置（远方）
P1.WN.NBS 断路器（合闸）	断路器未故障
	控制位置（远方）
P1.WN.NBS 断路器（分闸）	中性母线侧电流小于 NBS 断路器转换定值（$|I_{DNE}|<75A$）
	直流侧无压（$U_{dc}<0.05U_{dcN}$）
	控制位置（远方）
P1.WN.QS71 接地开关（合闸）	P1.WN.QS6 分位
	P1.WN.QS7 分位
	控制位置（远方）
P1.WN.QS71 接地开关（分闸）	控制位置（远方）
P1.WN.QS7 隔离开关（合闸）	P1.WN.NBS 分位
	P1.WN.QS62 分位
	P1.WN.QS71 分位
	控制位置（远方）
P1.WN.QS7 隔离开关（分闸）	P1.WN.NBS 分位
	控制位置（远方）

根据 PCP 与相关接口设备的冗余连接特性（如图 5-37 所示），从图 5-37 中可以看出，操作二次回路的冗余度较高。因此，根据实际出口回路进行一一校验，以保证所有出口回路都能正确动作。在进行某一回路校验时，应保证其他回路不能同时出口，以免对测试造成干扰。

联锁包括硬件联锁和软件联锁，其中硬件联锁的种类包括机械联锁和电气联锁等。软件联锁是在控制系统主机的控制软件中实现的，在控制系统对开关设备进行操作时起作用。一般机械联锁由一次开关设备自身来实现。

联锁在各个操作层次均能实现，包括远方调度中心、运行人员工作站、就地控制保护小室（控制主机屏柜和就地控制屏柜）及设备就地。其优先级别依次为（从高到低）设备就地、就地控制保护小室、运行人员工作站、远方调度中心。

顺序控制及联锁功能用于完成对直流运行接线方式及直流开关场设备的控制，在换流站中实现开关以及相关辅助设备安全可靠的操作。

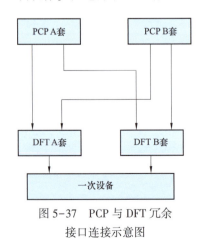

图 5-37 PCP 与 DFT 冗余接口连接示意图

5.3.4 分接头控制

验证连接变压器抽头控制策略,在自动控制模式和手动控制模式下连接变压器分接头的操作动作正确,返回的命令事件、状态事件正确,运行人员界面显示的状态正确。分接头控制试验应注意以下几个方面:

(1) 连接变压器抽头控制具有手动控制和自动控制两种模式,应分别进行调试。

(2) 当运行在手动控制模式时,可单独调节单个连接变压器的抽头,也可同时调节所有连接变压器的抽头。如果选择了单独调节抽头,那么在切换回自动控制前,必须对所有连接变压器的抽头进行手动同步。手动控制作为一种保留的控制模式,应当在自动控制模式失效的情况下,才被起用。无论是在手动控制模式还是在自动控制模式,当抽头被升/降至最高/最低点时,极控系统应发出信号至 SCADA 系统,并禁止抽头继续升高/降低。

(3) 当本站换流器解锁运行后,自动模式下其抽头的控制策略为控制换流器的调制比,使调制比位于死区范围内。当调制比超过上限值时,调低连接变压器阀侧电压,低于下限值时调高连接变压器阀侧电压。

5.3.5 系统监视试验

根据极控制系统的连接关系,分别模拟采样、开入开出等通信类故障,直流控制系统应能检测到相应故障并正确报送故障事件,按照事件的严重等级进行告警、切换系统、闭锁等操作。此外根据装置自身情况,模拟电源故障等试验,检查装置的告警及动作情况。

5.3.6 切换功能试验

在换流站控制系统中,直流极控系统为完全双重化的冗余系统,系统之间可以在故障状态下进行自动系统切换或由运行人员进行手动系统切换。系统切换遵循如下原则:在任何时候运行的有效系统应是双重化系统中较为完好的系统。

控制设备状态的定义包括 active、stand by、service、test 四种状态。active 为当前有效系统,stand by 为当前热备用系统,service 为当前处于服务状态的系统。当前处于 active 或者 stand by 状态时,系统也一定处于服务状态,test 为当前处于测试状态的系统。双重化的控制系统在任何时刻都只能有一个系统是 active 状态。只有 active 系统发出的命令是有效的,处于 stand by 的系统时刻跟随 active 系统的运行状态。发生系统切换时,只能切换至正处于 stand by 状态的系统,不能切换至处于其他状态的系统。当系统需要检修时,一般从备用系统开始,将其切换至 test 状态,检修完毕后重新投入到 service 状态。

控制系统切换原则如表 5-124 所示。

表 5-124 控制系统切换原则

序号	运行系统	备用系统	动作策略
1	轻微故障	正常	系统切换,原运行系统切为备用系统,原备用系统切为运行系统
2	正常	轻微故障	系统不切换
3	严重故障	正常	系统切换,原运行系统退出运行,且不能进入备用系统,原备用系统切为运行系统
4	严重故障	不可用	系统不切换,严重系统继续运行

续表

序号	运行系统	备用系统	动作策略
5	紧急故障	正常	系统切换，原运行系统退出运行，且不能进入备用系统，原备用系统切为运行系统
6	紧急故障	不可用	闭锁直流
7	正常	紧急故障	不切换，备用系统退出备用状态

在进行该项试验的时候，应模拟值班系统和备班系统发生不同等级故障组合的时候，系统的切换行为。

5.3.7 当前调试存在的问题

（1）版本管控困难。柔性直流换流站工程调试过程中程序版本的变动比较频繁，而当前缺少一种行之有效的手段对版本进行管控，部分厂家的设备程序难以直观的检查版本及校验码，而且版本升级后如何对相应的试验进行把控也存在一定的难度，增加了调试的安全风险及调试效率。

（2）试验仪器缺乏。当前可以进行 50k 采样率信号的测试仪器还未形成规模化的产品，相关的试验项目很难开展。

（3）协议不规范。当前 PCP 中采集协议还未形成规范，多数厂家使用内部私有协议，对厂家的依赖比较大，增加了调试的难度。

（4）部分图纸未细化。PCP 的信号有许多是通过报文传输，比如 PCP 与 VBC 信号，而当前柔性直流工程中对此类的信号联系还未形成可供调试的图纸信息。

5.4 直流电子式互感器调试

5.4.1 直流电子式互感器基本原理

直流电子式互感器包括直流电子式电流互感器和直流电子式电压互感器。

直流电子式电流互感器的一次电流转换器是由分流器或光学电流传感器构成的，产生与一次端子施加电流相对应的信号，直接或经过一次转换器通过传输系统传送给合并单元，传输系统为光纤。合并单元将一次电流传感器或一次转换器传输来的信号转换成正比于一次端电流的符合标准规约的数字量信号，供给直流控制保护装置使用。一台合并单元可以接收并处理多个一次传感器或一次转换器的输出信号。直流电子式电流互感器通用框图及基本原理框图如图 5-38 和图 5-39 所示。

图 5-38 直流电子式电流互感器通用框图

直流电子式电压互感器的一次电压转换器是由分压器或光学电压传感器构成的，产生与一次端子施加电压相对应的信号，直接或经过一次转换器通过传输系统传送给合并单元，传输系统为光纤。合并单元将一次电压传感器或一次转换器传输来的信号转换成正比于一次端

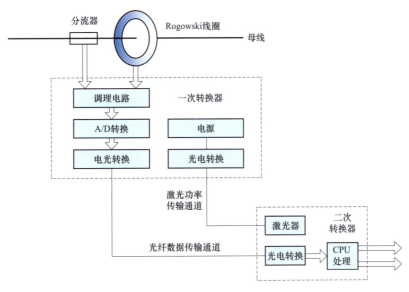

图 5-39 直流电子式电流互感器的基本原理框图

电压的符合标准规约的数字量信号,供给直流控制保护装置使用。一台合并单元可以接收并处理多个一次传感器或一次转换器的输出信号。直流电子式电压互感器通用框图及阻容分压器构成的一次电压传感器如图 5-40 和图 5-41 所示。

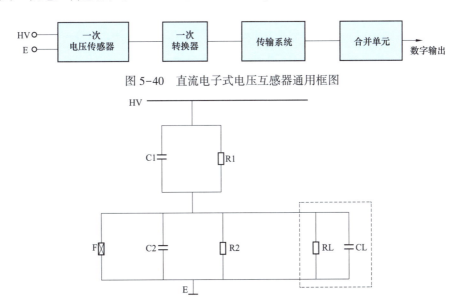

图 5-40 直流电子式电压互感器通用框图

图 5-41 阻容分压器构成的一次电压传感器

C1、R1—分压器高压臂电容和电阻;C2、R2—分压器低压臂电容和电阻;
F—过压保护器件;CL、RL——次转换器的输入电容和输入电阻

直流电流互感器依据原理的不同,分为光电式直流电流互感器、零磁通式直流电流互感器和光学直流电流互感器。

光电式直流电流互感器一般采用分流器和（或）Rogowski 线圈作为一次电流传感器。位于高压侧的一次转换器对传感器的输出信号进行信号调理及电光转换，一次电流被转换成数字光信号通过光纤传输至控制室，位于控制室的二次转换器将该数字光信号转换成符合标准规约的信号输出，提供给直流输电控制和保护系统。二次转换器内的激光器通过光纤将激光传输至一次转换器，并通过光电转换为一次转换器提供电源。直流电子式电流互感器的基本原理如图 5-39 所示。

零磁通式直流电流互感器一般基于磁势自平衡原理，二次转换器输出与被测直流电流的幅值成比例的直流电流，并通过负载电阻将电流转换为电压信号输出。传感器与控制室通过电缆连接。光学直流电流互感器基于法拉第磁光效应原理，光学元件内的线性偏振光在磁场作用下偏振面发生旋转，旋转角与被测电流大小成正比，通过测量该旋转角来间接测量被测直流电流大小。

直流电压互感器一般采用阻容分压器将一次被测高电压转换为低电压信号，该信号通过一次转换器、传输系统传输至控制室，供直流输电系统测量、保护和控制使用。传输系统可以是光纤或者电缆，分别传输数字光信号和模拟电信号。阻容分压器构成的一次电压传感器原理如图 5-41 所示。

5.4.2 调试设备及技术要求

一、直流电子式电流互感器的计量标准器及辅助设备

（1）电子式互感器校验仪。电子式互感器校验仪用于测量直流电流和完成误差计算。由数据采集卡测量直流电压所引入的测量误差应不大于被校准直流电流互感器误差限值的 1/10。

（2）直流电流比较仪。直流电流比较仪的电流比例准确度等级应不低于 0.01 级。

（3）标准电阻。标准电阻作为直流电流比较仪的负荷，将直流电流比较仪二次输出的电流转换为电压输出，由其所引入的测量误差应不大于被校准直流电流互感器误差限值的 1/5。

（4）数字电压表。数字电压表用于测量直流电压，由其所引入的测量误差应不大于被校准直流电流互感器误差限值的 1/10。

（5）直流电流源。直流电流源技术条件应满足以下要求：

1）由直流电流源稳定性引起的误差应小于被校准直流电流互感器允许误差的 1/10。

2）直流电流源的纹波系数应小于 1%。

3）校准中使用的直流电流源的电流调节装置应能保证输出电流由接近零值稳定的上升至被校准直流电流互感器的额定电流。

二、直流电子式电压互感器的计量标准器及辅助设备

（1）电子式互感器校验仪。电子式互感器校验仪用于测量直流电压和完成误差计算。由数据采集卡测量直流电压所引入的测量误差应不大于被校准直流电压互感器误差限值的 1/10。

（2）标准直流高压分压器。校准中使用的标准直流高压分压器的准确度等级应不低于表 5-125 的规定。

表 5-125　　　　　　　　　标准直流高压分压器的要求

被校准直流电压互感器准确度等级	0.1	0.2	0.5	1.0	2.0
标准直流高压分压器准确度等级	0.02	0.05	0.1	0.2	0.5

(3) 数字电压表。校准中使用的数字电压表应满足以下的要求：

1) 数字电压表的准确度应不低于表 5-126 的要求。

2) 数字电压表的输入电阻应不低于所配标准直流高压分压器输出端输出电阻的 $10/a\%$ 倍（a 为所配标准直流高压分压器的准确度等级的数值）。

表 5-126 数字电压表的要求

被校准直流电压互感器准确度等级	0.1	0.2	0.5	1.0	2.0
数字电压表准确度等级	0.01	0.02	0.05	0.1	0.2

(4) 直流高压电源。直流高压电源技术条件应满足以下要求：

1) 由直流高压电源稳定性引起的误差应小于被校准直流电压互感器允许误差的 1/10。

2) 直流高压电源的纹波系数应小于 1%。

3) 校准中使用的直流高压电源的电压调节装置应能保证输出电压由接近零值平稳连续地调到被校准直流电压互感器额定电压的 1.2 倍。

5.4.3 调试项目及方法

一、直流电子式电流互感器

(1) 外观检查。新生产的直流电流互感器，外观应完好，铭牌上应明确标明：产品名称、型号、制造厂名和国家、出厂编号、额定一次电压或电流、额定绝缘水平、准确度等级或准确度指标、额定变比、采样频率、额定短时热电流、出厂日期、总重量等信息。一次电流输入端钮、二次转换器输出端钮、接地端钮、远端模块、正负极性应有明显的标志。

使用中和修理后的直流电流互感器，允许有不影响计量性能和安全性能的外观缺陷。

(2) 通流能力检查。直流电流互感器在实验室环境温度下，应能承受 10min、1.2 倍额定直流电流或等效交流电流的连续热电流试验而无损坏迹象。试验时，一次和二次转换器均应处于工作状态。

(3) 零漂检查。直流电流互感器在未通流的情况下，检查相应合并单元的电流显示值，其零漂应不超过额定电流的 ±1%。

(4) 基本误差校验。基本误差校验可采用直接测量法。下面 1)~3) 所列方法均属于直接测量法，采用何种测量方法，应根据现场的实际情况及检测设备进行选择。对负极性电流有要求的直流电流互感器应校验其测量负极性电流的误差。误差校验应在一次额定电流的 10%、20%、100%、120% 四个点进行，其误差应符合表 5-127 的要求。现场条件或测试设备无法满足试验要求时，可以适当减小测量电流及减少测量点。被校验互感器有预热要求的，应先进行预热。

表 5-127 直流电子式电流互感器误差要求

准确度等级	在下列测量范围时，电流误差（±%）		
	$10\%I_n \sim 120\%I_n$	$120\%I_n \sim 300\%I_n$	$300\%I_n \sim 600\%I_n$
0.1	0.1		
0.2	0.2	1.5	10
0.5	0.5		

频率（50Hz）响应（$I \geq 20\%I_n$ 时）：幅值误差 ≤ 1%，相位误差 ≤500μs

1)双表法校验具有模拟电压输出电流互感器。被校验直流电流互感器具有模拟电压输出时,可以采用双表法校验。双表法校验具有模拟电压输出的直流电流互感器原理线路图如图 5-42 所示。同步读取标准直流电流比较仪和被校验直流电流互感器的输出 U_p 和 U_s。推荐采用可编程仪器控制技术同步读取数字电压表 A 和 B 的读数。

依据电流误差定义,电流比值误差表达式为

$$\varepsilon = \frac{K_{ra}U_s - K_{rp}U_p}{K_{rp}U_p} \times 100\% \tag{5-3}$$

式中 K_{rp}——直流电流比较仪的变比;

K_{ra}——被校验直流电流互感器的变比;

U_p——数字电压 A 的示数,即直流电流比较仪的二次输出电压;

U_s——数字电压表 B 的示数,即被校验直流电流互感器的二次输出电压。

电子式互感器校验仪可以代替图 5-42 中的两块数字电压表,其包含的高精度模拟量采集卡可对标准直流电流比较仪和被校验直流电流互感器的模拟输出进行同步采样。

2)一体化校验具有数字输出直流电流互感器。被校验直流电流互感器二次具有数字输出时,可以采用具有时钟同步功能的电子式互感器校验仪进行一体化校验。一体化校验具有数字输出的直流电流互感器原理线路图如图 5-43 所示。电子式互感器校验仪输出时钟控制被校验直流电流互感器一次转换器采样,数字输入端口读取被校验直流电流互感器二次转换器输出的数字帧,模拟端口读取直流电流比较仪的输出电压,经处理得到时间同步的 U_p 与 I_s。其中,U_p 为直流电流比较仪的二次输出电压;I_s 为被校验直流电流互感器输出的数字帧所代表的一次直流电流。

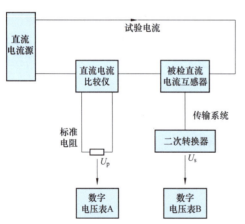

图 5-42 双表法校验模拟输出直流
电流互感器原理线路图

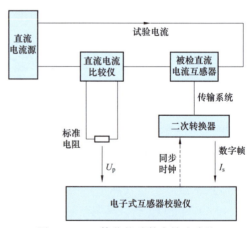

图 5-43 一体化校验数字输出直流
电流互感器原理线路图

依据电流误差定义,电流比值误差表达式按式(5-4)计算,误差计算由电子式互感器校验仪自动完成。

$$\varepsilon = \frac{I_s - K_{rp}U_p}{K_{rp}U_p} \times 100\% \tag{5-4}$$

式中 K_{rp}——直流电流比较仪的变比;

U_p——直流电流比较仪的二次输出电压;

I_s——被校验直流电流互感器的测量输出值。

3)异地测量。当被校验直流电流互感器的二次转换器与一次转换器距离较远,无法采用前述试验方法,可以采用异地测量方法。异地测量原理图如图 5-44 所示,被校验直流电流互感器二次输出为模拟输出 U_s 或数字屏显 I_s。

电流比值误差表达式参照式(5-3)和式(5-4)。

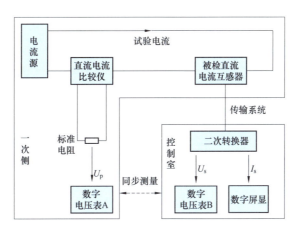

图 5-44 异地测量法校验直流电流互感器原理图

(5)极性测试。在互感器的一次端由 P1 至 P2 通以 $0.1I_n$ 的直流电流,由合并单元录取输出数据波形,若输出数据为正,则互感器的极性关系正确。

(6)光纤损耗测试。直流电子式电流互感器的传输系统采用光纤,应进行光纤损耗测试,若光纤损耗小于 2dB,则互感器通过本试验,若产品不宜进行现场光纤损耗测试,设备供应商应给出保证光纤损耗满足要求的技术说明。

(7)交直流两用的电子式电流互感器,除按上述方法进行直流基本误差校验外,还应在 50Hz 频率下 20%额定电流点进行交流电流基本误差校验。

二、直流电子式电压互感器

(1)外观检查。新生产的直流电压互感器外观应完好,铭牌上应明确标明:产品名称、型号、制造厂名和国家、出厂编号、额定一次电压、额定绝缘水平、准确度等级或准确度指标、额定变比或额定输出电压、出厂日期、总重量等信息。一次电压输入端钮、二次转换器输出端钮、接地端钮、远端模块、正负极性应有明显的标志。

使用中和修理后的直流电压互感器,允许有不影响计量性能和安全性能的外观缺陷。

(2)绝缘检查。绝缘检查试验在直流电压互感器整体上进行,环境条件和试验方法按照 GB/T 16927.1—2011《高电压试验技术 第 1 部分:一般定义及试验要求》的规定,直流电压互感器应能承受 5min、1.2 倍额定直流电压的耐压试验而无闪络或击穿现象。试验电压下降到工作电压范围内,仍能保持原有准确度。

(3)零漂检查。直流电压互感器在未施压的情况下,检查相应合并单元的电压显示值,其零漂应不超过±0.05V。

(4)基本误差校验。校验直流电压互感器的校验点为被校验直流电压互感器额定电压的 10%、20%、100%三个点,其误差应符合表 5-128 要求。现场条件或测试设备无法满足试验要求时,可以适当减小测量电压及减少测量点。如果被校验直流电压互感器的技术条件还规定了其他工作电压范围，则还应增加相应的校验点。校验多分压比的直流电压互感器时，可根据用户的实际工作需要和要求，只校验某一个分压比，或校验几个分压比，但在校验证书中应明确标明所校验的分压比。被校验互感器有预热要求的，应先进行预热。

表 5-128　　　　　　　　　　直流电子式电压互感器误差要求

准确度等级	在下列测量范围时，电压误差（±%）	
	$10\%U_n \sim 120\%U_n$	$120\%U_n \sim 150\%U_n$
0.1	0.1	0.3
0.2	0.2	0.5
0.5	0.5	1.0

频率（50Hz）响应（$U=U_n$ 时）：幅值误差≤1%，相位误差≤500μs

基本误差测量法如 1）~3）三种方法。采用何种测量方法，应根据现场的实际情况及检测设备进行选择。

1）双表法校验具有模拟电压输出电压互感器。线路原理如图 5-45 所示。

校验前，应对数字电压表进行规定时间的预热并清零。当加在被校验直流电压互感器的直流高压为校验点电压时，用数字电压表测量标准直流高压分压器的二次输出电压 u_0 和被测直流互感器的二次输出电压 u_x。被校验直流电压互感器的基本误差为

$$\varepsilon = \frac{K_x \cdot u_x - K_0 \cdot u_0}{K_0 \cdot u_0} \times 100\% \qquad (5-5)$$

式中　u_0——标准直流高压分压器的二次输出电压；
　　　u_x——被校验直流电压互感器的二次输出电压；
　　　K_0——标准直流高压分压器的标称分压比；
　　　K_x——被校验直流电压互感器的标称分压比。

2）一体化校验具有数字输出的直流电压互感器。被校验直流电压互感器二次具有数字输出时，可以采用具有时钟同步功能的数字电子式互感器校验仪校验，原理线路图如图 5-46 所示。

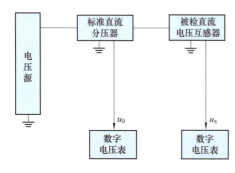

图 5-45　采用电压比法校验直流
电压互感器的原理图

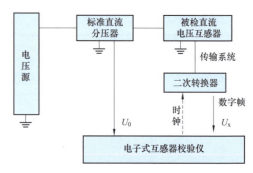

图 5-46　一体化校验具有数字输出的
直流电压互感器的原理图

电子式互感器校验仪输出时钟控制被校验直流电压互感器一次转换器采样，数字输入端口读取被校验直流电压互感器二次转换器输出的数字帧，模拟端口读取标准直流分压器的输出电压，经处理得到时间同步的 u_0 与 U_x。其中，u_0 为标准直流分压器的二次输出电压；U_x 为被校验直流电压互感器测得的一次直流电压。被校验直流电压互感器的基本误差为

$$\varepsilon = \frac{U_x - K_0 u_0}{K_0 u_0} \times 100\% \tag{5-6}$$

式中　K_0——标准直流高压分压器的标称分压比；

　　　u_0——标准直流高压分压器的二次输出电压；

　　　U_x——被校验直流电压互感器的一次电压测量值。

3）异地测量。当被校验直流电压互感器的二次转换器与一次转换器距离较远，不适用上述两种校验方法，可以采用本方法，异地测量原理如图 5-47 所示。被校验直流电压互感器二次输出为模拟信号输出 u_{x1} 或数字屏显 U_{x2}。同步读取标准直流高压分压器与被校验直流电压互感器的二次输出。基本误差的计算参照式（5-5）和式（5-6）。

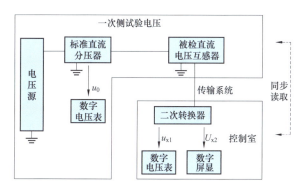

图 5-47　异地测量法校验直流电流互感器原理图

（5）光纤损耗测试。直流电子式电压互感器的传输系统采用光纤，应进行光纤损耗测试，若光纤损耗小于 2dB，则互感器通过本试验，若产品不宜进行现场光纤损耗测试，设备供应商应给出保证光纤损耗满足要求的技术说明。

（6）交直流两用的电子式电压互感器，除按以上方法进行直流基本误差校验外，还应在 50Hz 频率下 100%额定电压点进行交流电压基本误差校验。

5.4.4　调试实例

以厦门±320 千伏柔性直流输电科技示范工程湖边换流站直流电子式互感器一体化校验为例进行说明。

一、直流电子式电流互感器介绍及试验接线

（一）直流电子式电流互感器基本结构

厦门±320 千伏柔性直流输电科技示范工程使用南瑞继保公司生产的直流电子式电流互感器，其基本结构如图 5-48 所示，各结构介绍如下：

（1）一次传感器。一次传感器为分流器，分流器用于测量直流电流。

（2）远端模块。远端模块也称一次转换器。远端模块接收并处理分流器的输出信号，远

端模块的输出为串行数字光信号。远端模块的工作电源由位于控制室的合并单元内的激光器提供。

（3）光纤绝缘子。光纤绝缘子为内嵌光纤的复合绝缘子（悬式或支柱式），光纤绝缘子采用先进工艺技术使光纤免受损伤，绝缘可靠。可根据工程需要嵌入多根多模光纤，留有足够备用光纤。

（4）合并单元。合并单元置于控制室，合并单元一方面为远端模块提供供能激光，另一方面接收并处理远端模块下发的数据，并将测量数据按规定的协议（IEC 60044-8 标准）输出供二次设备使用，合并单元也可输出模拟信号供二次设备使用。

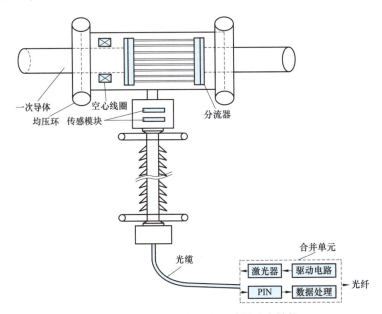

图 5-48　直流电子式电流互感器基本结构

（二）电流信号的传输及逻辑关系

以换流站极 1 上桥臂 A 相电流信号传输为例。一次电流信号经过分流器（如图 5-49 所示），额定输出为 75mV 的信号，根据工程需求，为了满足直流工程多重化冗余配置需求，保证电子式电流互感器具有较高的可靠性，可以配置多个完全相同的远端模块。因此，毫伏信号输入到远端模块箱体，经过电阻盒分出 5 路信号（如图 5-50 所示），电阻盒实际上是一个信号分配盒，其作用是将一路模拟信号转换为多路信号输出，通过电阻盒可将一路分流器的输出信号转换为多路模拟信号给多个远端模块进行处理。电阻盒等值分出的 5 路信号经远端模块进行 A/D 转换后，输出串行数字光信号，通过光纤分别传输到 A 柜合并单元 H1、A 柜合并单元柜 1 号光纤端终端盒（备用）、B 柜合并单元 H1、B 柜合并单元柜 2 号光纤端终端盒（备用）、C 柜合并单元 H1。A 柜、B 柜、C 柜的合并单元分别单独的把包括极 1 上桥臂 A 相、B 相、C 相等的电流信号合并打包后通过 TDM 总线（或 IEC 60044-8）将数据帧送给直流控制保护系统。合并单元输出 10k、50k 两类采样数据，采样数据格式遵循 IEC 60044-8 协议所定义的点对点串行 FT3 扩展 22 通道通用数据接口标准。但 10k、50k 采样数据的数据帧定义不同。

合并单元输出的数据与实际的输入信号有一个通道映射关系（如表 5-129 所示），根据

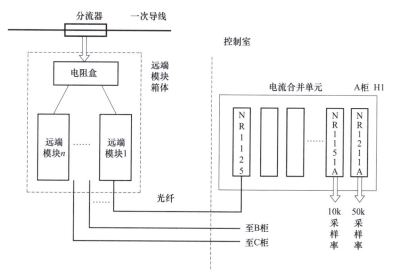

图 5-49 直流电子式电流互感器电流信号传输示意图

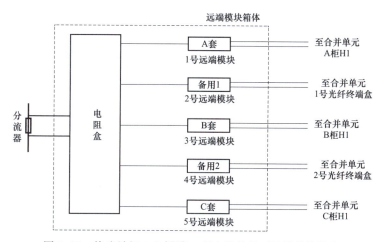

图 5-50 换流站极 1 上桥臂 A 相电流信号至远端模块输出

该映射关系才能知道该通道与输入信号之间的对应关系。如电流合并单元 A 柜 H1 数字输出的 1 通道代表极 1 上桥臂 A 相电流,作为测量使用,4 通道也代表极 1 上桥臂 A 相电流,但该输出作为保护使用。

表 5-129 电流信号与数据通道映射

电流合并单元 A 柜 H1		
逻辑通道	信号名称	(信号源)
1	IbpA 测量	极 1 上桥臂 A 相电流通道(测量用)
2	IbpB 测量	极 1 上桥臂 B 相电流通道(测量用)
3	IbpC 测量	极 1 上桥臂 C 相电流通道(测量用)
4	IbpA 保护	极 1 上桥臂 A 相电流通道(保护用)

续表

电流合并单元 A 柜 H1		
逻辑通道	信号名称（信号源）	
5	IbpB 保护	极 1 上桥臂 B 相电流通道（保护用）
6	IbpC 保护	极 1 上桥臂 C 相电流通道（保护用）
…	…	…

（三）直流电子式电流互感器现场试验接线

如图 5-51 所示，直流电子式电流互感器校验装置由大功率直流稳流源、直流电流比例标准、标准电阻、直流前置单元、直流电子式互感器校验仪、校验仪后台分析系统组成。

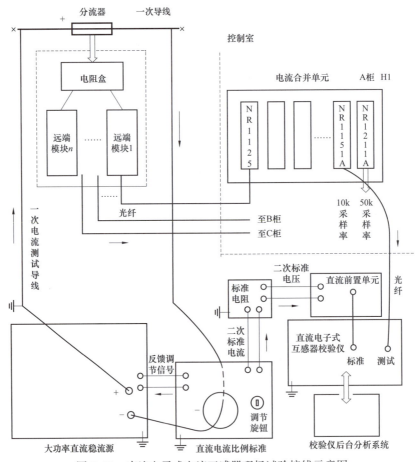

图 5-51 直流电子式电流互感器现场试验接线示意图

校验时，由直流电流比例标准控制大功率直流稳流源输出一次直流电流，分别流经分流器（直流电子式电流互感器一次转换部分）所在的一次直流导线及直流电流比例标准。流经分流器的电流信号经转换传输后，最终从电流合并单元输出合并后的被试数字信号。而穿心流过直流电流比例标准的一次电流经直流电流比例标准转换为二次标准电流信号，二次标准电流经过标准电阻的转换（电流转换为电压），转换为二次标准电压输入到直流电子式互感器校验仪的直流前置单元（进行模数转换），转换后的直流数字信号通过光纤输入到直流电子式互感器校验仪作为标准信号与从合并单元输出的被试数字信号进行比较。最终由校验仪后台分析系统进行比较分析得出校验结论。

试验接线应注意：互感器所在的一次部分应与一次回路断开；直流试验电源应从直流电子式电流互感器的正端流入，负端流出；测试设备应按要求接地，一次电流测试导线应在正端接地，否则测试时将带来较大误差；合并单元输出到电子式互感器校验仪的测试光纤很长，可以使用现场已布置好的备用光纤进行转接；变更接线前或试验结束时，试验人员应首先断开试验电源、放电。

二、直流电子式电压互感器介绍及试验接线

（一）直流电子式电压互感器基本组成

厦门±320千伏柔性直流输电科技示范工程使用许继公司生产的直流电子式电压互感器，其主接线如图5-52所示，各结构介绍如下：

（1）一次传感器，为直流电子式电压互感器的主分压部分，包含二级分压单元，把一次直流大电压转换为额定电压100V的直流模拟信号。

（2）同轴电缆，传输额定电压100V的直流模拟信号。

（3）分压接线盒，实际上是3次分压单元，把额定电压100V的直流模拟信号等值转换为3路额定电压6V的直流模拟小信号。

（4）电压合并单元，DFM410电子式互感器合并单元，是考虑高压直流输电工程和柔性直流输电工程的特殊需求，专门开发的电子式互感器数据合并单元。模拟输入通道的采集速率最高达50 kHz，满足柔性直流输电工程快速采样的特殊需求。装置的模拟输入通道采用特殊设计，充分考虑直流分压器电压输出电路高阻抗的特点，无须考虑本装置内部阻抗对直流分压器的影响、不会降低直流分压器输出电压的幅值、准确度和线性度。数字输出通道遵循FT3规约，满足IEC 60044-7/8电气规范；最多可合并发送22点数据，此时发送协议遵循国网22点扩展规约。

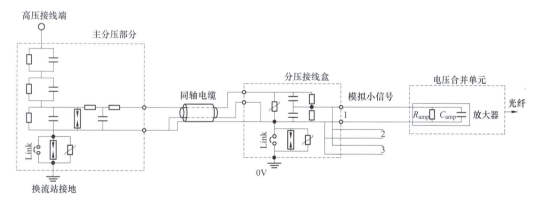

图5-52 直流电子式电压互感器主接线图

（二）电压信号的传输及逻辑关系

以换流站极1为例（如图5-53所示），极1阀进侧A相电压经一次传感器分压后，转换为额定电压100V的模拟信号经过同轴电缆传输到控制室的电压转接柜，经1号分压盒等值转换为3路模拟小信号（同理，极1阀进侧B相、C相、极1中性线、极1极性电压分别经2、3、4、5号分压盒分压，如图5-54所示），分别输入到A柜、B柜、C柜的电压合并

单元的模拟输入采集卡,每路模拟信号经电压合并单元转换后,与其他电压信号(如极 1 阀进侧 B 相、C 相、极 1 中性线、极 1 极性电压)合并后,通过光纤将数据帧送给各个直流控制保护系统。电压信号与数据通道的逻辑关系如表 5-130 所示。

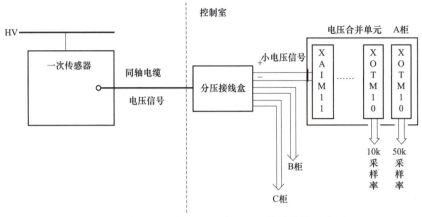

图 5-53 直流电子式电压互感器电压信号传输示意图

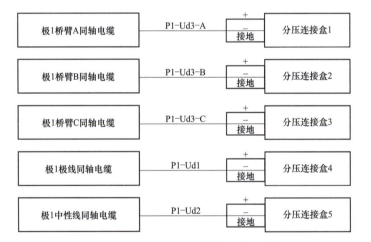

图 5-54 换流站极 1 电压信号至分压连接盒

表 5-130 电压信号与数据通道映射

电压合并单元	
逻辑通道	信号名称
1	Ud3-A	极 1 阀进侧 A 相电压通道
2	Ud3-B	极 1 阀进侧 B 相电压通道
3	Ud3-C	极 1 阀进侧 C 相电压通道
4	Ud2	极 1 中性线电压通道
5	Ud1	极 1 极性电压通道

(三)直流电子式电压互感器现场试验接线

如图 5-55 所示,直流电子式电压互感器校验装置由电源控制箱、高压倍压筒、标准分压器、直流前置单元、直流电子式互感器校验仪、校验仪后台分析系统组成。

校验时，由电源控制箱控制高压倍压筒得到所需要的直流高电压，分别加到被试的直流电子式电压互感器所在的直流高压一次导线及标准分压器上，施加到一次导线的电压信号经直流电子式电压互感器的各个模块转换传输后，最终从电压合并单元输出合并后的被试数字信号。而标准分压器输出的直流模拟小信号输入到直流电子式互感器校验仪的直流前置单元（进行模数转换），转换后的直流数字信号通过光纤输入到直流电子式互感器校验仪作为标准信号与从合并单元输出的被试数字信号进行比较。最终由校验仪后台分析系统进行比较分析得出校验结论。

试验接线应注意：互感器所在的一次部分应与一次回路断开；测试设备应按要求接地，否则测试时测试设备不能正常工作；高压倍压筒、标准分压器、升压时带电的一次设备应与操作平台保留符合《国家电网公司电力安全工作规程》要求的安全间距，防止人身伤害；合并单元输出到电子式互感器校验仪的测试光纤很长，可以使用现场已布置好的备用光纤进行转接；变更接线前或试验结束时，试验人员应首先断开试验电源、放电，并将升压设备的高压部分放电、短路接地。

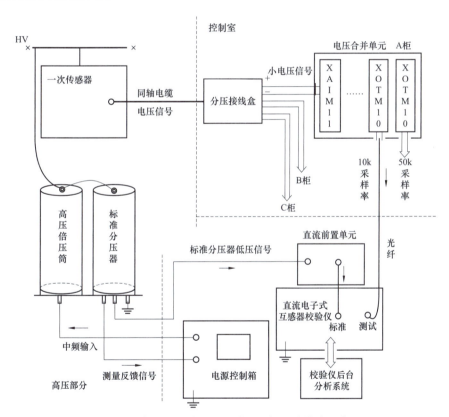

图 5-55　直流电子式电压互感器现场试验接线示意图

三、直流电子式互感器测试软件介绍

直流电子式互感器测试软件即为直流电子式互感器校验仪后台分析系统。不同厂家生产的直流电子式互感器校验装置测试软件不一样，但最主要的参数配置及校验结果显示界面基本相似。下面以江苏凌创电气公司的"NT705-D 直流电子式互感器校验系统"软件为例，对电子式互感器校验时的参数配置和校验结果显示界面进行介绍。

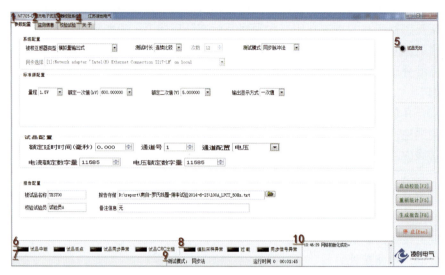

图 5-56　主界面及参数配置

(一) 参数配置

参数配置对应主界面图标注 1。主要有：系统配置、标准源配置、试品配置及报告配置。

(1) 系统配置。系统配置界面如图 5-57 所示。

图 5-57　系统配置界面

被校验互感器类型：开始试验前，根据被测互感器的输出类别，选择"模拟量输出式"，或"IEC 61850-9-1 输出式"，或"IEC 61850-9-2LE 输出式"，或"IEC 61850-9-2 输出式"，或"FT3 输出式"。该配置选项在程序启动后，会进入灰色显示状态，不允许改变。若要改变此值，应先停止程序的运行。

测试时长：设定需要进行校验试验的方式。选择项为"指定次数"或"连续比较"或"周期循环"，当选择"指定次数"，程序比较的次数达到设定值时，会自动生成试验报告，并结束程序运行。当选择"连续比较"，次数设置项自动变灰，试验会一直进行下去，无固定校验次数，直到手动停止运行。当选择"周期循环"，程序会在设定的"单循环次数"达到时，自动生成试验报告，再重新统计，循环操作，直到手动停止运行。

测试模式：根据试验要求选择测试模式，选项包括"绝对延时法"和"同步法"。"绝对延时法"，指校验仪接收到 MU 的采样值报文后，由校验仪实时打上时标，和标准源信号在同一个时间轴上对齐，实现标准源和试品的同步。"同步法"，指校验仪接收到 MU 采样值报文后，按照报文中自带的采样计数器，和标准源信号对齐，实现标准源和试品的同步。"绝对延时法"不要求 MU 是否接收同步信号；"同步法"要求 MU 接收同步信号。

网卡选择：当进行数字量输出式互感器校验时，系统自动检测可供使用的网卡并列表，需根据实际接线进行选择。模拟量校验时因为无须使用网卡，此项自动变灰。

（2）标准源配置。标准源配置界面如图5-58所示。

图5-58　标准源配置界面

量程：根据标准源侧实际接线方式选择量程。量程有两个即"1.5V"和"6V"。

额定一次值、额定二次值：根据标准源侧的电流标准互感器和电压标准互感器的试验接线来设置该值。

输出显示方式："一次值"是指一次侧所加的电流电压值，"二次值"是指外部标准互感器接入到校验仪的模拟信号大小。

（3）试品配置。试品配置界面如图5-59所示。

图5-59　试品配置界面

额定延时时间：根据被试品所提供的参数来设置，单位毫秒。试验开始前应由被试品生产商提供该参数。

通道号：从合并单元（MU）数据集的多路数据通道中选择某一路采样数据进行试验。

通道配置：根据所选"通道号"对应的信号类别来设置此项的电压、测量电流、保护电流，或者零序电流。

电流额定数字量，电压额定数字量：根据直流电子式电流、电压互感器的模数比配置电流额定数字量，电压额定数字量。

当"系统配置"中"被校互感器类型"为"IEC 61850-9-2LE 输出式"或"IEC 61850-9-2 输出式"时，此处界面如图5-60所示。

图5-60　被校互感器类型为IEC 61850-9-2类型配置界面

额定延时时间、通道号、通道配置上述参数的设置均同上。因为IEC 61850-9-2中以32位整型数据来传输实际一次值，无一次额定参数值，当传输电流值时，数字量1代表1mA，传输电压时，数字量1代表10mV。

目标MAC地址：根据需要接收的IEC 61850-9-2采样值报文所对应的以太网目标MAC地址来设定此参数，十六进制。

停用 MAC：如果试品的合并器数据和校验仪是点对点直连，不存在发送多个 MAC 地址的采样值报文情况，则可以勾选此项，停用 MAC 地址过滤功能。

额定电流值，额定线电压：因为 IEC 61850-9-2 协议中不传送额定一次值，所以此处需要手动配置试品的额定一次值，界面标注 3 表格内的"比率"需要根据此处的设定值来计算当前所加一次量的比率。

（4）报告配置。报告配置界面如图 5-61 所示。

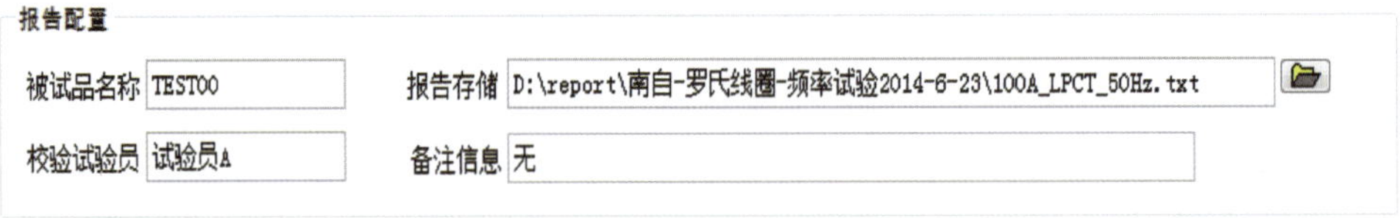

图 5-61　报告配置界面

报告相关信息在此设定，包括被试品名称，报告存储路径及报告文件名，试验员姓名及备注信息。注意，如果此处的报告存储路径设置不正确时，会影响报告文件的生成。

（二）校验结果显示

校验结果显示界面如图 5-62 所示。

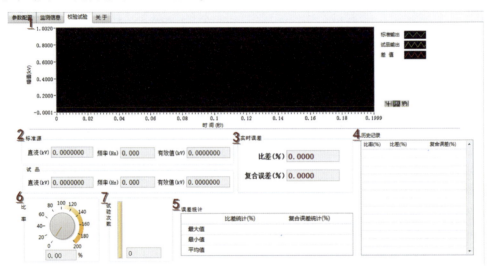

图 5-62　校验结果显示界面

标注 1 为波形显示。对每次比对中所采集到的标准源信号，被测 MU 信号进行波形绘制，同时得出被试 MU 相对标准源的差值信号，各个波形以不同的颜色加以区分，绿色为标准源波形，黄色为试品波形，红色为差值波形。

标注 2 为测量结果显示。"标准源"和"试品"的测量结果分开显示，包括：直流值、频率值以及基波有效值。

标注 3 为校验结果显示。包括比差、复合误差。

（1）比差（%）=（试品直流值-标准源直流值）/标准源直流值。

（2）在稳态下，复合误差为下列两者之差的方均根值：一次电流瞬时值和实际二次输出瞬时值乘以额定变比。即

$$复合误差\ (\%) = \frac{100}{I_p}\sqrt{\frac{1}{T}\int_0^T [K_{ra}u_s(t) - i_p(t - t_{dr})]^2 dt}$$

I_p 为一次电流基波的方均根值；T 为一个周波周期；K_{ra} 为额定变比；μ_s 为二次电压；i_p 为一次电流；t 为时间瞬时值；t_{dr} 为额定延时时间。

标注 4 为校验结果历史明细。试验结果的历史明细，包括比率、比差、复合误差三项。

标注 5 为误差统计。在校验试验过程中对试验结果进行统计，得到当前的比差以及复合误差的最大值、最小值和平均值。

标注 6 为比率。"比率"是指从标准源当前一次电压或一次电流的实际值，相对于试品"额定一次值"的百分比。

标注 7 为试验次数。"次数"显示当前试验已比较的次数。

四、直流电子式互感器校验

（一）换流站极 1 上桥臂 A 相直流电子式电流互感器校验

由 5.4.3 一、介绍可知，直流电子式电流互感器校验的项目包括：外观检查、通流能力检查、零漂检查、基本误差校验、极性测试、光纤损耗测试。

由于换流站上桥臂除直流电流量之外，还有交流电流量通过，因此，还应在 50Hz 频率下 20% 额定电流点进行交流电流基本误差校验（本文不对交流量的校验过程进行详述，感兴趣的读者，可以参阅相关书籍）。

由 5.4.3 一、介绍可知，极 1 上桥臂 A 相直流电子式电流互感器配置有 5 个远端模块，5 个远端模块输出 5 路信号到合并单元柜，3 路信号分别到 A 柜、B 柜、C 柜的合并单元，另外两路作为备用。到 A 柜、B 柜、C 柜的每路信号又分别映射 2 个通道（测量通道和保护通道）以及 2 种采样速率（10kHz 和 50kHz）的数字信号输出。为保证每个数字信号的准确可靠，就必须对每一个输出通道进行校验。

该电流互感器的额定模数比为 1850A/2000，合并单元数字信号为 FT3 输出格式。由于全站电子式电流、电压互感器的同步是通过绝对延时指标保证的，因此测试模式选择"绝对延时法"。按照 5.4.4 三、介绍的测试软件进行相应配置。配置完毕后，按照图 5-51 做好试验接线。接线完毕检查无误后，即可在软件上启动校验程序。其校验记录如表 5-131 所示。

表 5-131　　　　　　　直流电子式电流互感器校验记录

| 1. 外观检查：合格； | 2. 通流能力检查：合格； | 3. 零漂检查：合格； |
| 4. 极性测试：正确； | 5. 光纤损耗测试：合格； | 6. 基本误差 |

10k 采样速率

合并单元	信号通道	用途	误差（%）				
			直流				频率响应（50Hz）
			$0.1I_n$	$0.2I_n$	$1.0I_n$	$1.2I_n$	$0.2I_n$
A 柜	1	测量	-0.17	-0.14	-0.03	-0.02	-0.28
	4	保护	-0.15	-0.14	0.03	-0.02	-0.09
B 柜	1	测量	-0.17	-0.11	0.01	-0.03	-0.28
	4	保护	0.13	0.13	0.04	0.18	-0.39

续表

1. 外观检查：合格； 2. 通流能力检查：合格； 3. 零漂检查：合格；
4. 极性测试：正确； 5. 光纤损耗测试：合格； 6. 基本误差

10k 采样速率

合并单元	信号通道	用途	误差（%）				
			直流				频率响应（50Hz）
			$0.1I_n$	$0.2I_n$	$1.0I_n$	$1.2I_n$	$0.2I_n$
C 柜	1	测量	−0.06	0.01	0.09	0.10	−0.20
	4	保护	0.14	0.16	0.09	0.07	−0.17
备 A	1	测量	−0.09	0.09	0.09	0.05	−0.20
	4	保护	0.17	0.13	0.19	0.16	−0.05
备 B	1	测量	−0.16	−0.13	−0.03	−0.03	−0.28
	4	保护	0.15	0.20	0.06	0.06	−0.18

50k 采样速率

合并单元	信号通道	用途	$0.1I_n$	$0.2I_n$	$1.0I_n$	$1.2I_n$	$0.2I_n$
A 柜	1	测量	−0.16	−0.17	−0.06	−0.04	−0.14
	4	保护	0.04	0.11	0.07	0.08	−0.23
B 柜	1	测量	0.17	−0.09	0.02	0.06	−0.20
	4	保护	0.16	0.06	0.17	0.11	−0.31
C 柜	1	测量	−0.18	−0.05	0.03	0.05	−0.31
	4	保护	0.09	0.03	0.19	0.11	−0.34
备 A	1	测量	−0.17	−0.20	−0.09	−0.07	−0.32
	4	保护	−0.19	−0.12	−0.17	−0.09	−0.24
备 B	1	测量	−0.14	−0.13	−0.04	0.00	−0.12
	4	保护	0.17	0.17	0.04	0.07	−0.27

绝对延时（交流法测试） （10k 采样速率）：391.0μs；（50k 采样速率）：119.6μs

结论：合格

（二）换流站极 1 阀进侧 A 相直流电子式电压互感器校验

由 5.4.3 节介绍可知，直流电子式电流互感器校验的项目包括：外观检查、绝缘电阻、零漂检查、基本误差校验、光纤损耗测试。

由于换流站极 1 阀进侧 A 相电压除直流电压量之外，还有交流电压量通过，因此，还应在 50Hz 频率下 100%额定电压点进行交流电压基本误差校验。

由 5.4.4 节介绍可知，极 1 阀进侧 A 相电压信号经 1 号分压盒等值转换为 3 路模拟小信号，分别输入到 A 柜、B 柜、C 柜的电压合并单元的模拟输入采集卡，每路模拟信号经电压合并单元转换后，以 2 种采样速率（10kHz 和 50kHz）的数字信号将数据帧输送给各个直流控制保护系统。

该电压互感器的额定模数比为 320kV/6V/6000，合并单元数字信号为 FT3 输出格式。由于全站电子式电流、电压互感器的同步是通过绝对延时指标保证的，因此测试模式选择"绝对延时法"。按照 5.4.4 三、介绍的测试软件进行相应配置。配置完毕后，按照图 5−55 做好试验接线。接线完毕检查无误后，即可在软件上启动校验程序。校验记录见表 5−132。

表 5-132　　　　　　　　　直流电子式电压互感器校验记录

1. 外观检查：合格；　2. 绝缘电阻：合格；　3. 零漂检查：合格；
4. 光纤损耗测试：合格；　5. 基本误差

10k 采样速率

合并单元	信号通道	误差（%）			
		直流			频率响应（50Hz）
		$0.1U_n$	$0.2U_n$	$1.0U_n$	$1.0U_n$
A 柜	1	0.16	0.17	0.12	-0.36
B 柜	1	0.16	0.17	0.15	-0.49
C 柜	1	0.16	0.17	0.10	-0.27

50k 采样速率

A 柜	1	0.10	0.18	0.03	-0.37
B 柜	1	0.10	0.18	0.03	-0.49
C 柜	1	0.10	0.18	0.03	-0.26

绝对延时（交流法测试）　　（10k 采样速率）：93.0μs；（50k 采样速率）：.91.0μs

结论：合格

五、调试中发现的典型问题及解决措施

(1) 直流电子式互感器各单元间光缆连接出现较多的连接错误。由于互感器输出信号需要提供给各种用途的设备使用，又需要一定的冗余量，因此信号光缆很多，接线很复杂，安装时出现较多的接线错误，此类错误可以在互感器通道误差校验时，同步进行一一核查排除。

(2) 在 $0.1I_n$ 误差测试点出现多个直流电子式电流互感器误差偏大，而其他测试点误差均合格的情况。经检查，均为远端模块超差，其 $0.1I_n$ 点的线性度较差，该类误差无法通过调节合并单元系数的方式进行调整。厂家均采取更换远端模块的方式解决该问题。

(3) 电压合并单元设置的一次电压额定值对应的额定数字量有误。协议要求为 6000，许继公司设置为 6000H。由于全站二次系统额定数字量均设置为 6000，因此最终由许继公司把电压合并单元的一次电压额定值对应的额定数字量修改为 6000。但由此也产生了一个问题，即数值输出的分辨率不足，对误差造成一定影响。如模数额定变比为 320kV/6V/6000，每位数字量为 0.053kV，在 $0.1U_n$ 测试点时，每位数字量波动带来的误差就达到 0.16%。

(4) 极 2 中性线直流电子式电压互感器 U_{dn} 在一次施加 40kV 电压时在合并单元输出发生很大波动。经遂级排查，确认分压器一次转换器的 RC2 分压板有故障。厂家更换板卡后，恢复正常。返厂检查，发现板卡上有一个元器件的引脚虚焊。

(5) 极 1 阀进侧直流电子式电压互感器在进行交流 50Hz 频率响应试验时，发现 A 套合并单元 A、B、C 三相电压误差均较大。经试验判断，为分压接线盒 RC3 板卡误差造成，厂家对 RC3 板卡的电容值进行调整，解决该问题。

(6) 多个直流电子式电压互感器在误差校验时，发现线性超差，许继公司通过调整电压合并单元的系数解决。

（7）电子式互感器一体化校验的优势和局限：采用一体化校验可以很好的对电子式互感器的整体性能进行验证，但也存在一定的局限。电子式互感器由多个模块组成，基本上包括一次传感器、一次转换器、远端模块及合并单元等模块。采用一体化校验后，可以保证整体的准确度能够满足要求，但各个模块的准确度却无法分别保证。如果某一个模块出现故障，仅更换该模块，电子式互感器整体的准确度就可能产生偏差。需要对电子式互感器整体进行重新调整。由此，给电子式互感器的运行维护带来较大的困难。因此，在条件允许的情况下，应该对各个模块分别进行准确度试验。不仅需要整体校验合格，其各个模块也要保证符合相应技术指标要求。

（8）技术标准的局限：根据电子式互感器国家标准和企业标准的定义，电子式互感器由一次传感器、一次转换器、远端模块及合并单元等模块组成，并且技术指标也是对整体进行要求，对各个模块没有分别规定。但实际上，电子式互感器各个模块独立性很强，一次传感器及一次转换器组成的一次传感部分、远端模块、合并单元均是独立的模块。例如，对一个额定模数变比为320kV/6V/5000（一次额定电压为320kV时，二次分压输出额定值为6V，合并单元数字量额定输出5000）的电子式电压互感器，如果一次传感及二次分压部分模块产品或安装质量有问题，二次输出的模拟量可能很不理想，模拟部分变比可能变成如320kV/5.5V或更差，但按照电子式互感器的定义，只要误差是线性的，不论哪个模块产生的误差，均可通过对合并单元的系数进行调整，最终可以使合并单元的输出符合要求。该种情况在某些变电站出现过。在目前这种条件下，需要加强电子式互感器出厂试验的见证以确保电子式互感器各个子模块及整体性能的准确和可靠。

5.5 阀子模块及阀塔调试

5.5.1 概述

换流阀子模块在运抵现场的过程中易受到振动、跌落、高低温、湿度等复杂运输环境的影响，为保证柔性直流输电工程中使用的全部换流阀子模块功能正常，需要在安装前对换流阀子模块进行测试。换流阀子模块和结构件、冷却水管等配件一起组装成阀塔后，需对阀塔进行调试以确保电气连接、阀冷却系统、与VBC控制系统的通信等功能正常。

5.5.2 换流阀结构

子模块是组成MMC换流阀的基本单元，可分为全桥、半桥和混合型等多种拓扑结构。目前国内已投运的四条柔性直流输电工程的子模块均采用半桥拓扑结构。以半桥型拓扑为例，子模块的主电路拓扑和结构如图5-63所示，主要设备包括IGBT模块（VT1和VT2）、储能电容（C）、并联电阻（R）、保护晶闸管（SCR）和旁路开关（K）。子模块正常工作时，通过控制两个IGBT的开通或关断使子模块投入或切出。当发生过电流时，子模块控制器触发保护晶闸管导通，避免大电流通过可关断电力电子器件而产生过热危险。当子模块发生故障时，通过旁路开关可将其隔离，保证桥臂主回路电气连接的正常。

子模块额定电压与换流器输出电平数和直流母线电压有关，其计算式为

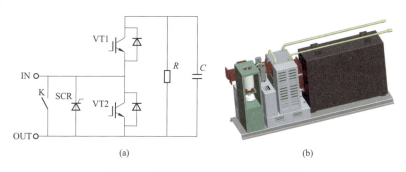

图 5-63 子模块主电路拓扑和结构图

(a) 子模块主电路拓扑；(b) 子模块结构图

$$U_{smN} = \frac{U_{dcN}}{n} = \frac{2\sqrt{2}}{Mn}U_p \qquad (5-7)$$

式中 U_{smN}——子模块额定电压；

U_{dcN}——直流母线电压额定值；

U_p——交流出口相电压有效值；

M——电压调制比；

n——换流器输出电平数。

厦门柔性直流输电工程直流母线电压为 320kV、电平数为 200、调制比额定值为 0.85、交流侧线电压为 166.57kV，根据式（5-7）计算得到子模块额定电压为 1.6kV。

厦门柔性直流输电工程中由 6 个子模块组成一个阀模块，阀模块结构如图 5-64 所示。可直接对阀模块进行相关测试，而不必单独测试子模块，可大大缩短现场安装调试时间。

换流阀阀塔结构如图 5-65 所示，包括了阀模块、支撑结构件、导电母排、冷却水管、均压结构件、光缆/纤及附属支撑件等。阀模块的外围安装有屏蔽罩，通过使用屏蔽罩可以使阀塔周围的空间电场分布更加均匀。铝合金材料的使用保证了屏蔽罩良好的导电性和机械强度。每个阀塔结构分为 3 层，每层包含 4 个阀模块，总计 72 个子模块。每 3 个阀塔组成一个桥臂，因此每个桥臂由 216 个子模块构成，其中 16 个冗余子模块。

图 5-64 阀模块

图 5-65 换流阀阀塔结构图

5.5.3 阀模块试验

阀模块试验目的是检测每个子模块的电气功能和参数是否正常，具体试验内容包括：
(1) 取能电源启动电压测试。
(2) 子模块耐压测试。
(3) IGBT 的开通关断测试。
(4) 旁路开关保护动作测试。
(5) 取能电源闭锁电压测试。

试验接线原理图如图 5-66 所示，4 个阀模块（24 个子模块）串联同时进行测试；直流电压源将 380V 交流电经过调压、整流后变为 0~70kV 的直流电，其正输出端连接第一个子模块的输出正极、负输出端连接最后一个子模块的输出负极。调节直流电压源输出电压，子模块电容电压大于取能电源启动电压后，通过阀基监视系统 VM 观察子模块的通信及子模块电容电压值；子模块电容电压达到额定电压时，进行子模块耐压测试；耐压测试完成后断开隔离开关 K，极控制系统 PCP 下发命令，使得阀基控制器控制子模块 IGBT 的开通关断，检查阀模块中子模块的功能是否正常；在试验末段进行旁路开关的保护动作测试。

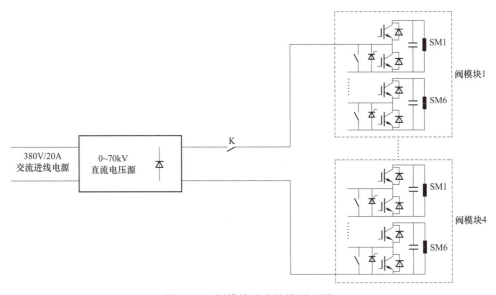

图 5-66 阀模块试验接线原理图

试验步骤如下：
(1) 按照试验接线原理图 5-66 接线，试验中要求增设隔离护栏，确认直流电源供电接线可靠。
(2) 阀模块底层基座，采用裸导线短接并接与大地。
(3) 试验前通过万用表确认阀子模块旁路开关已断开。
(4) 可靠接插子模块与试验用阀基控制器的通信光纤。
(5) 接于阀侧首末端的阻容分压器作为测量串联的 4 个阀模块端口间的电压波形端口，便于示波器和 VM 监视阀电压波形。

（6）启动阀基监视系统 VM 和试验用阀基控制设备。

（7）检查试验回路，如无误，闭合隔离开关 K，PCP 下发 DB 命令，直流电源对换流阀 4 个阀模块进行充电，当阀端间电压充至 8.5kV 左右时，观察 VM，检查所有子模块的取能电源启动电压、通信状态和子模块电容电压。

（8）若子模块通信正常，电压显示正常，且均压较好（最大最小值电压差在 100V 之内），阀端间电压继续升压至 39kV，保持 10min，进行子模块耐压测试。

（9）换流阀耐压无异常后，断开隔离开关 K，当换流阀子模块自然放电至 1.1kV 左右时 PCP 下发 IGBT 解锁命令，进行 IGBT 开通关断测试，检查 IGBT 的开通关断触发功能，阀端间电压形成 25 电平阶梯波。

（10）持续保持 IGBT 开通关断状态，直至阀子模块欠压，上报取能电源故障，旁路开关动作闭合为止，检查旁路开关保护动作功能。

（11）试验结束后，15min 后悬挂接地杆，万用表测验电容器电压，并测试检查旁路开关闭合状态，拆卸子模块通信光纤，拆卸换流阀阀模块，用于阀塔安装。

（12）填写阀模块试验单，记录试验过程中各项目试验结果。阀模块试验单参考例表如表 5-133 所示。

表 5-133　　　　　　　　　　　阀 模 块 试 验 单

试验项目	试验内容	试验结果
子模块静态充电试验	子模块电容电压最大值	
	子模块电容电压最小值	
取能电源闭锁电压测试	取能电源启动电压值	
	取能电源闭锁电压值	
IGBT 解锁测试	IGBT 驱动器状态	
	阀段组间 25 电平阶梯波	
	VM 显示子模块状态	
旁路开关保护动作测试	旁路开关状态	
子模块耐压试验	子模块耐压状态	

5.5.4　阀塔试验

一、子模块静态均压测试

本试验的试验对象为单阀塔（12 个阀模块，共 72 个子模块），试验采用直流电源对阀塔进行充电，试验接线原理图如图 5-67 所示。现场试验充电装置采用 DC70kV 输出，正输出端连接阀塔中第一个子模块的输出正极，充电电源负输出端连接阀塔最后一个子模块的输出负极，对整个阀塔共 72 个子模块进行直流充电，充电至子模块启动电压后，通过阀基监视系统 VM 观察子模块的通信及状态，当达到试验电压时，检查子模块的静态均压情况，电容电压偏差在合格范围之内。

具体试验步骤如下：

（1）交流 50kV 充电装置切换为 70kV 直流电源，所有电气接线按照图 5-67 原理连接，设置高压隔离护栏，并悬挂"高压，止步危险"牌。

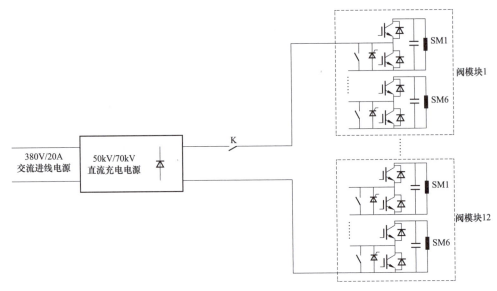

图 5-67 阀塔试验接线原理图

（2）阀塔底层绝缘子，采用裸导线短接并接与大地。

（3）启动阀基控制设备和充电电源，根据 DB 时间要求，实时投入保护 DB，使得充电电源充电至 40kV 左右，观察子模块的通信状态。

（4）若通信无异常，继续充电至 70kV，保持 5min（时间要求按阀模块试验中的子模块耐压试验考虑），观察子模块最大和最小电容电压的偏差，换流阀静态均压偏差≤100V，同时检查子模块与阀基控制器的通信状态是否正常。

（5）试验结束后，断开电源，子模块电压达到 600V 时，撤去保护使能 DB，等待 16min。

（6）16min 后接地杆连接阀塔正极接地，用万用表测量电容电压，电容电压≤12V 时方可进行拆线操作，进行下一组阀塔的试验。

（7）填写阀塔试验单，记录试验过程中各项目试验结果。阀塔试验单参考例表如表 5-134 所示。

表 5-134　　　　　　　　　阀塔试验单

试验项目	试验内容	试验结果
阀塔电气试验	子模块通信状态	
	阀塔均压试验	

二、阀冷却系统压力试验

本试验目的是验证阀冷系统及各子模块散热器是否正常安装，通过水压耐压测试排查漏水情况。

阀冷系统压力试验步骤如下：

（1）阀冷管道及设备安装完成后，阀厅阀组与阀冷进出口采用短接管短接，然后对阀冷系统进行加水。

(2) 加水完成后，对阀冷系统进行试压，试验压力：1.6MPa，保压时间不少于30min。

(3) 阀冷压力试验合格后，启动主循环水泵进行循环冲洗，并不断清洗过滤器，直到过滤器干净无杂质。

(4) 放空阀冷系统清洗水，拆出阀厅与阀对接的阀冷进出口短接管；阀冷系统与阀进行对接，对阀及阀冷进行加水。

(5) 加水完成后，阀冷系统与阀塔同时试压，试验压力不超过1.6 MPa。

(6) 填写阀冷却系统压力试验单，记录试验过程中各项目试验结果。阀冷却系统压力试验单参考例表如表5-135所示。

表 5-135 　　　　　　　　　　　阀冷系统压力试验单

试验项目	试验内容	试验结果
阀塔水压试验	母管耐水压试验	
	干管耐水压试验	
	支管耐水压试验	

5.5.5 子模块控制器与阀基控制器的通信试验

通过 PCP 置数的方式向 VBC 下发 Dback_en=1，依次将每个子模块 SMC 供电，观察 VM 上位机是否显示对应 SM 通信正常的 SOE；子模块 SMC 断电，观察 VM 上位机是否显示对应 SM 通信故障+VBC 下发旁路的 SOE。

最后填写通信试验单，记录试验过程中各项目试验结果。试验单参考例表如表5-136所示。

表 5-136 　　　　　　　　　　　通 信 试 验 单

试验内容	试验方法	试验结果	
子模块控制器与阀基控制器通信测试	给SMC供电后再断电	供电时，分段机箱上报SMC→VBC通信正常	
		供电时，分段机箱接口板对应SMC→VBC通信正常的LED亮	
		断电后，分段机箱上报SMC→VBC通信故障，VBC下发子模块旁路命令	
		断电后，分段机箱接口板对应SMC→VBC通信正常的LED灭，下发旁路命令的LED亮	

第6章 现场分系统调试

6.1 换流变压器分系统调试

6.1.1 "三取二"实现方案简介

本书所依托的柔性直流输电工程的换流变压器电量保护、换流变压器非电量保护采用三重化配置。因此，为了提高保护动作的精确性和可靠性，换流变压器电量保护、换流变压器非电量保护的出口跳闸采用"三取二"逻辑判别。该"三取二"逻辑部署在独立的"三取二"主机中并同时集成于极控制主机中。保护"三取二"功能实现如图6-1所示。

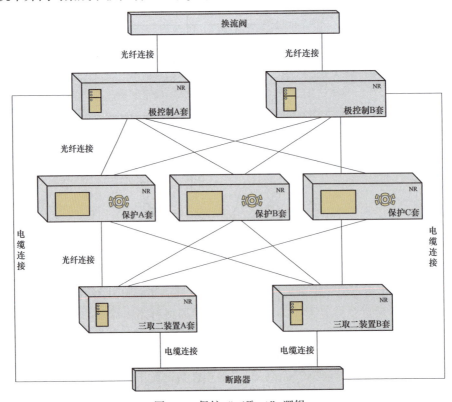

图 6-1 保护"三取二"逻辑

保护"三取二"功能具体内容包括：

（1）独立的"三取二"主机采用了冗余配置，分别接收三套保护装置的分类动作信息，并经"三取二"逻辑判别后，出口实现跳换流变压器网侧断路器、启动断路器失灵保护等功能。

（2）相同的"三取二"逻辑也被分别集成在两套冗余配置的极控制系统中。各极控制主机同样独立接收三套保护装置的分类动作信息，并经"三取二"逻辑判别后，出口实现阀闭锁、跳网侧断路器、启动断路器失灵保护等功能。

（3）三套保护分别以光纤方式连接到两台冗余配置的交换机与两套极控制主机进行通信，传输经过校验的数字量信号。同时，每套保护分别通过两根光纤直接与冗余的"三取二"装置中的一套进行通信，两根光纤通信的信号完全相同，当"三取二"装置同时收到两根光纤的动作信号经校验一致后，才表明该套保护动作。

（4）三套保护与"三取二"逻辑构成一个整体。三套保护主机中有至少两套保护有相同类型保护动作，才会被判定为正确的保护动作行为，才允许出口闭锁阀或跳开断路器，以保证保护动作的可靠性和整个系统运行的安全性。

此外，当三套保护系统中有一套保护因故退出运行后，采取"二取一"保护动作逻辑；当三套保护系统中有两套保护因故退出运行后，采取"一取一"保护动作逻辑；当三套保护系统全部因故退出运行后，极控制系统闭锁阀，直流系统停运。

该"三取二"方案具有如下特点：

（1）将"三取二"逻辑分别部署在两套冗余配置的"三取二"装置中，并在两套冗余配置的极控制主机中集成了"三取二"功能。当保护动作后，即使冗余配置的"三取二"装置未能出口跳开换流变压器网侧断路器，极控制主机也将完成闭锁阀并跳开换流变压器网侧断路器的工作，确保柔性直流输电系统的安全。

（2）保护主机与"三取二"主机、极控制主机通过光纤连接，传输经校验的数字量信号，提高了信号传输的可靠性和抗干扰能力。

（3）"三取二"功能按保护分类实现，当两套或两套以上保护有同一类型的保护动作时，"三取二"逻辑才会出口跳闸。由于根据具体的保护动作类型判别，而非简单取跳闸接点相"或"运算，提高了保护动作的精确性和可靠性。

6.1.2　换流变压器电量保护与"三取二"装置进行联调试验

换流变压器电量保护与"三取二"装置联调回路图如图 6-2 所示。换流变压器电量保

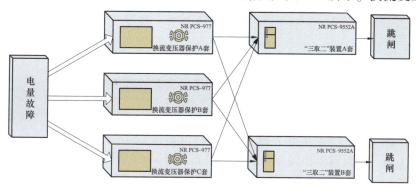

图 6-2　换流变压器电量保护与"三取二"装置联调回路图

护发送给"三取二"装置的信息,包含24个int16的数据,分别定义为WORD00~WORD23,检修、闭锁、报警等状态约定放置在WORD0,具体定义如表6-1所示。换流变压器电量保护与"三取二"装置进行联调试验结果如表6-2所示。

表6-1　换流变压器电量保护发送报文定义

位置		变量定义
WORD00	bit00	装置闭锁
	bit01	装置检修状态
	bit02	装置报警
	bit03~bit15	备用
WORD01	bit00	大差差动速断
	bit01	大差比例差动
	bit02	大差工频变化量差动
	bit03	小差差动速断
	bit04	小差比例差动
	bit05	小差工频变化量差动
WORD02	bit00	引线差分差动作
	bit01	引线差零差动作
	bit02	网侧绕组差分差动作
	bit03	网侧绕组差零差动作
	bit06	阀侧绕组差分差动作
WORD03	bit00	定时限过励磁1段动作
	bit01	定时限过励磁2段动作
	bit02	反时限过励磁动作
	bit05	过电压1段动作
	bit06	过电压2段动作
WORD04	bit00	网侧开关过流1段动作
	bit01	网侧开关过流2段动作
	bit02	网侧套管过流1段动作
	bit03	网侧套管过流2段动作
WORD06	bit00	零流1段动作
	bit01	零流2段动作

表6-2　换流变压器电量保护与"三取二"装置进行联调试验结果

序号	试验项目	电量保护A套状态	电量保护B套状态	电量保护C套状态	"三取二"装置A套	"三取二"装置B套
1	"一取一"逻辑检查	断电	断电	保护动作	正确出口	正确出口
2		断电	保护动作	断电	正确出口	正确出口
3		保护动作	断电	断电	正确出口	正确出口

续表

序号	试验项目	电量保护 A 套状态	电量保护 B 套状态	电量保护 C 套状态	"三取二"装置 A 套	"三取二"装置 B 套
4	"一取一"逻辑检查	检修	检修	保护动作	正确出口	正确出口
5		检修	保护动作	检修	正确出口	正确出口
6		保护动作	检修	检修	正确出口	正确出口
7		光纤断链	光纤断链	保护动作	正确出口	正确出口
8		光纤断链	保护动作	光纤断链	正确出口	正确出口
9		保护动作	光纤断链	光纤断链	正确出口	正确出口
10		装置闭锁	装置闭锁	保护动作	正确出口	正确出口
11		装置闭锁	保护动作	装置闭锁	正确出口	正确出口
12		保护动作	装置闭锁	装置闭锁	正确出口	正确出口
13	"二取一"逻辑检查	断电	保护不动作	保护动作	正确出口	正确出口
14		断电	保护动作	保护不动作	正确出口	正确出口
15		保护不动作	断电	保护动作	正确出口	正确出口
16		保护动作	断电	保护不动作	正确出口	正确出口
17		保护不动作	保护动作	断电	正确出口	正确出口
18		保护动作	保护不动作	断电	正确出口	正确出口
19		检修	保护不动作	保护动作	正确出口	正确出口
20		检修	保护动作	保护不动作	正确出口	正确出口
21		保护不动作	检修	保护动作	正确出口	正确出口
22		保护动作	检修	保护不动作	正确出口	正确出口
23		保护不动作	保护动作	检修	正确出口	正确出口
24		保护动作	保护不动作	检修	正确出口	正确出口
25		光纤断链	保护不动作	保护动作	正确出口	正确出口
26		光纤断链	保护动作	保护不动作	正确出口	正确出口
27		保护不动作	光纤断链	保护动作	正确出口	正确出口
28		保护动作	光纤断链	保护不动作	正确出口	正确出口
29		保护不动作	保护动作	光纤断链	正确出口	正确出口
30		保护动作	保护不动作	光纤断链	正确出口	正确出口
31		装置闭锁	保护不动作	保护动作	正确出口	正确出口
32		装置闭锁	保护动作	保护不动作	正确出口	正确出口
33		保护不动作	装置闭锁	保护动作	正确出口	正确出口
34		保护动作	装置闭锁	保护不动作	正确出口	正确出口
35		保护不动作	保护动作	装置闭锁	正确出口	正确出口
36		保护动作	保护不动作	装置闭锁	正确出口	正确出口
37	"三取三"逻辑检查	大差比率差动动作	大差比率差动动作	大差比率差动动作	正确出口	正确出口
38	"三取二"逻辑检查	大差比率差动动作	大差比率差动动作	保护不动作	正确出口	正确出口

续表

序号	试验项目	电量保护 A 套状态	电量保护 B 套状态	电量保护 C 套状态	"三取二"装置 A 套	"三取二"装置 B 套
39	"三取二"逻辑检查	大差比率差动作	保护不动作	大差比率差动作	正确出口	正确出口
40		保护不动作	大差比率差动作	大差比率差动作	正确出口	正确出口
41		保护不动作	保护不动作	大差比率差动作	不出口	不出口
42		保护不动作	大差比率差动作	保护不动作	不出口	不出口
43		大差比率差动作	保护不动作	保护不动作	不出口	不出口
44	不同保护动作的"三取二"逻辑检查	大差比率差动作	引线差分差动作	保护不动作	不出口	不出口
45		大差比率差动作	保护不动作	引线差分差动作	不出口	不出口
46		保护不动作	大差比率差动作	引线差分差动作	不出口	不出口
47		大差比率差动作	大差比率差动作	引线差分差动作	正确出口	正确出口
48		大差比率差动作	引线差分差动作	大差比率差动作	正确出口	正确出口
49		引线差分差动作	大差比率差动作	大差比率差动作	正确出口	正确出口
备注		每套换流变电量保护分别通过两根光纤直接与冗余的"三取二"装置中的一套进行通信，当模拟光纤断链时，要同时拔除这两根光纤，该套保护才退出"三取二"逻辑判别				

6.1.3 换流变压器非电量保护与"三取二"装置进行联调试验

换流变压器非电量保护与"三取二"装置联调回路图如图 6-3 所示。换流变压器非电量保护发送给"三取二"装置的信息，包含 24 个 int16 的数据，分别定义为 WORD00～WORD23，检修、闭锁、报警等状态约定放置在 WORD0，具体定义如表 6-3 所示。换流变压器非电量保护与"三取二"装置进行联调试验结果如表 6-4 所示。

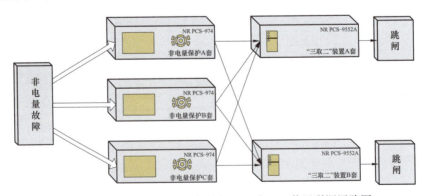

图 6-3 换流变压器非电量保护与"三取二"装置联调回路图

表 6-3 换流变压器非电量保护发送报文定义

位置		变量定义
WORD00	BIT00	装置闭锁
	BIT01	装置检修状态
	BIT02	装置报警

续表

位置		变量定义
WORD00	BIT03–BIT15	备用
WORD01~WORD23	BIT00–BIT15	动作信息

表 6-4　　换流变压器非电量保护与"三取二"装置进行联调试验结果

序号	试验项目	非电量保护 A 套状态	非电量保护 B 套状态	非电量保护 C 套状态	"三取二" 装置 A 套	"三取二" 装置 B 套
1	"一取一"逻辑检查	断电	断电	A 相本体瓦斯跳闸	正确出口	正确出口
2		断电	A 相本体瓦斯跳闸	断电	正确出口	正确出口
3		A 相本体瓦斯跳闸	断电	断电	正确出口	正确出口
4		检修	检修	A 相本体瓦斯跳闸	正确出口	正确出口
5		检修	A 相本体瓦斯跳闸	检修	正确出口	正确出口
6		A 相本体瓦斯跳闸	检修	检修	正确出口	正确出口
7		光纤断链	光纤断链	A 相本体瓦斯跳闸	正确出口	正确出口
8		光纤断链	A 相本体瓦斯跳闸	光纤断链	正确出口	正确出口
9		A 相本体瓦斯跳闸	光纤断链	光纤断链	正确出口	正确出口
10		装置闭锁	装置闭锁	A 相本体瓦斯跳闸	正确出口	正确出口
11		装置闭锁	A 相本体瓦斯跳闸	装置闭锁	正确出口	正确出口
12		A 相本体瓦斯跳闸	装置闭锁	装置闭锁	正确出口	正确出口
13	"二取一"逻辑检查	断电	保护不动作	A 相本体瓦斯跳闸	正确出口	正确出口
14		断电	A 相本体瓦斯跳闸	保护不动作	正确出口	正确出口
15		保护不动作	断电	A 相本体瓦斯跳闸	正确出口	正确出口
16		A 相本体瓦斯跳闸	断电	保护不动作	正确出口	正确出口
17		保护不动作	A 相本体瓦斯跳闸	断电	正确出口	正确出口
18		A 相本体瓦斯跳闸	保护不动作	断电	正确出口	正确出口
19		检修	保护不动作	A 相本体瓦斯跳闸	正确出口	正确出口
20		检修	A 相本体瓦斯跳闸	保护不动作	正确出口	正确出口
21		保护不动作	检修	A 相本体瓦斯跳闸	正确出口	正确出口
22		A 相本体瓦斯跳闸	检修	保护不动作	正确出口	正确出口
23		保护不动作	A 相本体瓦斯跳闸	检修	正确出口	正确出口
24		A 相本体瓦斯跳闸	保护不动作	检修	正确出口	正确出口
25		光纤断链	保护不动作	A 相本体瓦斯跳闸	正确出口	正确出口
26		光纤断链	A 相本体瓦斯跳闸	保护不动作	正确出口	正确出口
27		保护不动作	光纤断链	A 相本体瓦斯跳闸	正确出口	正确出口
28		A 相本体瓦斯跳闸	光纤断链	保护不动作	正确出口	正确出口
29		保护不动作	A 相本体瓦斯跳闸	光纤断链	正确出口	正确出口
30		A 相本体瓦斯跳闸	保护不动作	光纤断链	正确出口	正确出口

续表

序号	试验项目	非电量保护 A套状态	非电量保护 B套状态	非电量保护 C套状态	"三取二" 装置A套	"三取二" 装置B套
31	"二取一" 逻辑检查	装置闭锁	保护不动作	A相本体瓦斯跳闸	正确出口	正确出口
32		装置闭锁	A相本体瓦斯跳闸	保护不动作	正确出口	正确出口
33		保护不动作	装置闭锁	A相本体瓦斯跳闸	正确出口	正确出口
34		A相本体瓦斯跳闸	装置闭锁	保护不动作	正确出口	正确出口
35		保护不动作	A相本体瓦斯跳闸	装置闭锁	正确出口	正确出口
36		A相本体瓦斯跳闸	保护不动作	装置闭锁	正确出口	正确出口
37	"三取三"逻辑检查	A相本体瓦斯跳闸	A相本体瓦斯跳闸	A相本体瓦斯跳闸	正确出口	正确出口
38	"三取二" 逻辑检查	A相本体瓦斯跳闸	A相本体瓦斯跳闸	保护不动作	正确出口	正确出口
39		A相本体瓦斯跳闸	保护不动作	A相本体瓦斯跳闸	正确出口	正确出口
40		保护不动作	A相本体瓦斯跳闸	A相本体瓦斯跳闸	正确出口	正确出口
41		保护不动作	保护不动作	A相本体瓦斯跳闸	不出口	不出口
42		保护不动作	A相本体瓦斯跳闸	保护不动作	不出口	不出口
43		A相本体瓦斯跳闸	保护不动作	保护不动作	不出口	不出口
44	不同保护动作的 "三取二" 逻辑检查	A相本体瓦斯跳闸	A相开关压力继电器跳闸	保护不动作	不出口	不出口
45		A相本体瓦斯跳闸	保护不动作	A相开关压力继电器跳闸	不出口	不出口
46		保护不动作	A相本体瓦斯跳闸	A相开关压力继电器跳闸	不出口	不出口
47		A相本体瓦斯跳闸	A相本体瓦斯跳闸	A相开关压力继电器跳闸	正确出口	正确出口
48		A相本体瓦斯跳闸	A相开关压力继电器跳闸	A相本体瓦斯跳闸	正确出口	正确出口
49		A相开关压力继电器跳闸	A相本体瓦斯跳闸	A相本体瓦斯跳闸	正确出口	正确出口
备注		每套换流变压器非电量保护分别通过两根光纤直接与冗余的"三取二"装置中的一套进行通信,当模拟光纤断链时,要同时拔除这两根光纤,该套保护才退出"三取二"逻辑判别				

6.1.4 换流变压器电量保护与极控制装置进行"三取二"功能联调试验

换流变压器电量保护与极控制装置进行"三取二"功能联调试验的原理与结果参考6.1.1 和 6.1.2 节,在此不再赘述。

6.1.5 换流变压器非电量保护与极控制装置进行"三取二"功能联调试验

换流变压器非电量保护与极控制装置进行"三取二"功能联调试验的原理与结果参考6.1.1 和 6.1.3 节,在此不再赘述。

6.1.6 "三取二"装置的换流变压器电量保护跳闸矩阵检验

一、测试内容

检查"三取二"装置换流变压器电量保护跳闸矩阵整定的正确性。

二、测试方法

(1) "三取二"装置换流变压器跳闸矩阵按照定值单整定,如图 6-4 所示。其中矩阵横向表示换流变压器电量保护配置的各类保护;纵向表示跳闸矩阵每一位的功能定义;实心圆圈表示该行对应保护的对应位的功能投入,空心圆圈表示该行对应保护的对应位的功能退出。如大差差动速断保护在运行时,投入"换流变压器跳闸"和"触发录波"功能。

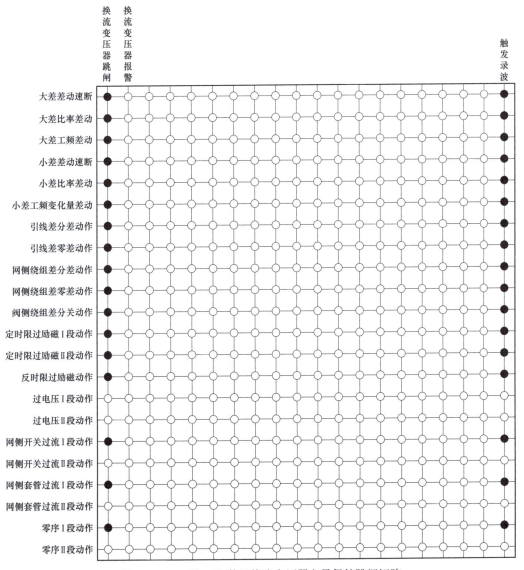

图 6-4 "三取二"装置换流变压器电量保护跳闸矩阵

(2) 以下以大差差动速断保护为例,说明跳闸矩阵检验过程。将换流变压器电量保护

B、C 套投检修,在换流变压器电量保护 A 套上模拟大差差动速断保护动作,此时检查"三取二"装置是否正确出口跳闸并触发录波。

(3) 退出"三取二"装置跳闸矩阵中大差差动速断保护的"换流变压器跳闸"功能,如图 6-5 所示。模拟大差差动速断保护动作,此时检查"三取二"装置是否只触发录波,但不出口跳闸。

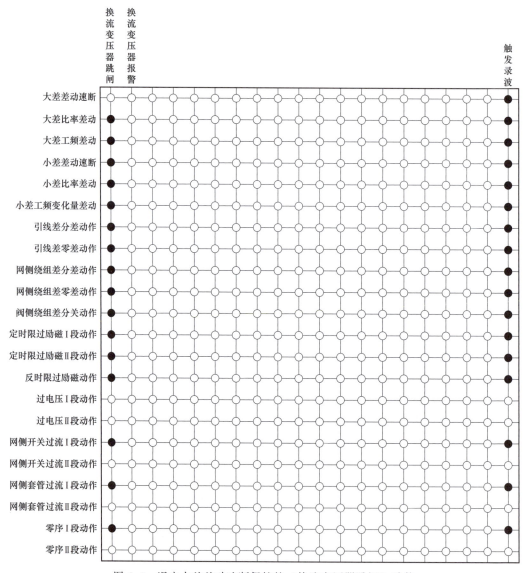

图 6-5 退出大差差动速断保护的"换流变压器跳闸"功能

(4) 投入"三取二"装置跳闸矩阵中大差差动速断保护的"换流变压器跳闸"功能,退出"三取二"装置跳闸矩阵中大差差动速断保护的"触发录波"功能,如图 6-6 所示。模拟大差差动速断保护动作,此时检查"三取二"装置是否只出口跳闸,但不触发录波。

(5) 重复(2)、(3)、(4)步,校验完跳闸矩阵中的所有保护。

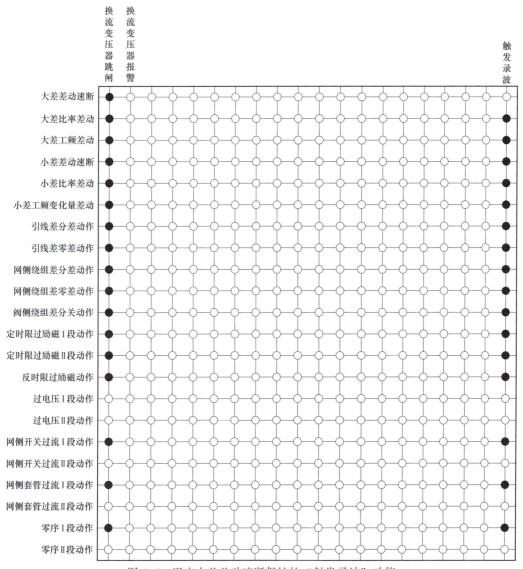

图 6-6　退出大差差动速断保护的"触发录波"功能

三、技术要求

跳闸矩阵中某一保护的对应功能投入后，该保护动作后，"三取二"装置应正确出口；跳闸矩阵中某一保护的对应功能退出后，该保护动作后，"三取二"装置不应出口。

四、试验结果

"三取二"装置换流变压器电量保护跳闸矩阵校验结果如表 6-5 所示。

表 6-5　　　　　　　　换流变压器电量保护跳闸矩阵校验结果

出口 保护	跳交流断路器	启动失灵	解除复压	闭锁换流阀	触发录波
大差差动速断	正确	正确	正确	正确	正确
大差比例差动	正确	正确	正确	正确	正确

续表

出口 保护	跳交流断路器	启动失灵	解除复压	闭锁换流阀	触发录波
大差工频变比量差动	正确	正确	正确	正确	正确
小差差动速断	正确	正确	正确	正确	正确
小差比例差动	正确	正确	正确	正确	正确
小差工频变化量差动	正确	正确	正确	正确	正确
引线差分差动	正确	正确	正确	正确	正确
引线差零差动	正确	正确	正确	正确	正确
网侧绕组差分差动	正确	正确	正确	正确	正确
网侧绕组差零差动	正确	正确	正确	正确	正确
阀侧绕组差分差动	正确	正确	正确	正确	正确
定时限过励磁Ⅰ段	正确	正确	正确	正确	正确
定时限过励磁Ⅱ段	正确	正确	正确	正确	正确
反时限过励磁	正确	正确	正确	正确	正确
网侧开关过流Ⅰ段	正确	正确	正确	正确	正确
网侧套管过流Ⅰ段	正确	正确	正确	正确	正确
零流Ⅰ段	正确	正确	正确	正确	正确

6.1.7 "三取二"装置的换流变压器非电量保护跳闸矩阵检验

一、测试内容

检查"三取二"装置的换流变压器非电量保护跳闸矩阵整定的正确性。

二、测试方法

(1) "三取二"装置的换流变压器非电量保护跳闸矩阵按照定值单整定，如图6-7所示。

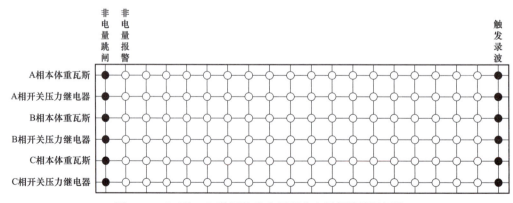

图6-7 "三取二"装置换流变压器非电量保护跳闸矩阵

(2) "三取二"装置的换流变压器非电量保护跳闸矩阵的校验过程、技术要求可参考6.1.6节，在此不再赘述。

三、试验结果

"三取二"装置换流变压器非电量保护跳闸矩阵校验结果如表 6-6 所示。

表 6-6　　　　　　　　换流变压器非电量保护跳闸矩阵校验结果

保护＼出口	跳交流断路器	闭锁换流阀	触发录波
A 相本体重瓦斯	正确	正确	正确
A 相开关压力继电器	正确	正确	正确
B 相本体重瓦斯	正确	正确	正确
B 相开关压力继电器	正确	正确	正确
C 相本体重瓦斯	正确	正确	正确
C 相开关压力继电器	正确	正确	正确

6.1.8　换流变压器保护整组传动试验

换流变压器保护整组传动试验的意义在于：①检查保护装置带开关的跳闸回路的正确性；②检查换流变压器保护装置与其他保护装置配合的二次回路，如起失灵和解复压回路的正确性；③检查换流变压器保护装置与直流控制保护系统的配合是否满足设计要求；④检查换流变压器保护的动作信号是否正确上送并显示；⑤检查换流变压器保护、"三取二"装置及直流控制装置的出口压板的唯一性与对应性。

电量保护整组传动试验结果如表 6-7 所示。

表 6-7　　　　　　　　换流变压器电量保护整组传动试验结果

故障类型	故障相别	故障报告	LED 信号	操作箱信号	开关动作情况	OWS 信号	闭锁换流阀	检查结果
单相故障	A	15ms A 大差比率差动作	跳闸	跳闸	开关三跳	正确	正确	正确
三相故障	ABC	12ms ABC 大差比率差动作	跳闸	跳闸	开关三跳	正确	正确	正确
条件	新安装检验以及首检时，在 80%U_N 条件下进行带开关整组传动试验							

非电量保护整组传动试验结果如表 6-8 所示。

表 6-8　　　　　　　　换流变压器非电量保护整组传动试验结果

故障类型	故障报告	LED 信号	操作箱信号	开关动作情况	OWS 信号	闭锁换流阀	检查结果
A 相重瓦斯	A 相重瓦斯跳闸	跳闸	跳闸	开关三跳	正确	正确	正确
B 相重瓦斯	B 相重瓦斯跳闸	跳闸	跳闸	开关三跳	正确	正确	正确
C 相重瓦斯	C 相重瓦斯跳闸	跳闸	跳闸	开关三跳	正确	正确	正确
A 相开关压力继电器	A 相开关压力继电器跳闸	跳闸	跳闸	开关三跳	正确	正确	正确
B 相开关压力继电器	B 相开关压力继电器跳闸	跳闸	跳闸	开关三跳	正确	正确	正确

续表

故障类型	故障报告	LED信号	操作箱信号	开关动作情况	OWS信号	闭锁换流阀	检查结果
C相开关压力继电器	C相开关压力继电器跳闸	跳闸	跳闸	开关三跳	正确	正确	正确
条件	新安装检验以及首检时,在80%U_N条件下进行带开关整组传动试验						

6.2 直流场保护分系统调试

6.2.1 概述

直流极保护分系统试验是直流保护系统与极控制系统、测量系统、一次设备、监控系统后台的联调试验,其目的是验证保护装置与其他设备接口功能正常,并检查其性能是否满足合同和有关标准、规范的要求。

6.2.2 直流场保护与"三取二"装置联调试验

直流保护与"三取二"装置联调回路图如图6-8所示,试验步骤如下:

(1)将第一套直流保护PPRA、第二套直流保护PPRB、第三套直流保护PPRC均切换至"运行"状态,分别模拟任意一套保护动作、任意两套相同保护动作、三套相同保护均动作、任意两套不同保护动作、任意两套相同保护动作,剩余一套不同保护动作,检查"三取二"装置是否正确动作。

(2)将第一套直流保护PPRA、第二套直流保护PPRB、第三套直流保护PPRC中仅两套装置切换至"运行"状态,模拟任意一套保护动作、两套相同保护动作,检查"三取二"装置是否正确动作。

(3)将第一套直流保护PPRA、第二套直流保护PPRB、第三套直流保护PPRC中仅一套装置切换至"运行"状态,模拟该保护动作,检查"三取二"装置是否正确动作。

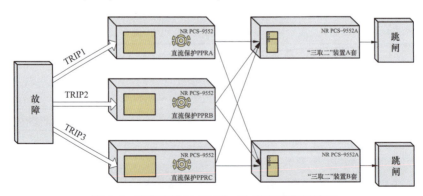

图6-8 直流保护与"三取二"装置联调回路图

直流保护"三取二"逻辑试验结果如表6-9所示。

表 6-9　　　　　　　　　直流保护"三取二"逻辑试验结果

序号		A 套保护动作	B 套保护动作	C 套保护动作	"三取二"装置动作情况
1	ABC 三套保护均运行	1	1	1	动作
2		1	1	0	动作
3		1	0	1	动作
4		0	1	1	动作
5		0	0	1	不动作
6		0	1	0	不动作
7		1	0	0	不动作
8		1	2	0	不动作
9		1	0	2	不动作
10		0	1	2	不动作
11		1	1	2	动作
12		1	2	1	动作
13		2	1	1	动作
14	仅 A 套保护退出运行	—	1	1	动作
15		—	0	1	动作
16		—	1	0	动作
17	仅 B 套保护退出运行	1	—	1	动作
18		0	—	1	动作
19		1	—	0	动作
20	仅 C 套保护退出运行	1	1	—	动作
21		1	0	—	动作
22		0	1	—	动作
23	AB 套保护退出运行	—	—	1	动作
24	BC 套保护退出运行	1	—	—	动作
25	CA 套保护退出运行	—	1	—	动作
26	备注	1 代表保护在运行且保护动作；0 代表保护在运行但没有动作；2 代表保护在运行且不同保护动作；—代表保护处于试验位置			

6.2.3　直流保护与极控制系统"三取二"逻辑联调试验

直流保护与极控制系统装置进行"三取二"功能联调试验的步骤与结果可参考 6.2.2 节，在此不再赘述。

6.2.4　端对端线路通道联调

一、通道采样

通道采样包括极线直流电流及金属回线直流电流采样，在站间通信正常的情况下，使用数字继电保护测试仪分别在对站每一套直流保护主机加入极线直流电流和金属回线直流电流,在本站完成对应通道电流的采样,与此类似完成对站通道电流的采样。

二、直流线路纵差和金属回线纵差保护

完成通道电流采样后,根据 TA 极性指向,在两站对应直流保护主机加入不同大小的直流电流,完成差动电流、制动电流及比率制动特性的校验。

三、联跳对站功能测试

本站直流保护、极控制系统、对站极系统处于正常运行状态,站间通信正常,在本站直流保护模拟任意一个保护动作,监视本站"三取二"装置出口跳闸情况及对站极控制系统出口跳闸情况,与此类似完成对站联跳本站功能测试。

四、通道延时测试

如图 6-9 所示为测试原理接线图,具体试验步骤如下:

(1) 将两站直流保护 PPRA 置于运行状态,直流保护 PPRC 置于试验态,两站极控制系统 A 置于运行状态。

(2) 选取本站任意一个保护如直流过电压保护,将动作时间改为 0s,连接好试验光纤,同时用测试仪监视极控制系统 A 套非电量出口。

(3) 在对站将极控制系统 A 套非电量出口作为直流保护 PPRA 的 SF_6 压力低开入。

(4) 将两站电量及非电量保护出口压板投入,对应保护的控制字及跳闸矩阵投入。

(5) 使用状态序列功能,设置两个状态,第一态为正常态,第二态为故障态,使用开入量触发方式结束试验。

(6) 开始试验,完成通道延时测试。

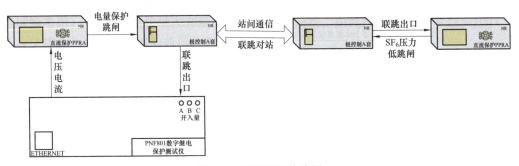

图 6-9 测试原理接线图

6.2.5 "三取二"装置的直流保护跳闸矩阵检验

"三取二"装置直流保护跳闸矩阵整定的正确性直接关系电网的安全稳定运行,因此检验跳闸矩阵的正确性就显得尤为重要。

"三取二"装置跳闸矩阵需分别在启动板和保护板中整定,根据直流保护跳闸矩阵定值单两块板件定值相同。如图 6-10 中矩阵横向表示直流保护配置的各类保护;纵向表示跳闸矩阵每一位的功能定义;实心圆圈表示该行对应保护的对应位的功能投入,空心圆圈表示该行对应保护的对应位的功能退出。如交流低电压保护在运行时,投入"分换流变开关并启动失灵"功能。

下面以交流低电压保护为例,说明跳闸矩阵检验过程。

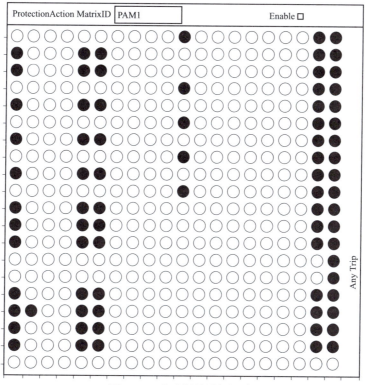

图 6-10 直流保护跳闸矩阵

(1) 将直流保护 B、C 套置于试验状态，在直流保护 A 套上模拟交流低电压保护动作，此时检查"三取二"装置是否正确出口跳闸。

(2) 退出"三取二"装置启动板跳闸矩阵中交流低电压保护的"分换流变开关并启动失灵"功能。模拟交流低电压保护动作，此时检查"三取二"装置是否不出口跳闸。

(3) 投入"三取二"装置启动板跳闸矩阵中交流低电压保护的"分换流变开关并启动失灵"功能，退出保护板跳闸矩阵中交流低电压保护的"分换流变开关并启动失灵"功能。模拟交流低电压保护动作，此时检查"三取二"装置是否不出口跳闸。

(4) 退出"三取二"装置启动板跳闸矩阵中交流低电压保护的"分换流变开关并启动失灵"功能。模拟交流低电压保护动作，此时检查"三取二"装置是否不出口跳闸。

(5) 重复 (2)、(3)、(4) 步，校验其余所有保护的跳闸矩阵。

跳闸矩阵检验技术要求为：跳闸矩阵中某一保护的对应功能投入后，该保护动作后，"三取二"装置应正确出口；跳闸矩阵中某一保护的对应功能退出后，该保护动作后，"三取二"装置不应出口。

"三取二"装置直流保护跳闸矩阵校验结果如表 6-10 所示。

表 6-10　　　　　　　　"三取二"装置直流保护跳闸矩阵校验结果

保护 \ 出口	跳换流变压器开关并启动失灵	启动母差失灵	解除母差失灵复压闭锁
交流过电压保护	正确	正确	正确
交流低电压保护	正确	正确	正确

续表

保护	出口	跳换流变压器开关并启动失灵	启动母差失灵	解除母差失灵复压闭锁
交流连接线过电流保护	Ⅰ	正确	正确	正确
	Ⅱ	正确	正确	正确
	Ⅲ	正确	正确	正确
交流连接线差动保护		正确	正确	正确
交流阀侧零序过电压保护		正确	正确	正确
桥臂电抗差动保护		正确	正确	正确
阀差动保护		正确	正确	正确
换流器过电流保护	Ⅰ	正确	正确	正确
	Ⅱ	正确	正确	正确
	Ⅲ	正确	正确	正确
上桥臂过电流保护	Ⅰ	正确	正确	正确
	Ⅱ	正确	正确	正确
	Ⅲ	正确	正确	正确
下桥臂过电流保护	Ⅰ	正确	正确	正确
	Ⅱ	正确	正确	正确
	Ⅲ	正确	正确	正确
换流器差动保护		正确	正确	正确
极母线差动保护	Ⅰ	正确	正确	正确
	Ⅱ	正确	正确	正确
中性母线差动保护	Ⅰ	正确	正确	正确
	Ⅱ	正确	正确	正确
直流欠压过电流保护		正确	正确	正确
极差动保护	Ⅰ	正确	正确	正确
	Ⅱ	正确	正确	正确
直流低电压保护	Ⅰ	正确	正确	正确
	Ⅱ	正确	正确	正确
直流过电压保护	Ⅰ	正确	正确	正确
	Ⅱ	正确	正确	正确
接地极线开路保护	Ⅰ	正确	正确	正确
	Ⅱ	正确	正确	正确
	Ⅲ	正确	正确	正确
双极中性母线差动保护		正确	正确	正确
站接地过电流保护		正确	正确	正确
直流线路纵差保护		正确	正确	正确
金属回线纵差保护		正确	正确	正确

6.2.6 极控制系统中直流保护跳闸矩阵检验

极控制系统中直流保护跳闸矩阵检验方法可参照 6.2.5 节"三取二"装置直流保护跳闸矩阵检验方法,在此不再赘述。

6.2.7 直流保护整组传动试验

整组传动试验是保护系统静态调试完成到正式运行前的最后一道关,是继电保护系统的整组传动,包括直流系统,开入和开出部分,不同保护配合部分,结合自动化系统及故障录波器的整组传动。

整组传动试验其试验目的是使一次设备、二次回路和保护装置处于真实运行工况下,模拟各种类型的故障下,保护装置动作于断路器、闭锁换流阀、控制系统切换,检验保护装置、二次回路以及保护间的配合情况,保护动作信号的上送情况、保护压板唯一性情况等。

直流保护整组传动试验结果如表 6-11 所示。

表 6-11   直流保护整组传动试验结果

故障类型	故障相别	故障报告	操作箱信号	开关动作情况	综自信号	检查结果
交流过电压保护	A	交流保护/交流网侧过电压切换;交流保护/交流网侧过电压跳闸	跳闸	开关三跳	正确	正确
交流过电压保护	ABC	交流保护/交流网侧过电压切换;交流保护/交流网侧过电压跳闸	跳闸	开关三跳	正确	正确
极母线差动保护Ⅰ段	极线	极/极母线差动保护Ⅰ段跳闸	跳闸	开关三跳	正确	正确
中性母线差动保护Ⅰ段	中性母线	极/中性母线差动保护Ⅰ段跳闸	跳闸	开关三跳	正确	正确
极1上桥臂A相穿墙套管 SF_6 压力降低	极1上桥臂A相穿墙套管	极1上桥臂A相穿墙套管 SF_6 压力降低出现	跳闸	开关三跳	正确	正确
中性母线开关保护	中性母线	极/中性母线开关保护 重合NBS	—	NBS合闸	正确	正确
条件		新安装检验以及首检时,在 $80\%U_N$ 条件下进行带开关整组传动试验				

6.3 极控分系统调试

柔性直流输电工程中的极控系统一般按照站极配置,即一个换流站中的每一个极单独配置一套极控系统。极控分系统调试的目的是验证极控系统与相关设备间的接口功能正常,并检查其性能是否满足合同和有关标准、规范的要求。

极控制系统(PCP)的接口主要包含 9 个部分:网络通信接口、与保护的接口、与阀控系统接口、与测量系统接口、与交流一次设备的接口、与阀冷系统的接口、与故障录波的接口、与对极极控制系统的接口、与对站极控制系统的接口,如图 6-11 所示。下面对几个重要接口阐述其调试项目。

6.3.1 网络通信检查

根据第 4 章介绍的控制保护系统构架,对整个极控系统的局域网及现场总线的通信联络进行全面的检查,以保证极控系统的通信正常,为后续的分系统调试打下基础。

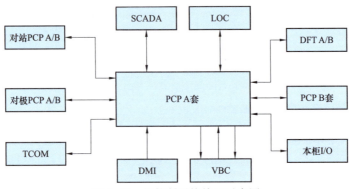

图 6-11 极控制系统接口示意图

6.3.2 与保护接口

以厦门柔性直流输电工程为例,直流极控系统接收各套保护分类动作信息,从内容上一般包含换流变压器保护及直流保护,通过内部的"三取二"保护逻辑出口,实现闭锁、跳交流开关等功能,如图 6-12 所示。

调试的重点在于结合直流极控系统的跳闸矩阵验证内部"三取二"逻辑的正确出口,整个试验框图如图 6-13 所示。

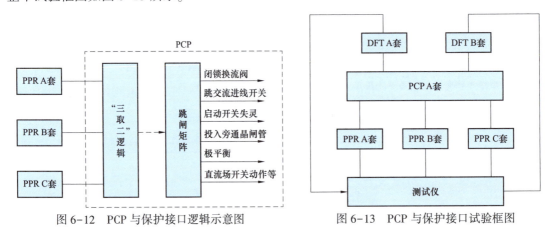

图 6-12 PCP 与保护接口逻辑示意图　　　图 6-13 PCP 与保护接口试验框图

由于直流极控系统中的"三取二"逻辑按保护类型实现,因而试验中必须按照不同的保护类型分别模拟,并检查相应的逻辑出口是否正确。

6.3.3 与阀控系统接口

极控系统采用光纤通信接口板以及光纤与阀控系统(以下简称 VBC)中控机箱连接,采用直连方式,连接示意图如图 6-14 所示。

以柔性直流输电工程为例,一般极控系统与阀控系统的接口包含以下三个方面的通信协议:①PCP 发送给 VBC 的通信协议,包含控制命令及各桥臂输出电压参考值;②VBC 发送给 PCP 的通信协议,包含电流单元的状态、申请和各桥臂总电压等;③PCP 系统发送给 VBC 的表征其是否值班运行的信号,VBC 根据 PCP 的信号决定主机/从机。

协议 1 及协议 2 中的信号一般通过软件置数的方式实现，建议试验协议 1 前先清除原有的置数操作。

协议 3 中值班信号模拟时，VBC 应根据值班信号跟随 PCP 所处状态，应实际检查 VBC 的状态指示，并重点检查值班信号切换过程中无其他异常信号产生。

6.3.4 与测量系统接口

鉴于现场工程试验实际，一般选择结合互感器及合并单元一次通流加压试验进行整个测量系统接口的验证。以工程实际应用中的协议为基础，应针对不同采样频率下的采样通道分别进行采样检查，如图 6-15 所示，尤其关注对控制性能有要求采用较高采样频率的通道不应由低采样频率的输出口发出。

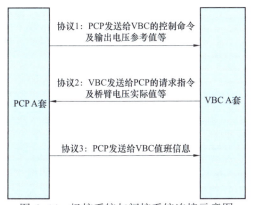

图 6-14 极控系统与阀控系统连接示意图

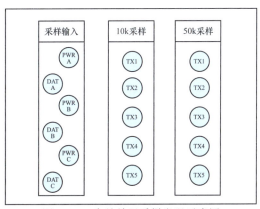

图 6-15 合并单元采样发送示意图

6.3.5 与交流一次设备的接口

一般直流极控屏采用本屏柜内配置的 I/O 机箱来跳开换流变压器开关，以及接入紧急停运等开入信号、母差失灵启动信号，一般可结合保护接口试验一并检查。

6.3.6 与阀冷系统的接口

阀冷 AB 系统与控制保护系统 DFT 屏柜接口，接口信号包括开关量，模拟量和通信连接，这些信号均通过交叉冗余方式连接，如图 6-16 所示，针对不同的回路应一一验证，以确保所有回路的正确性。

阀冷控制系统送控制保护系统的跳闸及重要报警信号采用硬接线方式（空接点）接入，包括上行及下行信号，如表 6-12 和表 6-13 所示。

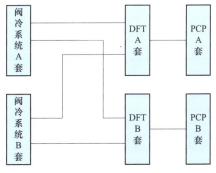

图 6-16 极控系统与阀冷系统冗余连接示意图

表 6-12　　　　　　阀冷控制系统上送控制保护系统的上行信号

序号	发送侧	接收侧	信号	功能
1	阀冷控制系统	控制保护系统	阀冷系统预警	水冷系统一般警报

续表

序号	发送侧	接收侧	信号	功能
2	阀冷控制系统	控制保护系统	跳闸	水冷系统严重警报，上位机接收到此信号应立即停运直流系统
3	阀冷控制系统	控制保护系统	请求停运阀冷	上位机接收到此信号，在确认直流系统已经停运后，延时10s停运阀冷系统
4	阀冷控制系统	控制保护系统	阀冷系统运行	水冷系统正在运行
5	阀冷控制系统	控制保护系统	功率回降	当水冷系统出阀温度高和进出阀温差超过定值时发出
6	阀冷控制系统	控制保护系统	阀冷系统准备就绪	上行指令，上位机接收到此信号方可投运直流系统，否则不可投运
7	阀冷控制系统	控制保护系统	阀冷系统失去冗余	动合触点；当外冷风机失去冗余冷却量时，接点接通
8	阀冷控制系统	控制保护系统	阀冷系统Active信号	水冷控制系统正常

表6-13　　　　　　阀冷控制系统接收控制保护系统的下行信号

序号	发送侧	接收侧	信号
1	控制保护系统	阀冷控制系统	远程启动水冷系统
2	控制保护系统	阀冷控制系统	远程停止水冷系统
3	控制保护系统	阀冷控制系统	换流阀Block闭锁
4	控制保护系统	阀冷控制系统	换流阀Deblock解锁
5	控制保护系统	阀冷控制系统	阀控制保护系统Active信号
6	控制保护系统	阀冷控制系统	远程切换主循环泵

重要模拟量信号由阀冷控制系统提供以4~20mA模拟量信号给控制保护系统，如表6-14所示。此外，阀冷系统还往控制保护系统上送在线参数、设备状态及阀冷系统报警信息等软报文信号。

表6-14　　　　　　阀冷控制系统上送控制保护系统的模拟量信号

序号	发送侧	接收侧	信号
1	阀冷控制系统	控制保护系统	冷却水进阀温度
2	阀冷控制系统	控制保护系统	冷却水出阀温度
3	阀冷控制系统	控制保护系统	阀厅温度
4	阀冷控制系统	控制保护系统	室外环境温度
5	阀冷控制系统	控制保护系统	冷却水流量

6.3.7　与故障录波的接口

故障录波装置与直流控制保护装置进行通信，采用60044-8协议通信。PCP装置输出10K数据，遵循IEC 60044-8协议所定义的点对点串行FT3通用数据接口标准。包含PCP运行状态、PCP控制指令、阀控跳闸请求、阀控系统状态等。

6.3.8　与对极极控制系统的接口

极控制系统与对极极控制系统的接口如图6-17所示。

6.3.9　与对站极控制系统的接口

极控制系统与对站极控制系统的接口如图6-18所示。

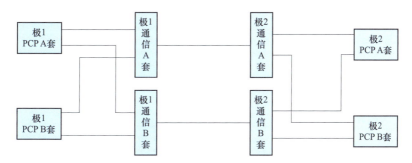

图 6-17　极控制系统与对极极控制系统接口示意图

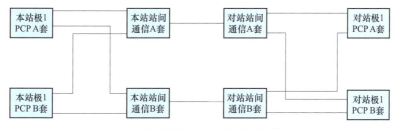

图 6-18　极控制系统与对站极控制系统接口示意图

6.3.10　火灾探测系统分系统试验

火灾探测系统分系统试验是换流站火灾探测系统与控制保护系统的联调试验，其目的是验证火灾探测系统与二次系统的接口功能正常，并检查其性能是否满足合同和有关标准、规范的要求。

以厦门柔性直流输电工程为例，换流站阀厅内所有极早期传感器、阀厅内所有紫外探头、进风口极早期传感器跳闸的输出信号应接入控制保护系统。换流站阀厅火灾跳闸逻辑如图 6-19 所示。满足以下功能要求：

（1）阀厅内所有极早期烟雾探测传感器有一个检测到烟雾报警，且同时阀厅内所有紫外探头中有一个检测到弧光，当上述两个条件同时满足时允许跳闸。

（2）若进风口处极早期传感器监测到烟雾时，闭锁极早期系统的跳闸出口回路（避免因阀厅外环境因素引起火灾报警系统误动），在进风口处极早期传感器监测到烟雾的情况下，若有两个及两个以上紫外探头同时发出报警，仍允许跳闸出口。

换流站阀厅火灾跳闸出口逻辑是：阀厅火灾跳闸信号接入 A、B 两套直流控制系统，火灾跳闸信号动作后经直流控制系统切换后跳闸。

6.3.11　阀厅门禁的调试内容

阀厅门锁配置如图 6-20 所示，其联锁逻辑如下：

（1）正常运行。正常运行时，应把阀厅大门 Y3、Y4 的门锁锁上，拔出钥匙插入门联锁控制箱中，并向右旋转切到锁定位置，最后拔出 KS20 解锁钥匙。

（2）开门逻辑。开门前应先合上阀厅内 QS31、QS32、QS4 三把接地开关，然后在门联锁控制箱中插入 KS20 解锁并向右旋转至解锁位置，按下解锁按钮同时旋转阀厅大门 Y3、Y4 的钥匙即可拔出。

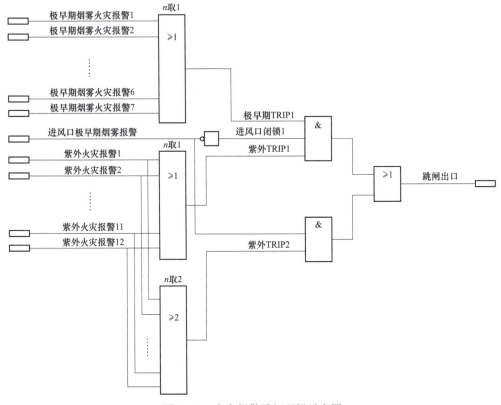

图 6-19 火灾报警跳闸逻辑示意图

图 6-20 阀厅大门门锁配置图

调试结果如表 6-15 所示。

表 6-15　　　　　　　　　　阀厅门禁联锁逻辑调试

序号	保护柜	项目	检查结果
1	极Ⅰ PCPA	正常运行：阀厅大门 Y3、Y4 的门锁锁上，钥匙插入门联锁控制箱中，并向右旋转切到锁定位置，拔出 KS20 解锁钥匙。此时 RFE 条件中阀厅大门关闭状态为 OK	正确
		开门逻辑：QS31、QS32、QS4 三把接地开关均处于合闸位置，阀厅大门 Y3、Y4 的钥匙方可拔出	正确

6.3.12　LOC 功能介绍及调试

就地控制系统可作为远方调度中心和运行人员工作站两项失去时的后备控制，直流控制系统专门配置了就地控制屏 LOC，用于实现直流控制相关的就地操作。该屏内配置了就地工控机和显示器等，工控机上配备就地操作界面和事件服务器等。包括直流极控系统在内的各直流控制系统均连接到就地 LAN 网络上；运行人员在就地工控机上操作，通过就地 LAN 与直流极控系统进行交互，实现本系统的就地控制。

调试项目除了应对 LOC 中直流控制相关的就地操作外，在系统调试时，应检查就地控制试验，在 LOC 中操作系统带功率试验，记录直流功率，直流电压 U_{DL}、U_{DN}，直流电流 I_{DP}、I_{DN}，中性点接地电流 I_{DGND}，交流系统电压 U_s，换流变压器阀侧电压 U_v，换流变压器阀侧电流 I_v，交流网侧无功功率，交流阀侧无功功率，Deblock 信号，要求系统应能按照设定的速率升高或降低功率至目标值。

6.3.13 交流场测控 ACC 功能介绍及调试

交流场控制功能由冗余配置的 ACC 屏柜实现，在交流场控制上主要实现：
（1）所有交流断路器、隔离开关的监视和控制联锁。
（2）交流电流、电压的测量。
（3）与保护、故障录波器等的接口。
（4）与交流场设备（包括断路器、隔离开关、测量设备）的接口。
整个调试过程与常规测控调试类似，在此不再赘述。

6.4 阀控分系统调试

6.4.1 阀控分系统简介

阀基控制分系统（valve basic controller，简称 VBC 分系统或阀控分系统）是柔性直流输电控制系统的中间环节，阀控分系统在功能上联系着极控制保护设备 PCP 和换流阀一次设备。以厦门柔性直流输电科技示范工程为例，阀控分系统的主要功能包括以下几点。

一、调制

将极控制保护设备 PCP 下发的桥臂电压参考值结合子模块实际电容电压值计算出各个桥臂应投入的子模块数量。

二、桥臂环流抑制

引入电流平衡算法，通过对桥臂电压进行修正而抑制上下桥臂、相间的环流。

三、子模块电容均压

根据各个桥臂投入电平数目，确定上下桥臂各自应该投入的子模块。对采集回的子模块状态进行分类汇总，确定旁路的子模块和可投入运行的子模块。根据电容电压的大小，对可进行投入或切出的子模块进行排序，根据实际桥臂电流方向，决定哪些子模块需要投入，哪些子模块需要切出，确保每个子模块电容电压维持在一个合理的范围。

四、阀保护功能

包括子模块保护和换流阀保护功能。子模块保护根据子模块回报的状态信息，进行故障判断，根据故障等级进行相应的处理，决定是否旁路该子模块。子模块保护功能如表 6-16 所示。

表 6-16　　　　　　　　　　　　子模块保护功能

序号	故障类型	保护动作行为
1	SM 和 VBC 通信故障	旁路此子模块
2	SM 判断过压	旁路此子模块
3	IGBT 驱动故障	旁路此子模块
4	IGBT 过流故障	旁路此子模块
5	取能电源故障	旁路此子模块
备注	(1) SM：sub modular，表示子模块； (2) VBC：valve basic controller，表示阀基控制分系统	

换流阀保护根据换流阀的整体电气特性，判断换流阀是否出现故障，做出跳闸或者闭锁换流阀的动作行为。换流阀保护功能如表 6-17 所示。

表 6-17　　　　　　　　　　　　换流阀保护功能

序号	故障类型	保护动作行为
1	桥臂 SM 旁路数过多	请求闭锁并跳交流开关
2	子模块整体过压	请求闭锁并跳交流开关
3	桥臂过流	请求闭锁并跳交流开关

五、阀监视功能

对换流阀和子模块的状态进行监视，如果有故障或者异常情况，以事件的形式告警并上报监控后台。

六、自监视功能

阀控分系统各单元内部互相监视，完成系统内部故障检测，发现故障或异常情况进行切换系统或者跳闸。

阀控分系统主要由桥臂电流控制单元、桥臂汇总控制单元、桥臂分段控制单元、换流阀监视单元构成。阀控分系统的结构框图如图 6-21 所示。

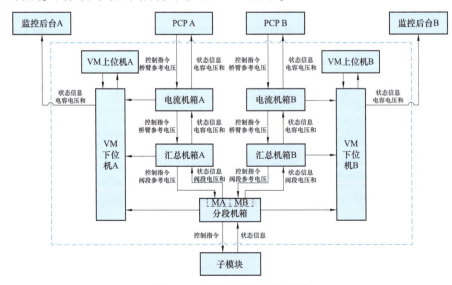

图 6-21　阀控分系统结构框图

厦门柔性直流工程采用双端真双极接线方式,故共有四个极。阀控分系统采用双冗余配置,每个极单端的阀基控制设备包括两套电流控制单元;两套桥臂汇总控制机箱,每套桥臂控制机箱包含三相的桥臂汇总控制机箱,每个桥臂汇总控制机箱包含两个桥臂汇总控制单元;两套 VM 单元。另外,还包含 24 个桥臂分段控制单元,每个极阀控分系统的具体配置如表 6-18 所示。

表 6-18　　　　　　　　　　每个极阀控分系统的具体配置

单元名称	屏柜名称	装置名称
桥臂电流控制单元	阀基电流控制屏柜 A	电流控制机箱 A
	阀基电流控制屏柜 B	电流控制机箱 B
桥臂汇总控制单元	阀基桥臂汇总控制屏柜 A	A 相桥臂汇总控制机箱 A
		B 相桥臂汇总控制机箱 A
		C 相桥臂汇总控制机箱 A
	阀基桥臂汇总控制屏柜 B	A 相桥臂汇总控制机箱 B
		B 相桥臂汇总控制机箱 B
		C 相桥臂汇总控制机箱 B
桥臂分段控制单元	阀基 A 相分段控制屏柜 1	A 相上桥臂分段控制机箱 1
		A 相上桥臂分段控制机箱 2
	阀基 A 相分段控制屏柜 2	A 相上桥臂分段控制机箱 3
		A 相上桥臂分段控制机箱 4
	阀基 A 相分段控制屏柜 3	A 相下桥臂分段控制机箱 1
		A 相下桥臂分段控制机箱 2
	阀基 A 相分段控制屏柜 4	A 相下桥臂分段控制机箱 3
		A 相下桥臂分段控制机箱 4
	阀基 B 相分段控制屏柜 1	B 相上桥臂分段控制机箱 1
		B 相上桥臂分段控制机箱 2
	阀基 B 相分段控制屏柜 2	B 相上桥臂分段控制机箱 3
		B 相上桥臂分段控制机箱 4
	阀基 B 相分段控制屏柜 3	B 相下桥臂分段控制机箱 1
		B 相下桥臂分段控制机箱 2
	阀基 B 相分段控制屏柜 4	B 相下桥臂分段控制机箱 3
		B 相下桥臂分段控制机箱 4
	阀基 C 相分段控制屏柜 1	C 相上桥臂分段控制机箱 1
		C 相上桥臂分段控制机箱 2
	阀基 C 相分段控制屏柜 2	C 相上桥臂分段控制机箱 3
		C 相上桥臂分段控制机箱 4
	阀基 C 相分段控制屏柜 3	C 相下桥臂分段控制机箱 1
		C 相下桥臂分段控制机箱 2
	阀基 C 相分段控制屏柜 4	C 相下桥臂分段控制机箱 3
		C 相下桥臂分段控制机箱 4

续表

单元名称	屏柜名称	装置名称
阀基监视单元	阀基监视设备柜 A	A 相分段机箱监视 A
		B 相分段机箱监视 A
		C 相分段机箱监视 A
		A、B、C 三相汇总机箱和电流机箱监视 A
	阀基监视设备柜 B	A 相分段机箱监视 B
		B 相分段机箱监视 B
		C 相分段机箱监视 B
		A、B、C 三相汇总机箱和电流机箱监视 B
	阀基监视主机柜	阀基监视主机 A
		阀基监视主机 B

七、桥臂电流控制单元的主要功能

(1) 调制功能。根据 PCP 下发的各个桥臂的参考电压计算出各个桥臂应投入的子模块数量。

(2) 桥臂环流抑制功能。根据各个桥臂的实时电流值计算出电流平衡控制量，并将其加入到桥臂参考电压中。

(3) 桥臂过流保护。实时接收电流合并单元的桥臂电流值，根据保护定值完成对换流阀的过流保护，包括电流越上限保护和电流变化率越上限保护。

(4) 完成和 PCP 的信息交互。阀控分系统和 PCP 之间交互信息包括模拟量和开关量。模拟量主要包括 PCP 下发的桥臂参考电压和阀控上送的子模块电容电压和。开关量主要包括 PCP 下发的主从值班信号、换流阀解闭锁信号、使能信号 Dback_en、旁路晶闸管投入 Thy_on 信号等，阀控上送的请求跳闸、请求切换系统、告警、阀控系统正常、子模块正常等信号。

(5) 完成和汇总控制单元的信息交互。将 PCP 下发的控制命令转发给桥臂汇总控制单元，并且接收桥臂汇总控制单元上送的状态信息和子模块电容电压值。

(6) 故障监视功能。实时监视其下级设备工作情况，如果出现异常，则向 PCP 申请系统切换或跳闸。

以阀基控制 A 系统为例，桥臂电流控制单元的接线图如图 6-22 所示。

八、桥臂汇总控制单元功能

(1) 通信纽带功能。作为电流控制单元和桥臂分段控制单元通信的中间环节，实现信息的相互传递。

(2) 接收电流控制单元下发的各个桥臂子模块投入个数，并根据各个桥臂子模块的实际电压值，决定每个分段应投入的子模块数并且分组下发给每个分段控制单元。

(3) 接收电流控制单元下发的控制信息并且转发给各个分段控制单元。

(4) 接收各个桥臂分段控制单元上送的子模块电容电压信息，并对各个桥臂子模块电容电压进行排序工作。

(5) 监视六个桥臂分段控制单元的状态，向电流控制单元上送自身状态和桥臂分段控制

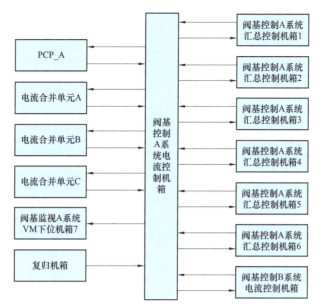

图 6-22　桥臂电流控制单元的接线图

单元状态。

如图 6-23 所示给出了以阀基控制 A 系统汇总控制机箱 1 为例的接线图。

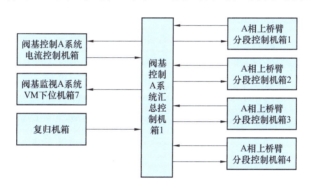

图 6-23　阀基控制 A 系统汇总控制机箱 1 接线图

九、桥臂分段控制单元的主要功能

（1）接收子模块上传的电容电压值和状态信息，并且转发给桥臂汇总控制单元。

（2）根据桥臂汇总控制单元下发的子模块投入个数对子模块进行投切控制。

（3）子模块保护功能。根据子模块上送的状态信息进行故障判断，进行相应的处理。

（4）监视功能。对子模块及自身的故障进行监视和处理。

如图 6-24 所示给出了以 A 相上桥臂分段控制机箱 1 为例的接线图。

十、故障自检功能

故障自检功能是指阀控分系统对自身的各种故障可以自行检查并做出相应的处理。故障情况会在阀基监视上位机集中显示并通过阀基监视系统上送后台显示。故障自检功能包括：PCP 与阀控系统通信故障、阀控系统各单元间的通信故障、电流合并单元和阀控系统的通信故障、阀控系统各机箱的电源故障等。故障等级分为告警（Warning）、切换（Change）

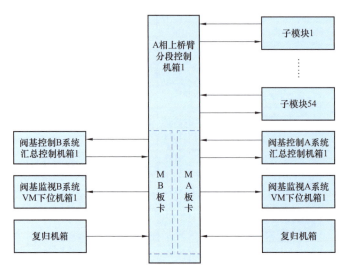

图 6-24　A 相上桥臂分段控制机箱 1 接线图

和跳闸（Trip）。对于不影响系统运行的故障，只通过阀监视系统上报 Warning 信息；对于能够影响阀运行的故障，阀控系统通过上报 Change 和 Trip 信号来请求系统切换和跳闸，PCP 根据故障信号进行相应处理。

十一、换流阀监视单元的功能

换流阀监视单元主要完成对阀控系统的信息监视、显示并将有关信号上送到监控后台。以厦门柔性直流工程为例，每个换流站的每一极均配置换流阀监视单元，且均为 A、B 套冗余配置。换流阀监视单元实时接收桥臂电流控制单元、桥臂汇总控制单元、桥臂分段控制单元的信息，根据变位情况产生对应的 SOE 事件。产生的 SOE 事件通过监视单元下位机传递，经解析后实时显示于上位机并且传递到监控后台显示。每一极换流阀监视单元的结构如图 6-25 所示。

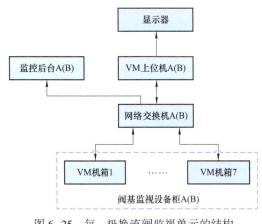

图 6-25　每一极换流阀监视单元的结构

（1）下位机功能。下位机机箱，即 VM 机箱，主要分两种：一种与分段机箱相连，阀基监视 A、B 系统各配三个；另一种与汇总机箱和电流机箱相连，阀基监视 A、B 系统各配一个。下位机主要接收分段机箱、汇总机箱、电流机箱传递的各种状态量和模拟量，完成 SOE 信息生成和数据解码，并将 SOE 信息及模拟量上传阀基监视上位机，同时按照和监控后台的点表要求将信息上送监控后台，点表信息如表 6-19 所示。

表 6-19　　　　　　　　　阀基监视系统和监控后台的点表信息

信号类型	信号命名	含义	备注
遥信量	Thy_on	PCP 全局晶闸管触发命令	1：有效 0：无效

续表

信号类型	信号命名	含义	备注
遥信量	Dback_en	PCP 充电标识	1：有效 0：无效
	Lock	PCP 解锁闭锁指令	1：闭锁 0：解锁
	Vh	换流阀整体过压标志	1：整体过压 0：非整体过压
	Lock_T	VBC 自主闭锁命令	1：有效 0：无效
	Block [0]	区间信号 1	2 个信号组合使用： 00：Dback_en = 0 10：Dback_en = 1 后 0~16s 01：Dback_en = 1 后 16~40s 11：Dback_en = 1 后 40s 以后
	Block [1]	区间信号 2	
	Active	值班	1：值班有效 0：值班无效
	SM_OK	VBC 允许解锁	1：有效 0：无效
	Change	VBC 请求切换系统	1：有效 0：无效
	Trips	VBC 请求跳闸	1：有效 0：无效
	Warning	VBC 轻微故障	1：有效 0：无效
	VBC_OK	VBC 允许充电	1：有效 0：无效
遥测量	A 上桥臂参考电压	PCP 下发下来的 A 上桥臂参考电压	1：10V
	A 下桥臂参考电压	PCP 下发下来的 A 下桥臂参考电压	1：10V
	B 上桥臂参考电压	PCP 下发下来的 B 上桥臂参考电压	1：10V
	B 下桥臂参考电压	PCP 下发下来的 B 下桥臂参考电压	1：10V
	C 上桥臂参考电压	PCP 下发下来的 C 上桥臂参考电压	1：10V
	C 下桥臂参考电压	PCP 下发下来的 C 下桥臂参考电压	1：10V
	A 上桥臂 SM 电压和	VBC 向 PCP 上传的 A 上桥臂电容电压和	1：10V
	A 下桥臂 SM 电压和	VBC 向 PCP 上传的 A 下桥臂电容电压和	1：10V
	B 上桥臂 SM 电压和	VBC 向 PCP 上传的 B 上桥臂电容电压和	1：10V
	B 下桥臂 SM 电压和	VBC 向 PCP 上传的 B 下桥臂电容电压和	1：10V
	C 上桥臂 SM 电压和	VBC 向 PCP 上传的 C 上桥臂电容电压和	1：10V
	C 下桥臂 SM 电压和	VBC 向 PCP 上传的 C 下桥臂电容电压和	1：10V

如图 6-26 所示为阀基监视 A 系统中下位机机箱 1（与 A 相桥臂分段机箱相连）的接线图，图 6-27 所示为阀基监视 A 系统中下位机机箱 4（与汇总机箱和电流机箱相连）的接线图。

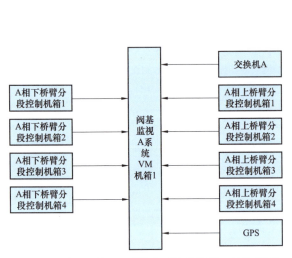
图 6-26 阀基监视 A 系统中下位机机箱 1 的接线图

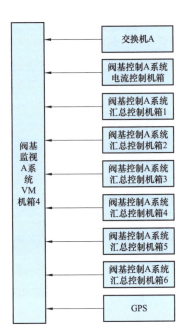
图 6-27 阀基监视 A 系统中下位机机箱 4 的接线图

(2) 上位机功能。上位机主要用于显示子模块和阀控系统各个机箱的状态以及上传的全部模拟量，阀基监视 A、B 系统为分别显示，需要经过快捷键切换。主要包括换流阀监测、VBC 监测、SM 状态监测、实时事件显示、历史事件查询和录波显示功能，其界面如图 6-28 所示。

图 6-28 上位机显示功能

1)换流阀监视。换流阀监视界面如图 6-29 所示。主界面显示包括该极六个桥臂的汇总信息:每个桥臂的电流值、应投入电平数、参考电压、子模块旁路数、子模块电容电压和、子模块最大电压值最小电压值及其编号。在换流阀监视主界面上设置手动启动录波选项和桥臂分段级电压信息。在"桥臂分段级电压信息"中可以显示各个桥臂各个分段的上述信息以及各个子模块的电容电压值,如图 6-29 和图 6-30 所示。

图 6-29　各个桥臂各个分段的信息显示

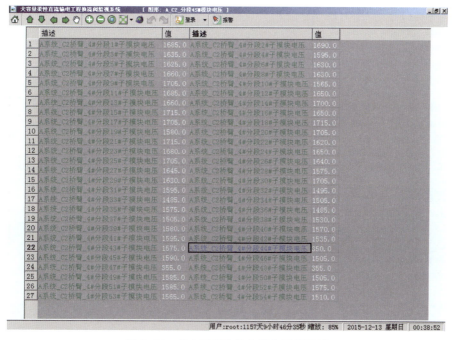

图 6-30　各个子模块的电容电压值显示

2)VBC 监测。VBC 监测功能主要显示阀控系统中每个机箱的状态信息,如图 6-31 所示。包括电流机箱、汇总机箱和分段机箱。双击每个机箱的图标,可以查看该机箱的具体信息,如图 6-32 所示。

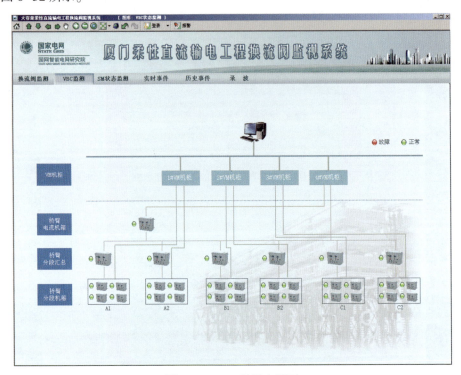

图 6-31　VBC 监视主界面

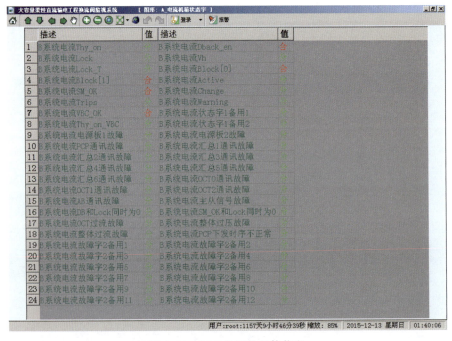

图 6-32　VBC 监视的具体信息

3) SM 状态监测。SM 状态监测主要监测各个桥臂各个子模块的状态,即是否工作正常,有无发生旁路。绿色状态表示工作正常,红色状态表示发生故障旁路。其监测界面如图 6-33 所示。

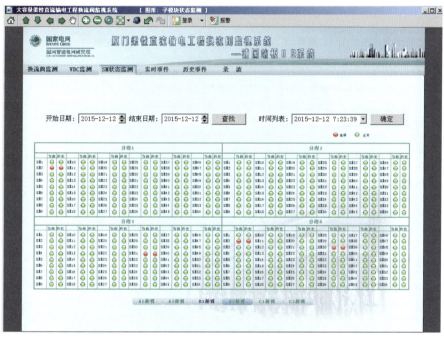

图 6-33　SM 状态监测界面

4) 实时事件。实时事件显示功能可以显示当前阀控系统的所有 SOE 报文,如图 6-34 所示。

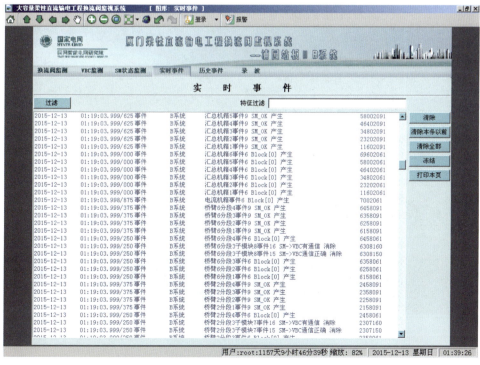

图 6-34　实时事件显示

5)历史事件查询。该功能可以按照不同的查询条件搜索阀控系统的历史 SOE 报文,如图 6-35 所示。除了可以根据日期时间、事件来源、桥臂位置以及报警等级来查询外,还可以输入关键词进行二次检索,大大提高了检索的效率。

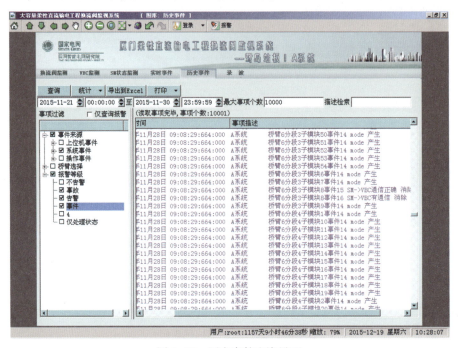

图 6-35 历史事件查询界面

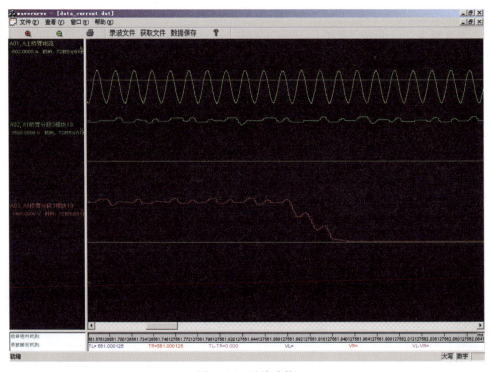

图 6-36 录波功能

6) 录波功能。换流阀监视系统的录波功能可以记录阀控系统上送换流阀监视系统的所有信息,包括模拟量和状态量。录波启动方式有手动启动、自动启动、定时启动三种。手动启动功能在换流阀监测主界面。自动启动主要在状态量发生变化时启动,状态变化包括保护换流阀解锁闭锁、值班系统切换、系统跳闸、子模块发生旁路等。定时录波设定在每天的 0 时、6 时、12 时、18 时自动录波。录波时间长度为 5s,分为触发时刻前 1s 和触发时刻后 4s。所录波形如图 6-36 所示。

6.4.2 阀控分系统调试方法及结果

一、试验目的

阀控 VBC 接口分系统调试试验是 VBC 接口装置单体试验及其与直流控制保护系统的联调试验,其目的是验证换流阀阀控 VBC 接口装置功能,以及换流阀阀控系统与直流 PCP 控制系统的接口功能正常,并检查其性能是否满足合同和有关标准、规范的要求。

二、试验依据

试验依据如表 6-20 所示。

表 6-20 试 验 依 据

GB/T 14285—2006	继电保护和安全自动装置技术规程
GB/T 22390.4—2008	高压直流输电系统控制与保护设备 第 4 部分:直流系统保护设备
GB/T 7261—2016	继电保护和安全自动装置基本试验方法
DL/T 995—2016	继电保护和电网安全自动装置检验规程
DL/T 1129—2009	直流换流站二次电气设备交接试验规程
DL/T 624—2010	继电保护微机型试验装置技术条件
DL/T 478—2013	继电保护和安全自动装置通用技术条件
Q/GDW 118—2005	直流换流站二次电气设备交接试验规程
Q/GDW 267—2009	继电保护和电网安全自动装置现场工作保安规定

三、试验条件

(1) PCP 控制装置单体试验已完成,试验结果合格。

(2) 电子式互感器合并单元试验已完成,试验结果合格。

(3) VBC 接口装置屏柜安装就位,VBC 接口装置内部光纤及与相关控制保护装置的通信线已施工安装完毕。

(4) 二次电缆回路接线安装完毕,装置直流工作电源正常。

(5) 连接到 VBC 屏柜的直流电源进线 A 和 B 相互隔离。确保空气开关在开断位置。

(6) 测试工程师在对屏柜进行操作前了解所有的安全操作规程,确保在绝对安全的情况下才可执行下述试验。

四、试验仪器仪表清单

试验仪器仪表清单如表 6-21 所示。

表 6-21 试 验 仪 器 仪 表 清 单

序号	仪器/工具	技术要求	数量(套/台/根)
1	高内阻万用表	(0~250Vac,0~10Aac)	4 只

续表

序号	仪器/工具	技术要求	数量（套/台/根）
2	光纤	长约 5m（两端均为 ST 头）	2 根
3	光功率计（单模）	测量范围（0~−50dBm）	1 只
4	光衰耗器（单模）	0~−60dBm	1 只
5	绝缘电阻表	（500V、1000V、2500V）	2 只

五、试验内容

厦门柔性直流工程采用双站真双极的主接线方式，每个极的阀控分系统是相互独立的，因此阀控分系统的调试可以每个极单独进行，每个极的测试项目和测试方式均相同。在此，以一个极为例对阀控分系统的调试进行说明。

（一）外观检查

检查屏柜是否在安装过程中造成损坏，保证其完好。检查所有的设备和信号连接是否正确，确保所有的螺钉、螺母和螺栓都已拧紧。确保全部 VBC 机箱中的板卡已经正确安装并用螺钉紧固到位。

（1）外部电缆检查。确保连接到屏柜的电缆沿着设定的密封管路接入屏柜，检查所有的电缆外绝缘层和屏蔽层已正确连接。确保连接到屏柜的电缆沿着指定的电缆托盘布线并得到了可靠的支撑。

（2）光纤连接检查。检查光纤的安装，确保光纤的最小转弯半径大于 10cm。

确保所有换流阀子模块的光纤均已正确连接到对应桥臂分段机箱相应的光收发器（ST 接头）上并且已经固定到位。

确保 VBC 内部连接的光纤已正确连接到对应 VBC 机箱板卡的对应光收发器（ST 接头）上并且已经固定到位。

确保 VBC 与 PCP 间连接的光纤已正确连接到对应 VBC 机箱板卡的对应光收发器（ST 接头）上并且已经固定到位。

（3）网线连接检查。检查网线的安装，确保连接正确并可靠。确保 VM 下位机机箱到交换机的网线连接正确并可靠。确保交换机到上位机的网线连接正确并可靠。确保上位机到 PCP 后台的网线连接正确并可靠。

（二）屏柜接地检查

确保 VBC 屏柜与接地网可靠相连。

（三）电源检查试验

（1）直流电源模块检查。在配电面板上闭合直流进线 A 开关，测量电源模块输出电压，确认电压在±10%范围内。在配电面板上闭合直流进线 B 开关，测量电源模块输出电压，确认电压在±10%范围内。在配电面板上断开直流进线 A 开关和直流进线 B 开关，确认电压为 0V。

（2）内部供电检查。在配电面板上闭合直流进线 A 和 B 的空气开关，并开启板卡面板上的电源钥匙开关，查看各个电路板卡上的电源指示灯是否正常。

（3）交流电源检查。交流电源在换流阀监视主机柜中为交换机、工控机、显示器供电。闭合配电面板上的交流进线开关，确认电压在±10%范围内。

(4)单电源故障自检。阀控系统采用双电源冗余设计,并实时监控电源板的故障状态。拔掉 VBC 任一机箱电源板的 24V 直流供电电源端子,VM 上位机界面实时显示对应电源故障产生的 SOE,VBC 机箱前面板"电源"指示灯熄灭;24V 直流供电电源恢复,VM 上位机界面实时显示对应装置电源故障消失的 SOE,VBC 机箱前面板"电源"指示灯重新点亮。

由于阀控分系统的各种机箱比较多,在此仅举例说明单电源故障的检查方法。以阀控 A 系统为例,分别选电流机箱、汇总机箱、分段机箱第一个机箱来说明。其检查结果如表 6-22 所示。

表 6-22　　　　　　　　　　　　单电源故障检查结果

序号	试验设备	试验项目	SOE 报文
1	电流机箱	断开电源板 1 供电	电流机箱事件 1 电源板 1 故障 产生 电流机箱事件 12 Warning 产生 电流机箱事件 13 VBC_OK 消除
2	电流机箱	恢复电源板 1 供电	电流机箱事件 1 电源板 1 故障 消除 电流机箱事件 12 Warning 消除 电流机箱事件 13 VBC_OK 产生
3	电流机箱	断开电源板 2 供电	电流机箱事件 2 电源板 2 故障 产生 电流机箱事件 12 Warning 产生 电流机箱事件 13 VBC_OK 消除
4	电流机箱	恢复电源板 2 供电	电流机箱事件 2 电源板 2 故障 消除 电流机箱事件 12 Warning 消除 电流机箱事件 13 VBC_OK 产生
5	汇总机箱 1	断开电源板 1 供电	汇总机箱 1 事件 1 电源板 1 故障 产生 汇总机箱 1 事件 12 Warning 产生 电流机箱事件 12 Warning 产生 电流机箱事件 13 VBC_OK 消除
6	汇总机箱 1	恢复电源板 1 供电	汇总机箱 1 事件 1 电源板 1 故障 消除 汇总机箱 1 事件 12 Warning 消除 电流机箱事件 12 Warning 消除 电流机箱事件 13 VBC_OK 产生
7	汇总机箱 1	断开电源板 2 供电	汇总机箱 1 事件 2 电源板 2 故障 产生 汇总机箱 1 事件 12 Warning 产生 电流机箱事件 12 Warning 产生 电流机箱事件 13 VBC_OK 消除
8	汇总机箱 1	恢复电源板 2 供电	汇总机箱 1 事件 2 电源板 2 故障 消除 汇总机箱 1 事件 12 Warning 消除 电流机箱事件 12 Warning 消除 电流机箱事件 13 VBC_OK 产生
9	分段机箱 1	断开电源板 1 供电	桥臂 1 分段 1 事件 1 电源板 1 故障 产生 桥臂 1 分段 1 事件 12 Warning 轻微故障 产生 汇总机箱 1 事件 12 Warning 产生 电流机箱事件 12 Warning 产生 电流机箱事件 13 VBC_OK 消除

续表

序号	试验设备	试验项目	SOE 报文
10	分段机箱 1	恢复电源板 1 供电	桥臂 1 分段 1 事件 1 电源板 1 故障 消除 桥臂 1 分段 1 事件 12 Warning 轻微故障 消除 汇总机箱 1 事件 12 Warning 消除 电流机箱事件 12 Warning 消除 电流机箱事件 13 VBC_OK 产生
11		断开电源板 2 供电	桥臂 1 分段 1 事件 2 电源板 2 故障 产生 桥臂 1 分段 1 事件 12 Warning 轻微故障 产生 汇总机箱 1 事件 12 Warning 产生 电流机箱事件 12 Warning 产生 电流机箱事件 13 VBC_OK 消除
12		恢复电源板 2 供电	桥臂 1 分段 1 事件 2 电源板 2 故障 消除 桥臂 1 分段 1 事件 12 Warning 轻微故障 消除 汇总机箱 1 事件 12 Warning 消除 电流机箱事件 12 Warning 消除 电流机箱事件 13 VBC_OK 产生

(四)光纤测试

光纤测试的目的是检查 VBC 与 SM 间的光缆以及 VBC 内部连接用光纤的光衰耗是否满足要求、光纤是否发生损坏。

测试方法分两步。第一步,用光功率计测试标准光源的光功率,如图 6-37 所示,并记录;第二步,将被测光纤一端接入标准光源,另一端接入光功率计,如图 6-38 所示,此时光功率计的测量值和第一步的测量值的差值即为被测光纤的光衰耗。

图 6-37 标准光源的光功率测试　　　　图 6-38 被测光纤的接线

(五)通信测试

为了验证 VBC 与 PCP 控制保护系统、合并单元、子模块的通信接口(光口与网口)的正确性,以及验证 VBC 内部光接口连接的正确性,进行了该系列通信接口测试试验。

(1) VM 通信测试。VM 监视系统实时接收 VBC 上传的模拟量与 SOE 状态位,传给 VM 上位机予以显示,并将约定的遥测量与遥信量通过 104 规约传至 PCP 后台,供运行人员及时掌握换流阀与 VBC 运行状态。

1) VM 下位机到 VM 上位机通信测试。分别拔出 A、B 系统的 VM 下位机到 VM 上位机的网线,观察上位机是否上报对应下位机通信异常的类似 SOE 事件;网线恢复后,上报对应通信故障恢复的 SOE。下面以 A 系统 VM 下位机机箱 1 为例对测试结果进行说明,如表 6-23 所示。

表 6-23　　　　　　　　　VM 下位机到 VM 上位机通信测试

序号	试验对象	试验项目	SOE 报文
1	VM 下位机机箱 1 到 VM 上位机网线	拔出	A1 桥臂通道 从运行→打开错误 A1 桥臂 RTU 从运行→停止

续表

序号	试验对象	试验项目	SOE 报文
2	VM 下位机机箱 1 到 VM 上位机网线	恢复	A1 桥臂通道 从打开错误→运行 A1 桥臂 RTU 从停止→运行

2) VBC 到 VM 下位机通信测试。分别拔掉 VBC 到 VM 下位机的通信光纤,观察上位机是否上报对应的通信异常的 SOE;光纤恢复,是否会报对应通道通信恢复的 SOE。下面以 A 系统为例,分别模拟电流机箱、第一个汇总机箱和第一个分段机箱到 VM 下位机的通信故障,如表 6-24 所示。

表 6-24　　　　　　　　　　　VBC 到 VM 下位机通信测试

序号	试验对象	试验项目	SOE 报文
1	电流机箱到 VM 下位机的光纤	拔出	VM 机箱 7 事件 1 VM 检测到桥臂电流机箱通信故障 产生
2		恢复	VM 机箱 7 事件 1 VM 检测到桥臂电流机箱通信故障 消除
3	第一个汇总机箱到 VM 下位机的光纤	拔出	VM 机箱 7 事件 2 VM 检测到桥臂汇总机箱 1 通信故障 产生
4		恢复	VM 机箱 7 事件 2 VM 检测到桥臂汇总机箱 1 通信故障 消除
5	第一个分段机箱到 VM 下位机的第一路光纤	拔出	VM 机箱 1 事件 1 VM 检测到桥臂 A1 分段机箱 1-1 通信故障 产生
6		恢复	VM 机箱 1 事件 1 VM 检测到桥臂 A1 分段机箱 1-1 通信故障 消除
7	第一个分段机箱到 VM 下位机的第二路光纤	拔出	VM 机箱 2 事件 1 VM 检测到桥臂 A1 分段机箱 1-2 通信故障 产生
8		恢复	VM 机箱 2 事件 1 VM 检测到桥臂 A1 分段机箱 1-2 通信故障 消除

3) GPS 时标对时检查。VM 下位机连接 B 码格式的 GPS 授时信号,在 SOE 生成的最底层打入时标。拔掉 B 码的电信号线时,整个系统的 VM 下位机均应报 GPS 授时丢失等类似 SOE,在拔掉每个 VM 下位机机箱的 GPS 授时光纤时,对应 VM 板卡接口上报对应 GPS 授时通道通信丢失等类似 SOE;对应电信号线或光纤恢复后,观察上位机是否上报对应 GPS 授时恢复的 SOE。在每个 SOE 报文显示核对时,同时检查时标是否正确。表 6-25 给出了以 A 系统 VM 下位机机箱 1 发生 GPS 对时故障时的结果。

表 6-25　　　　　　　　　　　GPS 时标对时检查

序号	试验对象	试验项目	SOE 报文
1	VM 下位机机箱 1GPS 对时信号	拔出	VM 机箱 1 事件 9 VM 检测到 GPS 信号通信故障 产生
2		恢复	VM 机箱 1 事件 9 VM 检测到 GPS 信号通信故障 恢复

4) VM 后台到 PCP 后台通信测试。根据运行人员提供的调度点表清单(如表 6-19 所示),VM 后台将对应的遥测量与遥信量上传至 PCP 后台。在 VM 后台采用置数的方式将对应遥测量和遥信量改变,观察 PCP 后台是否显示对应的数值或事件,如图 6-39 所示。

(2) PCP 与 VBC 的通信测试。PCP 与 VBC 通过 3 根光纤实现通信:PCP 向 VBC 下行命令光纤、VBC 向 PCP 上行状态信息光纤、PCP 向 VBC 下行值班信号光纤。

1) PCP 到 VBC 下行命令光纤通信测试。PCP 和 VBC 连接,通过 VM 上位机观察 A 系统和 B 系统中 PCP 发送 VBC 电流控制机箱光纤的通信状态。在正常通信状态下,VBC 电流控制机箱接收 PCP 通信状态为通信正常。在 VBC 运行过程中拔掉电流控制机箱接收 PCP 控

图 6-39 PCP 后台信号显示

制信息的光纤,观察 VM 产生的事件。结果如表 6-26 所示。

表 6-26   PCP 到 VBC 下行命令光纤通信测试

序号	试验对象	试验项目	SOE 报文
1	PCP 与 VBC 下行命令光纤	正常连接	无 SOE 报文
2		拔出	电流机箱事件 3 PCP 通信故障 产生 电流机箱事件 10 Change 产生 电流机箱事件 12 Warning 产生 电流机箱事件 13 VBC_OK 消除
3		恢复	电流机箱事件 3 PCP 通信故障 消除 电流机箱事件 10 Change 消除 电流机箱事件 12 Warning 消除 电流机箱事件 13 VBC_OK 产生

注 如果此时 PCP 另一套系统处于服务或测试状态,则 PCP 会跳闸出口。

2) VBC 到 PCP 上行状态光纤通信测试。PCP 和 VBC 连接,通过监控后台观察 A 系统和 B 系统中 VBC 电流控制机箱发送 PCP 光纤的通信状态。在正常通信状态下,PCP 接收 VBC 电流控制机箱通信状态为通信正常。在 VBC 运行过程中拔掉电流控制机箱向 PCP 发送状态信息的光纤,观察监控后台产生的事件。试验结果如表 6-27 所示。

表 6-27   VBC 到 PCP 上行状态光纤通信测试

序号	试验对象	试验项目	SOE 报文(PCP)
1	PCP 与 VBC 上行光纤	正常连接	无 SOE 报文
2		拔出	5 号插件的第 1 号光纤数据帧 错误 紧急故障 出现 5 号插件的第 1 号光纤数据接收错误 出现

续表

序号	试验对象	试验项目	SOE 报文（PCP）
3	PCP 与 VBC 上行光纤	恢复	5 号插件的第 1 号光纤数据帧 正常 紧急故障 消失 5 号插件的第 1 号光纤数据接收错误 消失

注 本试验 VM 不会产生相关 SOE，PCP 后台会产生 SOE 报文。如果此时 PCP 另一套系统处于服务或测试状态，则 PCP 会跳闸出口。

3) PCP 到 VBC 下行值班信号光纤通信测试。PCP 和 VBC 连接，通过 VM 上位机观察 A 系统和 B 系统中 PCP 给 VBC 电流控制机箱发送主从状态的光纤通信状态。在正常通信状态下，VBC 电流控制机箱接收 PCP 通信状态为一个为主系统，一个为从系统。在 VBC 运行过程中拔掉电流控制机箱接收 PCP 主从信息的光纤，观察 VM 产生的事件。试验结果如表 6-28 所示。

表 6-28   PCP 到 VBC 下行值班信号光纤通信测试

序号	试验对象	试验项目	SOE 报文
1	PCP 与 VBC 下行值班信号光纤	正常连接	无 SOE 报文
2		拔出	电流机箱事件 10 Change 产生 电流机箱事件 12 Warning 产生 电流机箱事件 13 VBC_OK 消失
3		恢复	电流机箱事件 10 Change 消失 电流机箱事件 12 Warning 消失 电流机箱事件 13 VBC_OK 产生

注 如果此时 PCP 另一套系统处于服务或测试状态，则 PCP 会跳闸出口。

(3) 电流合并单元（OCT）与 VBC 通信测试。试验目的是验证 VBC 机箱与电流合并单元的通信，三个电流合并单元和 VBC 连接，通过 VM 上位机观察 A 系统和 B 系统中 OCT 给 VBC 电流控制机箱发送光纤的通信状态。在正常通信状态下，VBC 电流控制机箱接收 OCT 通信状态为通信正常。在 VBC 运行过程中拔掉电流控制机箱接收 OCT 信息的光纤，观察 VM 产生的事件。其试验结果如表 6-29 所示。

表 6-29   电流合并单元（OCT）与 VBC 通信测试

序号	试验对象	试验项目	SOE 报文
1	OCT0→VBC 光纤（上桥臂）	拔出	电流机箱事件 10 OCT0 通信故障 产生
2		恢复	电流机箱事件 10 OCT0 通信故障 消失
3	OCT0→VBC 光纤（下桥臂）	拔出	电流机箱事件 10 OCT0 通信故障 产生
4		恢复	电流机箱事件 10 OCT0 通信故障 消失
5	OCT1→VBC 光纤（上桥臂）	拔出	电流机箱事件 11 OCT1 通信故障 产生
6		恢复	电流机箱事件 11 OCT1 通信故障 消失
7	OCT1→VBC 光纤（下桥臂）	拔出	电流机箱事件 11 OCT1 通信故障 产生
8		恢复	电流机箱事件 11 OCT1 通信故障 消失
9	OCT2→VBC 光纤（上桥臂）	拔出	电流机箱事件 12 OCT2 通信故障 产生
10		恢复	电流机箱事件 12 OCT2 通信故障 消失

续表

序号	试验对象	试验项目	SOE 报文
11	OCT2→VBC 光纤（下桥臂）	拔出	电流机箱事件 12 OCT2 通信故障 产生
12		恢复	电流机箱事件 12 OCT2 通信故障 消除

（4）VBC 内部通信测试。

1）电流机箱→汇总机箱通信测试。VBC 电流控制机箱和 VBC 桥臂汇总控制机箱按照图纸连接，通过 VM 上位机观察 A 系统和 B 系统中对应的 VBC 通信状态。在正常通信状态下，VBC 桥臂汇总控制机箱接收 VBC 电流控制机箱的通信状态为通信正常。在 VBC 运行过程中拔掉 VBC 桥臂汇总控制机箱接收 VBC 电流控制机箱控制信息的光纤，观察 VM 产生的事件。以电流机箱和第一个汇总机箱为例，测试结果如表 6-30 所示。

表 6-30　　　　　　　　　电流机箱到汇总机箱通信测试

序号	试验对象	试验项目	SOE 报文
1	电流机箱到第一个汇总机箱通信光纤	正常连接	无 SOE 报文
2		拔出	汇总机箱 1 事件 3 电流通信故障 产生 汇总机箱 1 事件 10 Change 产生 电流机箱事件 4 汇总 1 通信接收 消除 电流机箱事件 10 Change 产生 电流机箱事件 13 VBC_OK 消除
3		恢复	汇总机箱 1 事件 3 电流通信故障 消除 汇总机箱 1 事件 10 Change 消除 电流机箱事件 4 汇总 1 通信接收 产生 电流机箱事件 10 Change 消除 电流机箱事件 13 VBC_OK 产生

2）汇总机箱→电流机箱通信测试。VBC 电流控制机箱和 VBC 桥臂汇总控制机箱按照图纸连接，通过 VM 上位机观察 A 系统和 B 系统中对应的 VBC 通信状态。在正常通信状态下，VBC 电流控制机箱接收 VBC 桥臂汇总控制机箱的通信状态为通信正常。在 VBC 运行过程中拔掉 VBC 电流控制机箱接收 VBC 桥臂汇总控制机箱控制信息的光纤，观察 VM 产生的事件。以第一个汇总机箱和电流机箱为例，测试结果如表 6-31 所示。

表 6-31　　　　　　　　　汇总机箱到电流机箱通信测试

序号	试验对象	试验项目	SOE 报文
1	第一个汇总机箱到电流机箱通信光纤	正常连接	无 SOE 报文
2		拔出	电流机箱事件 4 汇总 1 通信接收 消除 电流机箱事件 4 汇总 1 通信故障 产生 电流机箱事件 10 Change 产生 电流机箱事件 13 VBC_OK 消除
3		恢复	电流机箱事件 4 汇总 1 通信接收 产生 电流机箱事件 4 汇总 1 通信故障 消除 电流机箱事件 10 Change 消除 电流机箱事件 13 VBC_OK 产生

3）汇总机箱→分段机箱通信测试。VBC 桥臂分段控制机箱和 VBC 桥臂汇总控制机箱按照图纸连接，通过 VM 上位机观察 A 系统和 B 系统中对应的 VBC 通信状态。在正常通信状态下，VBC 桥臂分段控制机箱接收 VBC 桥臂汇总控制机箱的通信状态为通信正常。在 VBC 运行过程中，拔掉 VBC 桥臂分段控制机箱接收 VBC 桥臂汇总控制机箱控制信息的光纤，观察 VM 产生的事件。以第一个汇总机箱和第一个分段机箱为例，试验结果如表 6-32 所示。

表 6-32 汇总机箱到分段机箱通信测试

序号	试验对象	试验项目	SOE 报文
1	第一个汇总机箱到第一个分段机箱通信光纤	正常连接	无 SOE 报文
2		拔出	桥臂 1 分段 1 事件 3 汇总通信接收 消除 桥臂 1 分段 1 事件 3 汇总通信故障 产生 桥臂 1 分段 1 事件 10 Change VBC 故障 产生 汇总机箱 1 事件 4 分段 1 通信接收 消除 汇总机箱 1 事件 10 Change 产生 电流机箱事件 10 Change 产生 电流机箱事件 13 VBC_OK 消除
3		恢复	桥臂 1 分段 1 事件 3 汇总通信接收 产生 桥臂 1 分段 1 事件 3 汇总通信故障 消除 桥臂 1 分段 1 事件 10 Change VBC 故障 消除 汇总机箱 1 事件 4 分段 1 通信接收 产生 汇总机箱 1 事件 10 Change 消除 电流机箱事件 10 Change 消除 电流机箱事件 13 VBC_OK 产生

4）分段机箱→汇总机箱通信测试。VBC 桥臂分段控制机箱和 VBC 桥臂汇总控制机箱按照图纸连接，通过 VM 上位机观察 A 系统和 B 系统中对应的 VBC 通信状态。在正常通信状态下，VBC 桥臂汇总控制机箱接收 VBC 桥臂分段控制机箱的通信状态为通信正常。在 VBC 运行过程中，拔掉 VBC 桥臂汇总控制机箱接收 VBC 桥臂分段控制机箱控制信息的光纤，观察 VM 产生的事件。以第一个分段机箱到第一个汇总机箱一路光纤为例，试验结果如表 6-33 所示。

表 6-33 分段机箱到汇总机箱通信测试

序号	试验对象	试验项目	SOE 报文
1	第一个分段机箱到第一个汇总机箱通信光纤	正常连接	无 SOE 报文
2		拔出	汇总机箱 1 事件 4 分段 1 通信接收 消除 汇总机箱 1 事件 4 分段 1 通信故障 产生 汇总机箱 1 事件 10 Change 产生 电流机箱事件 10 Change 产生 电流机箱事件 13 VBC_OK 消除
3		恢复	汇总机箱 1 事件 4 分段 1 通信接收 产生 汇总机箱 1 事件 4 分段 1 通信故障 消除 汇总机箱 1 事件 10 Change 消除 电流机箱事件 10 Change 消除 电流机箱事件 13 VBC_OK 产生

(5) 复归机箱→VBC 通信测试。严重故障后，VBC 需要通过复归机箱使其硬件复归。制造严重故障，VBC 指示灯和对应 SOE 在 VM 上显示，采用复归机箱使其复归，观察 VBC 机箱前面板指示灯与 VM 上位机，观察状态是否恢复到初始状态。试验结果如表 6-34 所示。

表 6-34　　　　　　　　　　复归机箱到 VBC 通信测试

序号	试验对象	试验项目	试验结果
1	复归机箱到 VBC 通信光纤	复归机箱上电	电流机箱、汇总机箱、分段机箱产生的 SOE 恢复，机箱恢复至初始状态；机箱面板上的故障指示灯熄灭

（六）主从试验

确保 PCP 和 VBC 之间的通信光纤已正确连接，在 PCP 处于运行状态时，通过 VM 监视界面实时监控 VBC 主从状态。

(1) 主从切换试验。直流控制保护系统 A/B 施加给 VBC 的初始信号：A 系统为主系统、B 系统为从系统。此时手动切换主从系统，A 为从系统、B 为主系统；再手动切换系统，A 系统为主系统、B 系统为从系统。试验结果如表 6-35 所示。

表 6-35　　　　　　　　　　　主 从 切 换 试 验

序号	试验对象	试验项目	SOE 报文
1	主从切换	将 A 切换为从系统；B 切换为主系统	A 系统 电流机箱事件 8 Active 消除 A 系统 汇总机箱 1 事件 8 Active 消除 A 系统 汇总机箱 2 事件 8 Active 消除 A 系统 汇总机箱 3 事件 8 Active 消除 A 系统 汇总机箱 4 事件 8 Active 消除 A 系统 汇总机箱 5 事件 8 Active 消除 A 系统 汇总机箱 6 事件 8 Active 消除 A 系统 桥臂 1 分段 1 事件 8 Active 消除 A 系统 桥臂 2 分段 1 事件 8 Active 消除 A 系统 桥臂 3 分段 1 事件 8 Active 消除 A 系统 桥臂 4 分段 1 事件 8 Active 消除 A 系统 桥臂 5 分段 1 事件 8 Active 消除 A 系统 桥臂 6 分段 1 事件 8 Active 消除 A 系统 桥臂 1 分段 2 事件 8 Active 消除 A 系统 桥臂 1 分段 3 事件 8 Active 消除 A 系统 桥臂 1 分段 4 事件 8 Active 消除 A 系统 桥臂 2 分段 2 事件 8 Active 消除 A 系统 桥臂 2 分段 3 事件 8 Active 消除 A 系统 桥臂 2 分段 4 事件 8 Active 消除 A 系统 桥臂 3 分段 2 事件 8 Active 消除 A 系统 桥臂 3 分段 3 事件 8 Active 消除 A 系统 桥臂 3 分段 4 事件 8 Active 消除 A 系统 桥臂 4 分段 2 事件 8 Active 消除 A 系统 桥臂 4 分段 3 事件 8 Active 消除 A 系统 桥臂 4 分段 4 事件 8 Active 消除 A 系统 桥臂 5 分段 2 事件 8 Active 消除 A 系统 桥臂 5 分段 3 事件 8 Active 消除 A 系统 桥臂 5 分段 4 事件 8 Active 消除 A 系统 桥臂 6 分段 2 事件 8 Active 消除 A 系统 桥臂 6 分段 3 事件 8 Active 消除 A 系统 桥臂 6 分段 4 事件 8 Active 消除 B 系统 电流机箱事件 8 Active 产生 B 系统 汇总机箱 1 事件 8 Active 产生

续表

序号	试验对象	试验项目	SOE 报文
1	主从切换	将 A 切换为从系统；B 切换为主系统	B 系统 汇总机箱 2 事件 8 Active 产生 B 系统 汇总机箱 3 事件 8 Active 产生 B 系统 汇总机箱 4 事件 8 Active 产生 B 系统 汇总机箱 5 事件 8 Active 产生 B 系统 汇总机箱 6 事件 8 Active 产生 B 系统 桥臂 1 分段 1 事件 8 Active 产生 B 系统 桥臂 1 分段 2 事件 8 Active 产生 B 系统 桥臂 1 分段 3 事件 8 Active 产生 B 系统 桥臂 1 分段 4 事件 8 Active 产生 B 系统 桥臂 2 分段 1 事件 8 Active 产生 B 系统 桥臂 2 分段 2 事件 8 Active 产生 B 系统 桥臂 2 分段 3 事件 8 Active 产生 B 系统 桥臂 2 分段 4 事件 8 Active 产生 B 系统 桥臂 3 分段 1 事件 8 Active 产生 B 系统 桥臂 3 分段 2 事件 8 Active 产生 B 系统 桥臂 3 分段 3 事件 8 Active 产生 B 系统 桥臂 3 分段 4 事件 8 Active 产生 B 系统 桥臂 4 分段 1 事件 8 Active 产生 B 系统 桥臂 4 分段 2 事件 8 Active 产生 B 系统 桥臂 4 分段 3 事件 8 Active 产生 B 系统 桥臂 4 分段 4 事件 8 Active 产生 B 系统 桥臂 5 分段 1 事件 8 Active 产生 B 系统 桥臂 5 分段 2 事件 8 Active 产生 B 系统 桥臂 5 分段 3 事件 8 Active 产生 B 系统 桥臂 5 分段 4 事件 8 Active 产生 B 系统 桥臂 6 分段 1 事件 8 Active 产生 B 系统 桥臂 6 分段 2 事件 8 Active 产生 B 系统 桥臂 6 分段 3 事件 8 Active 产生 B 系统 桥臂 6 分段 4 事件 8 Active 产生
2		将 A 切换为主系统；B 切换为从系统	B 系统 电流机箱事件 8 Active 消除 B 系统 汇总机箱 1 事件 8 Active 消除 B 系统 汇总机箱 2 事件 8 Active 消除 B 系统 汇总机箱 3 事件 8 Active 消除 B 系统 汇总机箱 4 事件 8 Active 消除 B 系统 汇总机箱 5 事件 8 Active 消除 B 系统 汇总机箱 6 事件 8 Active 消除 B 系统 桥臂 1 分段 1 事件 8 Active 消除 B 系统 桥臂 2 分段 1 事件 8 Active 消除 B 系统 桥臂 3 分段 1 事件 8 Active 消除 B 系统 桥臂 4 分段 1 事件 8 Active 消除 B 系统 桥臂 5 分段 1 事件 8 Active 消除 B 系统 桥臂 6 分段 1 事件 8 Active 消除 B 系统 桥臂 1 分段 2 事件 8 Active 消除 B 系统 桥臂 1 分段 3 事件 8 Active 消除 B 系统 桥臂 1 分段 4 事件 8 Active 消除 B 系统 桥臂 2 分段 2 事件 8 Active 消除 B 系统 桥臂 2 分段 3 事件 8 Active 消除 B 系统 桥臂 2 分段 4 事件 8 Active 消除 B 系统 桥臂 3 分段 2 事件 8 Active 消除 B 系统 桥臂 3 分段 3 事件 8 Active 消除 B 系统 桥臂 3 分段 4 事件 8 Active 消除 B 系统 桥臂 4 分段 2 事件 8 Active 消除

续表

序号	试验对象	试验项目	SOE 报文
2	主从切换	将 A 切换为主系统；B 切换为从系统	B 系统 桥臂4 分段3 事件8 Active 消除 B 系统 桥臂4 分段4 事件8 Active 消除 B 系统 桥臂5 分段2 事件8 Active 消除 B 系统 桥臂5 分段3 事件8 Active 消除 B 系统 桥臂5 分段4 事件8 Active 消除 B 系统 桥臂6 分段2 事件8 Active 消除 B 系统 桥臂6 分段3 事件8 Active 消除 B 系统 桥臂6 分段4 事件8 Active 消除 A 系统 电流机箱事件8 Active 产生 A 系统 汇总机箱1 事件8 Active 产生 A 系统 汇总机箱2 事件8 Active 产生 A 系统 汇总机箱3 事件8 Active 产生 A 系统 汇总机箱4 事件8 Active 产生 A 系统 汇总机箱5 事件8 Active 产生 A 系统 汇总机箱6 事件8 Active 产生 A 系统 桥臂1 分段1 事件8 Active 产生 A 系统 桥臂1 分段2 事件8 Active 产生 A 系统 桥臂1 分段3 事件8 Active 产生 A 系统 桥臂1 分段4 事件8 Active 产生 A 系统 桥臂2 分段1 事件8 Active 产生 A 系统 桥臂2 分段2 事件8 Active 产生 A 系统 桥臂2 分段3 事件8 Active 产生 A 系统 桥臂2 分段4 事件8 Active 产生 A 系统 桥臂3 分段1 事件8 Active 产生 A 系统 桥臂3 分段2 事件8 Active 产生 A 系统 桥臂3 分段3 事件8 Active 产生 A 系统 桥臂3 分段4 事件8 Active 产生 A 系统 桥臂4 分段1 事件8 Active 产生 A 系统 桥臂4 分段2 事件8 Active 产生 A 系统 桥臂4 分段3 事件8 Active 产生 A 系统 桥臂4 分段4 事件8 Active 产生 A 系统 桥臂5 分段1 事件8 Active 产生 A 系统 桥臂5 分段2 事件8 Active 产生 A 系统 桥臂5 分段3 事件8 Active 产生 A 系统 桥臂5 分段4 事件8 Active 产生 A 系统 桥臂6 分段1 事件8 Active 产生 A 系统 桥臂6 分段2 事件8 Active 产生 A 系统 桥臂6 分段3 事件8 Active 产生 A 系统 桥臂6 分段4 事件8 Active 产生

（2）同主试验。直流控制保护系统 A/B 施加给 VBC 的初始信号：A 系统为主系统、B 系统为从系统。此时通过手动置数，使 A、B 系统同时为主系统，电流机箱双系统均向 PCP 上报 Warning 信号，VM 上位机真实显示 VBC 所接收到的双主状态，VBC 切换为 B 系统为主。试验结果如表 6-36 所示。

表 6-36　　　　　　　　　同 主 试 验

序号	试验对象	试验项目	SOE 报文
1	同主	向 A、B 系统同时发送1MHz主从信号	电流机箱事件 14 主从信号故障 产生 电流机箱事件 12 Warning 产生 电流机箱事件 13 VBC_OK 消除

(3) 同从试验。直流控制保护系统 A/B 施加给 VBC 的初始信号：A 系统为主系统、B 系统为从系统。此时通过手动置数，使 A、B 系统同时为从系统，电流机箱双系统均向 PCP 上报 Change 信号，VM 上位机真实显示 VBC 所接收到的双从状态，但 VBC 维持原来的 A 系统为主，PCP 下发闭锁和跳闸命令。试验结果如表 6-37 所示。

表 6-37　　　　　　　　　　　　　同　从　试　验

序号	试验对象	试验项目	SOE 报文
1	同从	将 PCPA 切换到试验状态，置数将 PCPB 切换到服务状态	电流机箱事件 14 主从信号故障 产生 电流机箱事件 11 Trip 产生 电流机箱事件 12 Warning 产生 电流机箱事件 13 VBC_OK 消除

（七）电流合并单元"三取二"设计逻辑检查

为保证工程可靠性，桥臂电流设计 3 套完全冗余的 OCT 合并单元，电流机箱采集电流时采用"三取二"设计。当拔掉一套 OCT 合并单元的光纤时，VBC 暂时忽略此故障；当拔掉两套 OCT 合并单元的光纤时，VBC 上报轻微故障 Warning；当拔掉三套 OCT 合并单元的光纤时，VBC 上报故障请求切换信号 Change。VM 监控界面实时显示对应 SOE。试验结果如表 6-38 所示。

表 6-38　　　　　　　　电流合并单元"三取二"设计逻辑检查

序号	试验对象	试验项目	SOE 报文
1	某套 OCT 的光纤	拔掉	电流机箱事件 10 OCT0 通信接收 消除 电流机箱事件 10 OCT0 通信故障 产生
2		恢复	电流机箱事件 10 OCT0 通信接收 产生 电流机箱事件 10 OCT0 通信故障 消除
3	某 2 套 OCT 的光纤	拔掉	电流机箱事件 11 OCT1 通信接收 消除 电流机箱事件 11 OCT1 通信故障 产生 电流机箱事件 12 OCT2 通信接收 消除 电流机箱事件 12 OCT2 通信故障 产生 电流机箱事件 12 Warning 产生 电流机箱事件 13 VBC_OK 消除
4		恢复	电流机箱事件 11 OCT1 通信接收 产生 电流机箱事件 11 OCT1 通信故障 消除 电流机箱事件 12 OCT2 通信接收 产生 电流机箱事件 12 OCT2 通信故障 消除 电流机箱事件 12 Warning 消除 电流机箱事件 13 VBC_OK 产生
5	3 套 OCT 的光纤	拔掉	电流机箱事件 10 OCT0 通信接收 消除 电流机箱事件 10 OCT0 通信故障 产生 电流机箱事件 11 OCT1 通信接收 消除 电流机箱事件 11 OCT1 通信故障 产生 电流机箱事件 12 OCT2 通信接收 消除 电流机箱事件 12 OCT2 通信故障 产生 电流机箱事件 12 Warning 产生 电流机箱事件 10 Change 产生 电流机箱事件 13 VBC_OK 消除

续表

序号	试验对象	试验项目	SOE 报文
6	3 套 OCT 的光纤	恢复	电流机箱事件 10 OCT0 通信接收 产生 电流机箱事件 10 OCT0 通信故障 消除 电流机箱事件 11 OCT1 通信接收 产生 电流机箱事件 11 OCT1 通信故障 消除 电流机箱事件 12 OCT2 通信接收 产生 电流机箱事件 12 OCT2 通信故障 消除 电流机箱事件 12 Warning 消除 电流机箱事件 10 Change 消除 电流机箱事件 13 VBC_OK 产生

(八) VBC 保护功能测试

VBC 为保证换流阀可靠安全, VBC 在接收 PCP 保护命令的同时具备自身的保护功能。

(1) 桥臂过电流。VBC 为保护换流阀, 设计有过电流幅值保护和桥臂电流变化率过高保护, 并根据 "三取二" 原理进行判断: 当三路信号通信校验都通过时, 采用 "三取二"; 只有两套 OCT 合并单元通信正常时, 有一路信号过电流则启动保护; 只有一套 OCT 合并单元通信正常时, 则采用 "一取一"。利用数字测试仪给电流机箱施加电流量并模拟电流幅值过大故障, 通过 VM 上位机界面实时观察 VBC 上报的过流情况及保护动作 SOE。试验结果如表 6-39 所示 (桥臂过流保护电流定值为 2250A)。

表 6-39　　　　　　　　桥　臂　过　流

序号	试验对象	试验项目	试验结果
1	3 套 OCT 合并单元通信均正常	模拟三路电流均正常	VBC 正常运行
			无 SOE
		模拟某路电流幅值>2250A	VBC 正常运行
			无 SOE
		模拟 2 路电流幅值>2250A	VBC 上报过流故障
			VBC 下发闭锁、Trip
		模拟 3 路电流幅值>2250A	VBC 上报过流故障
			VBC 下发闭锁、Trip
2	2 套 OCT 合并单元通信均正常	模拟某路电流幅值>2250A	VBC 上报过流故障
			VBC 下发闭锁、Trip
		模拟 2 路电流幅值>2250A	VBC 上报过流故障
			VBC 下发闭锁、Trip
3	只有 1 套 OCT 合并单元通信正常	模拟该路电流幅值>2250A	VBC 上报过流故障
			VBC 下发闭锁、Trip

(2) 电流机箱/汇总机箱双电源故障。分别制造从系统的电流机箱和汇总机箱单系统双电源故障, VM 上位机应该上报 Change 的事件; 双电源故障消失, Change 消失。以电流机箱和第一个汇总机箱为例, 试验结果如表 6-40 所示。

表 6-40　　　　　　　　　　　电流机箱/汇总机箱双电源故障

序号	试验对象	试验项目	SOE 报文
1	电流机箱双电源	断开	电流机箱事件 1 电源板 1 故障 产生 电流机箱事件 2 电源板 2 故障 产生 电流机箱事件 10 Change 产生 电流机箱事件 12 Warning 产生 电流机箱事件 13 VBC_OK 消除 VM 机箱 7 事件 1 VM 检测到桥臂电流机箱通信故障 产生
2	电流机箱双电源	恢复	电流机箱事件 1 电源板 1 故障 消除 电流机箱事件 2 电源板 2 故障 消除 电流机箱事件 10 Change 消除 电流机箱事件 12 Warning 消除 电流机箱事件 13 VBC_OK 产生 VM 机箱 7 事件 1 VM 检测到桥臂电流机箱通信故障 消除
3	汇总机箱 1 双电源	断开	汇总机箱 1 事件 1 电源板 1 故障 产生 汇总机箱 1 事件 2 电源板 2 故障 产生 电流机箱事件 4 汇总 1 通信故障 产生 电流机箱事件 10 Change 产生 电流机箱事件 12 Warning 产生 电流机箱事件 13 VBC_OK 消除 VM 机箱 7 事件 2 VM 检测到桥臂汇总机箱 1 通信故障 产生
4	汇总机箱 1 双电源	恢复	汇总机箱 1 事件 1 电源板 1 故障 消除 汇总机箱 1 事件 2 电源板 2 故障 消除 电流机箱事件 4 汇总 1 通信故障 消除 电流机箱事件 10 Change 消除 电流机箱事件 12 Warning 消除 电流机箱事件 13 VBC_OK 产生 VM 机箱 7 事件 2 VM 检测到桥臂汇总机箱 1 通信故障 消除

（3）分段机箱双电源故障。制造某个分段机箱（抽取一个）的双电源故障，该分段机箱立刻上报电源故障的 SOE，电流机箱下发闭锁、Trip。以第一个分段机箱为例，试验结果如表 6-41 所示。

表 6-41　　　　　　　　　　　分段机箱双电源故障

序号	试验对象	试验项目	SOE 报文
1	分段机箱 1 双电源	断开	桥臂 1 分段 1 事件 1 电源板 1 故障 产生 桥臂 1 分段 1 事件 2 电源板 2 故障 产生 桥臂 1 分段 1 事件 12 Warning 轻微故障 产生 桥臂 1 分段 1 事件 11 Trips MMC 故障 产生 VM 机箱 1 事件 1 VM 检测到桥臂 A1 分段机箱 1-1 通信故障 产生 VM 机箱 1 事件 2 VM 检测到桥臂 A1 分段机箱 1-2 通信故障 产生
2	分段机箱 1 双电源	恢复	桥臂 1 分段 1 事件 1 电源板 1 故障 消除 桥臂 1 分段 1 事件 2 电源板 2 故障 消除 桥臂 1 分段 1 事件 12 Warning 轻微故障 消除 桥臂 1 分段 1 事件 11 Trips MMC 故障 消除 VM 机箱 1 事件 1 VM 检测到桥臂 A1 分段机箱 1-1 通信故障 消除 VM 机箱 1 事件 2 VM 检测到桥臂 A1 分段机箱 1-2 通信故障 消除

（九）PCP 与 VBC 通信协议测试

（1）PCP 到 VBC 下行命令测试。通过上述通信测试，证明各个环节的通道是正常的，通过 PCP 下发 Dback_en、Thy_on、Lock 信号，观察各个机箱的前面板指示灯是否正常显示，观察 VM 上位机上各个机箱是否上报对应 SOE 事件，试验结果如表 6-42 所示。

表 6-42　　　　　　　　　　　　PCP 到 VBC 下行命令测试

序号	试验对象	试验项目	试验结果
1	PCP	置数下发 Dback_en=1 命令	电流机箱"保护投入"指示灯亮，上报 Dback_en=1 的 SOE
2			汇总机箱"保护投入"指示灯亮，上报 Dback_en=1 的 SOE
3			分段机箱"保护投入"指示灯亮，上报 Dback_en=1 的 SOE
4		置数下发 Lock=0 命令	电流机箱"闭锁"指示灯灭，上报电流机箱解锁的 SOE
5			汇总机箱"闭锁"指示灯灭，上报汇总机箱解锁的 SOE
6			分段机箱"闭锁"指示灯灭，上报分段机箱解锁的 SOE
7		置数下发 Thy_on=1 命令	电流机箱上报 Thy_on=1 的 SOE
8			汇总机箱上报 Thy_on=1 的 SOE
9			分段机箱上报 Thy_on=1 的 SOE

（2）PCP 到 VBC 调制波测试。通过 PCP 下发直流和交流调制波，观察 VBC 是否能正确接收到调制波。试验结果如表 6-43 所示。

表 6-43　　　　　　　　　　　　PCP 到 VBC 调制波测试

序号	试验项目	相别	PCP 发送值		VBC 测量值	
			VM_A	VM_B	VM_A	VM_B
1	直流	A 相上桥臂	100kV	100kV	100kV	100kV
		A 相下桥臂	150kV	150kV	150kV	150kV
		B 相上桥臂	200kV	200kV	200kV	200kV
		B 相下桥臂	250kV	250kV	250kV	250kV
		C 相上桥臂	300kV	300kV	300kV	300kV
		C 相下桥臂	320kV	350kV	320kV	350kV
2	交流	直流偏置	160kV	150kV	160kV	150kV
		交流有效值	96.6kV	96.6kV	96.6kV	96.6kV

（3）VBC 到 PCP 上行信号测试。通过 VBC 模拟 SM_OK、Change、Warning、Trip、VBC_OK 信号，观察 PCP 后台是否接收到对应 SOE 事件。试验结果如表 6-44 所示。

表 6-44　　　　　　　　　　　　VBC 到 PCP 上行信号测试

序号	试验对象	试验方法	试验结果
1	VBC	模拟 SM_OK 信号	VBC 上报 PCP 后台 SM_OK 信号
		模拟 Change 信号	VBC 上报 PCP 后台 Change 信号报文
		模拟 Warning 信号	VBC 上报 PCP 后台 Warning 信号报文
		模拟 Trip 信号	VBC 上报 PCP 后台 Trip 信号报文
		模拟 VBC_OK 信号	VBC 上报 PCP 后台 VBC_OK 信号报文

(4) VBC 到 PCP 桥臂电压和测试。通过 VBC 模拟上传桥臂电压和数据，观察 PCP 后台是否正确接收到该数据。测试结果如表 6-45 所示。

表 6-45　　　　　　　　　　　VBC 到 PCP 桥臂电压和测试

序号	相别	VBC 发送值		PCP 测量值	
		PCP_A	PCP_B	PCP_A	PCP_B
1	A 相上桥臂	150kV	110kV	150kV	110kV
	A 相下桥臂	250kV	210kV	250kV	210kV
	B 相上桥臂	350kV	310kV	350kV	310kV
	B 相下桥臂	450kV	410kV	450kV	410kV
	C 相上桥臂	550kV	510kV	550kV	510kV
	C 相下桥臂	650kV	610kV	650kV	610kV

6.5　阀冷系统调试

6.5.1　阀冷系统概述

阀冷系统正常工作是换流阀可投运的前提，是换流阀关键配套设备之一。阀冷系统可将换流阀内各器件产生的热量通过某些介质传送至外部，使换流阀内各器件工作在正常温度范围内。目前国内外换流阀大部分采用水冷方式进行冷却。冷却水在阀塔内吸收子模块的热量后温度将上升，升温后的热水由循环水泵驱动进入室外，通过室外冷却降温后的冷却水由循环水泵再送回到换流阀，如此周而复始的循环最终达到冷却换流阀的目的。

冷却水系统通常以一个阀厅为单元来提供，每个阀厅设置一套独立的闭式循环水冷却系统，其包含内冷却系统、外冷却系统及控制系统。内冷却系统冷却介质为去离子水，其具有较低的电导率，可有效阻止高电压在散热器表面产生电解电流进而引起设备腐蚀。外冷却系统一般有空气强迫冷却和水喷淋冷却两种方式，喷淋冷却采用软化水并采用闭式冷却塔装置。控制系统采用 PLC 全自动控制，工艺参数被自动地控制在设定参数范围内，通过调节流量和风扇转速对温度进行控制。

一、阀冷系统的设备配置

以厦门柔性直流输电工程阀冷系统为例，其结构如图 6-40 所示，主要设备如表 6-46 所示。冷却系统主要设备采用冗余设计，以防止单个设备故障导致系统中断，同时在主系统运行时可实现对备用系统的维护，控制系统会周期性切换水泵等主要设备，以平衡装置的磨损情况。控制系统也由两套独立系统组成，每套系统使用独立的传感器测量进阀水温、出阀水温、压力、流量、水位、风扇转速、电导率等参数。两套阀冷控制系统与两套直流极控制系统交叉连接，4 路信号中任意 1 路信号存在均视为有效信号，确保阀冷系统有效工作。

表 6-46　　　　　　　　　　　　阀冷系统配置表

主要单元	配置情况
主循环泵	1主1备，共2台
主过滤器	100μm，共2套
离子交换器	精混床，1用1备，共2套
补水装置	自动补水，补水泵1用1备，共2台；原水泵1台
缓冲密封系统	膨胀罐，2个
电加热器	接触式加热，共4台，顺序启动
二次散热方式	闭式冷却塔，共3组，1组备用
喷淋泵	3用3备，共6台
控制器	PLC（S7-400H 系列），控制系统冗余配置
人机界面	KP1200，2台

如图 6-40 所示，冷却系统工作时，冷却水在阀塔内吸收换流阀的热量后温度将上升，升温后的热水由主循环泵驱动进入室外闭式冷却塔内的换热盘管，喷淋泵从水池中抽水后均匀持续喷洒到冷却塔内的换热盘管表面，同时风机吸入空气并通过换热盘管，使一部分喷淋水因蒸发作用变为气态，未能蒸发的喷淋水通过冷却塔集水箱回流到循环水池，再进入喷淋泵。喷淋水在蒸发过程中将吸收大量的热值，换热盘管内的冷却水将得到冷却，降温后的冷却水由循环水泵再送回到换流阀。

二、阀冷系统温度控制

阀冷系统温度控制策略分为低温段、高温段两种模式，由冷却塔上不同频率的冷却风扇、喷淋塔和电加热器共同完成。低温段：冬天室外环境温度极低或冷却水进阀温度下降至设定值时，启动电加热器，防止冷却水进阀温度过低导致沿程管路及被冷却器件的损伤；冷却水进阀温度下降至接近露点时，也需启动电热加器，防止晶闸管散热器或管路表面凝露影响绝缘。高温段：室外环境温度较高或冷却水进阀温度处于高温段时，通过控制闭式喷淋塔台数以及风机转速和喷淋泵启停共同实现精密控制冷却系统的循环冷却水温度的要求。温度控制原理如图 6-41 所示，控制系统根据当前冷却水进阀温度与目标温度间偏差变化进行 PID 运算后，输出一模拟量信号给变频器，变频器根据此信号的增大/减小来升频/降频控制风机转速，从而改变系统散热量，使冷却水进阀温度逐渐逼近目标温度并最终稳定在目标温度附近，达到准确控制冷却水进阀温度的目的。

阀内冷系统框图如图 6-42 所示，内冷却系统主要由循环水泵、去离子装置、脱气罐、膨胀定压罐、机械式过滤器、补充水泵、电加热装置、配电与控制保护设备、相关管道和阀门等组成。正常工作时由循环水泵驱动冷却水在管道中流动。电加热装置对冷却水温度进行强制补偿，防止进入换流阀的温度过低而导致的凝露现象。为了保证冷却水具备极低的电导率，在主循环冷却回路上并联了去离子装置，部分内冷却水将从主循环回路旁路进入混床离子交换器进行去离子处理，去离子后的冷却水其电导率将会降低并回流至主循环回路，通过去离子装置连续不断的运行，内冷却水的电导率将会被控制在换流阀所需求的范围之内。阀内冷系统通过膨胀罐保持系统恒压。自动补水泵根据膨胀罐液位的高低将原水罐中的纯水补充到阀内冷水循环系统。

第6章 现场分系统调试

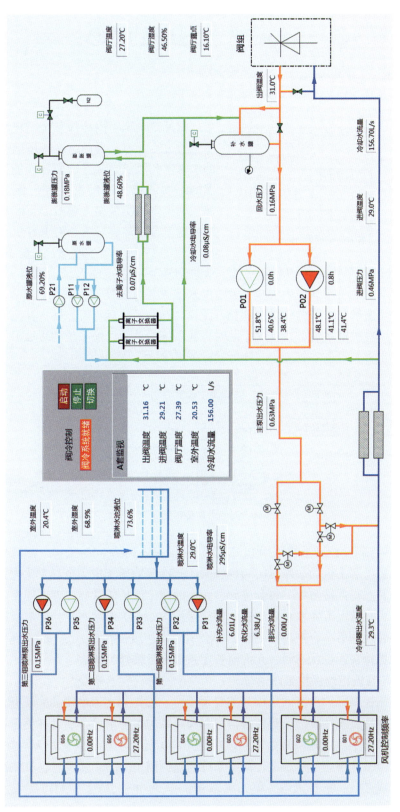

图6-40 阀冷系统结构

图 6-41 温度控制原理框图

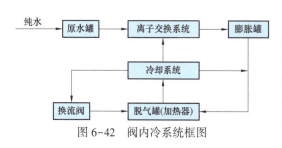

图 6-42 阀内冷系统框图

阀外冷系统对内冷却系统循环水进行降温是通过冷却塔实现的，冷却塔同时具备外部水喷淋和风机空气冷却两种功能，根据水温的不同通过控制喷淋装置启停、风机启停、风机调速实现温度调节。每套外冷却系统包含三台冷却容量为总需求容量50%的冷却塔，即按照 3×50% 的容量配置。如图 6-43 所示，阀外冷却系统还包括喷淋水池、缓蚀阻垢系统、自滤系统、杀菌灭藻系统、软化水系统等。喷淋水池将冷却塔内未蒸发的喷淋水回收并重复使用，其存水可以满足24h阀外冷却系统的使用要求，可节约喷淋水的耗量及提高阀冷系统运行可靠性。补充水经过碳滤器和软化水系统后对喷淋水池进行补水，同时自滤系统、杀菌灭藻系统和缓蚀阻垢系统可过滤水中杂质、防止青苔等微生物滋生并降低盐分浓度等。

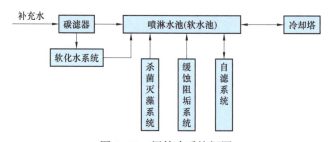

图 6-43 阀外冷系统框图

如图 6-44 所示，阀冷控制系统采用PLC冗余设置。两套系统同时采样、同时工作，但只有一个在激活状态，双主机均故障时闭锁换流阀。阀冷保护系统按完全双重化配置，两套传感器交叉接入两套阀冷保护系统。每套完整、独立的阀冷保护装置能处理可能发生的所有类型的系统故障。正常情况下，双重化配置的阀冷保护均处于工作状态，允许短时退出一套保护。从一个系统转换到另一个控制系统时，不会引起高压直流输电系统输送功率的降低。同时当主控制系统保持在运行状态时，允许对备用系统进行维修和改进。

三、阀冷系统与直流控制保护系统通信

阀冷系统与直流控制保护系统间采用开关量干接点、模拟量信号和Profibus报文三种方式进行通信。对实时性要求较高的远程控制信号和阀冷系统报警信号，通过开关量接点与直流控制保护系统进行通信，具体信号如表 6-47~表 6-49 所示。对信息量较大的在线参数、设备状态监测及阀冷系统报警信息报文，阀冷系统通过两路Profibus总线与直流控制保护系统进行通信，各在线参数、主要机电、单元状态（工作/停止、开/关）均可在直流控制保护系统监视页面上显示。

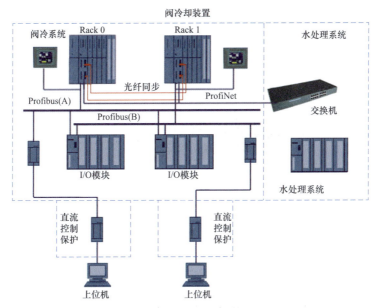

图 6-44　阀冷控制系统框图

表 6-47　　　　　　　开关量干接点（阀冷系统上行至直流控制保护系统）

序号	信号名称	说　　明
1	预警信号	一般警报
2	跳闸信号	严重警报，直流控保系统接收到此信号应立即停运直流系统
3	请求停运信号	接收此信号后，直流系统确认停运后延时 10s 停运阀冷系统
4	运行状态信号	阀冷系统正在运行
5	功率回降信号	当阀冷系统出阀温度高和进出阀温差超过定值时发出
6	准备就绪信号	收到此信号方可投运直流系统，否则不可投运；动合触点；阀冷 A 系统或 B 系统准备就绪即阀冷系统准备就绪
7	失去冗余信号	动合触点；当外冷风机失去冗余冷却量时，触点接通
8	Active 信号	阀冷控制系统正常

注　以上信号高电平有效，且阀冷系统分四路上传，其中阀冷 A 控制系统送两路信号，阀冷 B 控制系统送两路信号，分别交叉连接，一般四路信号均存在，但任意一路信号存在均视为有效信号。换流阀只有在"阀冷系统准备就绪"为"1"时方可投运。换流阀投运后，直流保护系统不再对阀冷系统来的"阀冷系统准备就绪"信号参与逻辑控制。

表 6-48　　　　　　　开关量干接点（直流控制保护系统下行至阀冷系统）

序号	信号名称	说　　明
1	远程启动信号	阀冷系统准备就绪信号有效时，方可下发远程启动信号。远程启动信号为保持信号，启动命令发出后信号一直保持高电平
2	远程停止信号	停止阀冷系统，阀未闭锁时无法停止阀冷系统
3	远程切换主循环泵	实现两台主循环泵的切换
4	换流阀 Block 闭锁	换流阀是否闭锁状态

续表

序号	信号名称	说明
5	换流阀 Deblock 闭锁	换流阀是否解锁状态
6	阀控制保护系统 Active 信号	阀控制保护系统正常

注 以上信号分四路分别接入阀冷 A 控制系统和 B 控制系统，交叉连接，任意一路信号存在均视为有效信号。

表 6-49　　　　　　　　　　　　　模　拟　量

序号	信号名称	输出范围
1	室外温度	4~20mA 电流
2	阀厅温度	4~20mA 电流
3	冷却水出阀温度	4~20mA 电流
4	冷却水进阀温度	4~20mA 电流

四、阀冷控制系统工作模式

阀冷控制系统具有手动和自动两种工作模式，其操作面板如图 6-45 所示。

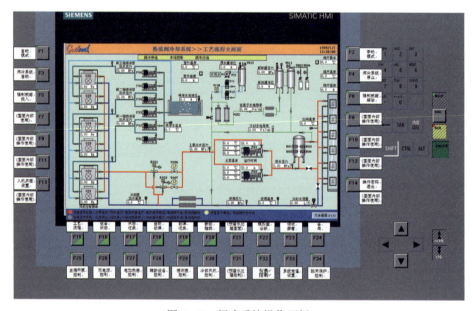

图 6-45　阀冷系统操作面板

（一）手动模式

按下手动模式按键，会进入操作确认框画面（如图 6-46 所示），用于警告相应操作会引起的系统设备动作后果及作为对操作的确认，防止误操作引起阀冷设备误动作。若选择"确定"则执行相应命令，若选择"取消"则取消按键操作命令并返回前一状态画面。手动模式为技术人员调试使用，该模式下，可对任一阀冷机电设备进行强制手动启停控制。

（二）自动模式

按下自动模式按键，会进入操作确认框画面（如图 6-47 所示），用于警告相应操作会引起的系统设备动作后果及作为对操作的确认，防止误操作引起阀冷设备误动作。若选择

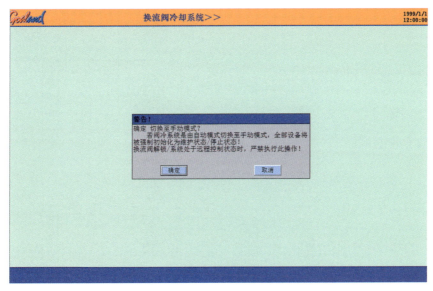

图 6-46 进入手动模式操作确认框画面

"确定"则执行相应命令,若选择"取消"则取消按键操作命令并返回前一状态画面。

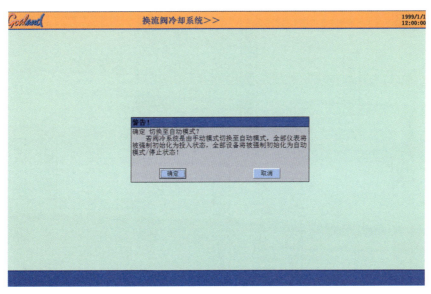

图 6-47 进入自动模式操作确认框画面

自动操作模式下,阀冷系统既可以接受本地启停指令,也可接受上位机远程启停指令。远程启停指令优先,且远程启动阀冷系统后本地停止阀冷系统命令失效。自动启动后,阀冷控制系统根据已设定参数,监控阀冷系统运行状况并检测系统故障。PLC 自动控制冷却水温、流量、压力、电导率、水位、漏水检测等,对阀冷系统参数的超标及时的发出报警或跳闸警报。自动运行模式下,主循环泵、冷却塔、冷却塔喷淋水泵、电加热器、自动补水泵等由 PLC 根据实际工作条件进行自动控制。此时各设备控制柜面板按钮手动操作无效。自动模式下阀冷控制系统流程如图 6-48 所示。

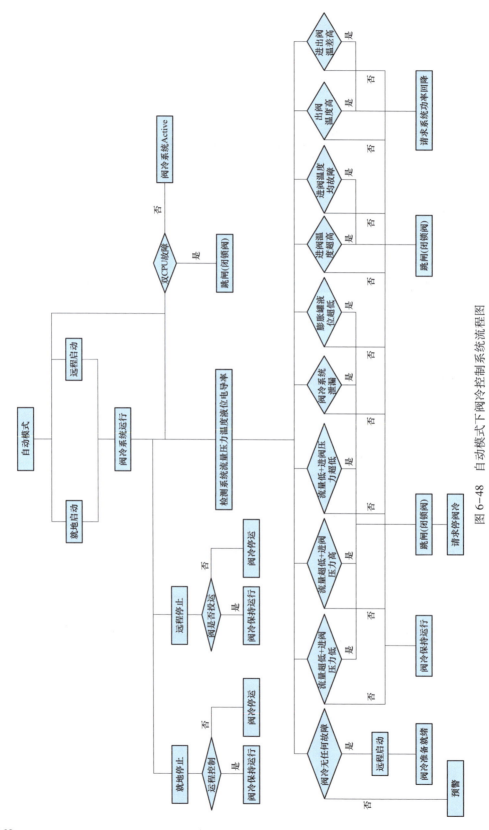

图 6-48 自动模式下阀冷控制系统流程图

6.5.2 调试目的

在直流场设备、换流阀、阀冷系统、直流控制保护系统等设备安装完成后,开展阀冷系统调试工作,以确保设备安装正确无误,并能正常运行及操作,同时直流控制保护系统与阀冷系统间遥信、遥测、遥控功能正常。

6.5.3 调试条件

阀冷系统调试前需具备以下试验条件:

(1) 土建施工。冷却水系统的土建工作已完成,防腐施工完毕,排水沟道畅通,栏杆、天桥、勾盖板齐全平整。

(2) 仪器仪表。系统有关的电气、热工仪表、在线化学分析仪表、计量箱、各水箱及水池液位计均应安装调校完毕,指示正确,操作灵敏,并可以投入使用;各类阀门调试完毕,操作灵活,严密性合格;动力电源、控制电源、照明、通信设施及化学分析电源均已施工结束,可随时投入使用,确保安全可靠。

(3) 技术文档。相关设备资料和设计图纸齐全,包含设备厂家图纸、装置说明书、完整的工程设计图纸、装置的出厂试验报告等。

(4) 现场交接试验。进行设备的外观检查;检查管道、泵、测量仪表等组件的安装情况;检查电气部分的电气配线、标识和编号等是否符合设计文件及有关标准的规定。对阀冷系统所有设备和管路施加设计压力的 1.2~1.5 倍水压试验,保持合适的时间后,在降低到设计压力保持一段合适的时间,各设备和管路应无破裂或漏水现象。阀冷系统设备的控制器、电动机等低压电气设备与地(外壳)之间的绝缘电阻不低于 10MΩ。低压设备与地(外壳)之间应能承受 2000V 的工频试验电压,持续时间为 1min。

6.5.4 试验依据

相关试验所依据的标准与规程如表 6-50 所示。

表 6-50 相关试验标准与规程

标准编号	名称
GB/T 14285—2006	继电保护和安全自动装置技术规程
GB/T 22390.4—2008	高压直流输电系统控制与保护设备 第 4 部分:直流系统保护设备
GB/T 7261—2016	继电保护和安全自动装置基本试验方法
DL/T 995—2016	继电保护和电网安全自动装置检验规程
DL/T 1129—2009	直流换流站二次电气设备交接试验规程
DL/T 624—2010	继电保护微机型试验装置技术条件
DL/T 478—2013	继电保护和安全自动装置通用技术条件
Q/GDW 118—2005	直流换流站二次电气设备交接试验规程
Q/GDW 267—2009	继电保护和电网安全自动装置现场工作保安规定

6.5.5 试验仪器及设备

试验所需仪器及设备如表 6-51 所示。

表 6-51　　　　　　　　　　　　试验仪器及设备

仪器工具	技术要求
万用表	精度 0.5%
浊度仪	示值误差：−3.5%
pH 计	测量范围：0~14 电计示值误差：−0.01pH
电导率仪	测量范围：0.05~1×10^5 μS/cm 仪器引用误差：−1.2%FS
便携式过程校验仪	型号：T1E3031；误差要求：0.05

6.5.6　调试内容

一、内冷却系统调试

内冷却系统调试主要包括主回路调试、离子交换系统调试、膨胀稳压系统调试等内容，具体试验项目与步骤如表 6-52 所示。

表 6-52　　　　　　　　内冷却系统调试具体试验项目与步骤

序号	试验项目	试验步骤
1	离子交换系统调试	(1) 原水罐及管路用纯水冲洗干净； (2) 原水罐注水，启动补水泵，冲洗离子交换器罐体，直至出水清澈； (3) 向离子交换器注入约 1/3 罐体高度纯水； (4) 按设计要求装填树脂至设计高度； (5) 冲洗树脂至出水水质达到设计要求
2	膨胀稳压系统调试	(1) 膨胀罐及管路用纯水冲洗干净； (2) 向罐内注入一定量的纯水； (3) 向罐内充入氮气； (4) 调节相关阀门，使内冷系统达到恒压
3	脱气加热系统调试	(1) 脱气罐及管路用纯水冲洗干净； (2) 向罐内注入纯水； (3) 启动电加热器； (4) 调节相关阀门，使出水温度达到要求
4	内冷系统主回路调试	(1) 脱气罐注水至高位； (2) 投入内冷回路与换流阀组回路； (3) 打开主循环泵进、出口门，排出泵内空气后，按主循环泵说明书启动主循环泵； (4) 调整系统流量达到设计要求
5	内循环冷却系统整套调试	依据技术规范要求，进行整套内循环冷却系统连续运行试验；通过调整泵及相关阀门，使主水流量、压力、电导等参数达到并维持在设计值；试验期间各项水质指标应符合设计要求，且系统无异常现象发生，并无泄漏

二、外冷却系统调试

外冷却系统调试主要包括喷淋冷却系统调试、软化水系统调试、自循环旁路过滤系统调试等内容，具体试验项目与步骤如表 6-53 所示。

表 6-53 外冷却系统调试具体试验项目与步骤

序号	试验项目	试 验 步 骤
1	软化水预处理系统调试	（1）活性炭罐体及管路用清水冲洗干净； （2）按设计要求装填滤料至设计高度； （3）反洗活性炭过滤器至出水清澈； （4）正洗至出水水质达到设计要求
2	软化水系统调试	（1）软化罐及管路用清水冲洗干净； （2）向罐中注入约 1/3 罐体高度的清水； （3）按设计要求装填树脂至设计高度，切勿将塑料包装袋掉入罐体中； （4）树脂装填结束后，反洗树脂至出水清澈； （5）盐箱及管路用清水冲洗干净； （6）在盐箱中配置饱和食盐水； （7）向软化罐中注入 10% 的食盐水，直至淹没树脂，并浸泡 18~20h； （8）冲洗树脂，至排水不呈黄色为止
3	缓蚀阻垢系统调试	（1）用软化水对管道和溶药箱进行冲洗，冲洗至出水透明无杂物； （2）用软化水进行计量泵的系统出力试验，观察能否达到设计要求； （3）向溶药箱中配制约 2/3 液位的缓蚀阻垢剂，打开计量泵进、出口门，排出泵内空气后，按计量泵说明书启动计量泵向外循环系统添加缓蚀阻垢剂； （4）根据外循环系统补水情况及化验结果，及时调整加药量
4	杀菌灭藻系统调试	（1）用软化水对管道和溶药箱进行冲洗，冲洗至出水透明无杂物； （2）用软化水进行计量泵的系统出力试验，观察能否达到设计要求； （3）向溶药箱中配制约 2/3 液位的杀菌灭藻剂，打开计量泵进、出口门，排出泵内空气后，按计量泵说明书启动计量泵向外循环系统添加杀菌灭藻剂； （4）根据外循环系统补水情况及化验结果，及时调整加药量
5	自循环旁路过滤系统调试	（1）用软化水进行自循环泵的系统出力试验，观察能否达到设计要求； （2）砂滤罐体及管路用软化水冲洗干净； （3）按设计要求装填滤料至设计高度； （4）冲洗砂滤过滤器至出水水质达到要求
6	喷淋冷却系统调试	（1）喷淋水池注水至高位； （2）开启闭式冷却塔； （3）打开喷淋泵进、出口门，排出泵内空气后启动喷淋泵； （4）调整系统流量达到设计要求
7	外循环冷却系统整套调试	依据技术规范要求，进行整套外循环冷却系统连续运行试验；通过调整泵及相关阀门，使主水流量、压力、电导等参数达到并维持在设计值；试验期间各项水质指标应符合设计要求，且系统无异常现象发生，并无泄漏

三、阀冷控制系统调试

阀冷控制系统调试主要包括各主要设备（主循环泵、补水泵、原水泵、膨胀罐、潜水排污泵等）控制与保护、温度控制、传感器及相关参数设定等，具体试验项目及现象如表 6-54~表 6-57 所示。

表 6-54 主循环泵控制与保护调试具体试验项目及现象

序号	试验项目	试 验 现 象
1	正常配置	主循环泵采用一用一备的配置方式，互为备用，正常工作时，其流量是恒定不变的
2	换流阀退出运行	换流阀退出运行后，阀冷系统保持运行，主循环泵也不切除

续表

序号	试验项目	试验现象
3	水压低	循环冷却水主泵出水压力低发出报警信号时,切换至备用泵运行。主泵切换后,仍然有压力低报警,不再切换
4	工作泵过负荷	切换至备用泵运行
5	工作泵过热	切换至备用泵运行。主泵切换后,仍然有主泵过热报警,不再切换
6	动力电源故障	切换至备用泵运行
7	两台主泵同时故障	同时有进阀压力低或冷却水流量低时,发出跳闸信号
8	自动切换	工作泵连续运行168h,自动切换至备用泵运行,当工作泵切换失败时,具备回切功能

表 6-55 补水泵、原水泵、膨胀罐、潜水排污泵控制与保护调试具体试验项目及现象

序号	试验项目	试验现象
1	正常配置	补水泵采用一用一备的配置方式,互为备用
2	补水泵手动运行	手动模式与自动模式均能通过控制柜面板按钮启停补水泵。手动补水,两台可同时启动
3	补水泵自动运行	自动运行中补水泵能根据膨胀罐液位自动补水。超过30.0%水位启动,高于50%水位停止
4	原水灌液位低	不论是手动补水还是自动补水,原水罐液位低报警时均强制停补水泵,防止将大量空气吸入阀冷系统
5	原水泵启停	原水泵启动时,原水罐电磁阀开启。原水泵只有手动启动功能,设置高液位强制停泵功能
6	膨胀罐液位低	膨胀罐液位测量低于30%时报警
7	膨胀罐液位超低	膨胀罐液位测量低于10%时发直流闭锁命令
8	潜水排污泵启停	在阀冷设备间喷淋循环水泵泵坑内积水坑设置水位计及潜水排污泵,并设置水位报警系统。当积水坑内水位高于一定高度时,自动报警并自动启动潜水泵,工作泵事故时,备用泵自动投入运行,同时发送信号到控制系统(工作泵和备用泵不但可以自动控制还可以手动强制投入)。当积水坑内水位低于一定高度时,自动停泵; 室外地下水池潜水泵为就地手动控制,需要启动时进行手动操作

表 6-56 温度控制调试具体试验项目及现象

序号	试验项目	试验现象
1	电加热器启停	冷却水进阀温度≤15℃时,H03和H04启动; 冷却水进阀温度≤14℃时,H01和H02启动; 冷却水进阀温度≥17℃时,H03和H04停止; 冷却水进阀温度≥16℃时,H01和H02停止; 冷却水进阀温度接近阀厅露点时,4台电加热器强制启动
2	风机变频调速	风机的转速通过目标温度设定值及当前冷却水进阀温度来控制,目标温度可在换热设备控制系统人机界面设定,控制器根据当前冷却水进阀温度与目标温度间偏差变化,进行PID运算后,输出一模拟量信号给变频器,变频器根据此信号的增大/减小来升频/降频,控制风机转速
3	风机自动启动	风机的启动通过设定目标温度来控制,当冷却水进阀温度高于目标温度时,风机全部启动
4	风机自动停运	当风机频率降至最低运行频率后,如冷却水进阀温度仍然低于设定目标温度,风机以最低频率继续运行20s后全部停止运行

续表

序号	试验项目	试 验 现 象
5	喷淋泵启停	在设定的供水温度范围下，喷淋泵强制启动，即使当室外气温较低，风机停运后，喷淋泵仍单独运行，这有利于保持冷却水温度的稳定，可防止冬天管道系统结冻。 为防止喷淋水池水位测量系统故障等原因误停喷淋泵及风机，引起内冷水温度升高跳闸，喷淋水池水位低仅发告警信号；同时加装喷淋泵及风机手动启动功能

表 6-57　　　　　　　　　　传感器调试具体试验项目及现象

序号	试验项目	试 验 现 象
1	内冷水进阀温度传感器	按照三套独立冗余配置，每个系统的内冷水保护对传感器采集量按照"三取二"原则出口；当一套传感器故障时，出口采用"二取二"逻辑；当两套传感器故障时，出口采用"一取一"逻辑出口；当三套传感器故障时，应发闭锁直流指令。 接收处理温度传感器信号并根据设定的温度上下限，输出低温预警、高温预警和超低、超高温跳闸信号
2	膨胀罐液位传感器	按照三套独立冗余配置，每个系统的内冷水保护对传感器采集量按照"三取二"原则出口；当一套传感器故障时，出口采用"二取二"逻辑；当两套传感器故障时，出口采用"一取一"逻辑出口；当三套传感器故障时，应发闭锁直流指令。 膨胀罐液位测量低于30%时发报警。 膨胀罐液位测量低于10%时发直流闭锁命令
3	冷却水流量传感器	冷却水流量传感器设计采用"三取二"方式保护出口。主流量跳闸的保护值与进阀压力低或进阀压力高互锁
4	电导率传感器	电导率保护设高报警及超高跳闸
5	冷却水压力传感器	冷却水渗漏，发出跳闸信号；冷却水泄漏，发出预警信号

注　对于流量、温度、压力、电导率变送器冗余，PLC判断两路输入并选择不利值上传。冗余仪表中任意一只仪表显示值超过预警限值时即发预警信号，提醒运行人员及时处理；冗余仪表中两只仪表示值均超过跳闸限值时才发跳闸信号，防止误动。

对以上主要设备及传感器进行调试后，确定各报警事件相关参数和报警级别，具体参数设定如表 6-58 所示。

表 6-58　　　　　　　　　　报 警 事 件 参 数 设 定

序号	报警名称	报警级别	设定值
1	原水罐液位低，请补液！	预警	
2	膨胀罐液位低！	预警	15.0%
3	膨胀罐液位超低！	跳闸	5.0%
4	膨胀罐液位高！	预警	90.0%
5	膨胀罐压力低！	预警	120kPa
6	膨胀罐压力超低！	预警	100kPa
7	膨胀罐压力高！	预警	200kPa
8	膨胀罐压力超高！	预警	220kPa
9	冷却水流量低！	预警	140L/s
10	冷却水流量超低！	跳闸	126L/s

续表

序号	报警名称	报警级别	设定值
11	主泵出水压力高!	预警	900kPa
12	主泵出水压力低!	预警	700kPa
13	进阀压力低!	预警	400kPa
14	进阀压力超低!	预警	350kPa
15	进阀压力高!	预警	550kPa
16	进阀压力超高!	预警	600kPa
17	回水压力低!	预警	100kPa
18	回水压力超低!	预警	80kPa
19	冷却水进阀温度低!	预警	15℃
20	冷却水进阀温度超低!	预警	10℃
21	冷却水进阀温度高!	预警	42℃
22	冷却水进阀温度超高!	跳闸	45℃
23	冷却水进阀温度接近露点!	预警	当前露点值
24	冷却水进阀温度低于露点!	预警	当前露点值
25	冷却水出阀温度高!	预警	54℃
26	冷却水电导率高!	预警	0.5μS/cm
27	冷却水电导率超高!	预警	0.7μS/cm
28	冷却水电导率低!	预警	0.2μS/cm
29	去离子水电导率高!	预警	0.3μS/cm
30	冷却水电导率高,不符合直流投运条件!	预警	0.5μS/cm
31	阀厅室内温度高!	预警	60℃
32	阀厅室内湿度高!	预警	50%
33	去离子水流量低!	预警	30L/min
34	换流阀冷却系统渗漏!	预警	
35	换流阀冷却系统泄漏!	跳闸	

四、阀冷系统与控保系统联调

联调实验主要验证阀冷系统是否能准确地把运行状态、告警报文、在线运行参数正确上传至直流控制保护系统。验证阀冷控制系统能否正确响应直流控制保护系统的运行、切换、停运等指令。验证直流控制保护系统能否正确响应阀冷控制系统的跳闸指令。验证阀冷系统与直流控制保护系统之间的控制动作是否符合图 6-45 中的控制逻辑。以 A 套阀冷为例,具体试验项目如表 6-59~表 6-63 所示。

表 6-59　　　　　　　　阀冷系统到 PCP 上行信号试验

序号	信号名称	PCP 报文
1	预警信号	A 套阀冷系统预警信号出现
2	跳闸信号	A 套阀冷系统跳闸信号出现

续表

序号	信号名称	PCP 报文
3	请求停运信号	A 套阀冷系统请求停运信号出现
4	运行状态信号	A 套阀冷系统运行信号出现
5	功率回降信号	A 套阀冷系统功率回降信号出现
6	准备就绪信号	A 套阀冷系统准备就绪信号出现
7	失去冗余信号	A 套阀冷系统失去冗余冷却能力信号出现
8	Active 信号	A 套阀内冷系统值班信号出现

注 以上信号高电平有效,且阀冷系统分四路上传,其中阀冷 A 控制系统送两路信号,阀冷 B 控制系统送两路信号,分别交叉连接,一般四路信号均存在,但任意一路信号存在均视为有效信号。换流阀只有在"阀冷系统准备就绪"为"1"时方可投运。换流阀投运后,直流保护系统不再对阀冷系统来的"阀冷系统准备就绪"信号参与逻辑控制。

表 6-60　　　　　　　　　　　控 制 信 号 调 试

序号	信号名称	试验结果
1	远程启动信号	阀冷收到指令"远程启动阀冷系统"
2	远程停止信号	阀冷收到指令"远程停止阀冷系统"
3	远程切换主循环泵	阀冷收到指令"远程切换主循环泵"
4	换流阀 Block 闭锁	阀冷收到指令"换流阀 Block 闭锁"
5	换流阀 Deblock 闭锁	阀冷收到指令"换流阀 Deblock 解锁"
6	阀控制保护系统 Active 信号	阀冷收到指令"直流控制系统激活状态"

注 以上信号分四路分别接入阀冷 A 控制系统和 B 控制系统,交叉连接,任意一路信号存在均视为有效信号。

表 6-61　　　　　　　　　　　故障报警信号调试

序号	试验项目	报文	级别
1	阀冷控制系统退出流量压力保护	阀冷控制系统退出流量压力保护	预警
2	阀冷控制系统退出进阀温度保护	阀冷控制系统退出进阀温度保护	预警
3	阀冷控制系统退出液位保护	阀冷控制系统退出液位保护	预警
4	阀冷控制系统退出泄漏保护	阀冷控制系统退出泄漏保护	预警
5	冷却水流量低+进阀压力超低	冷却水流量低+进阀压力超低跳闸	预警 跳闸
6	冷却水流量超低+进阀压力低	冷却水流量超低+进阀压力低跳闸	预警 跳闸
7	冷却水流量超低+进阀压力高	冷却水流量超低+进阀压力高跳闸	预警 跳闸
8	进阀温度超高	进阀温度超高跳闸	预警 跳闸
9	膨胀罐液位超低	膨胀罐液位超低跳闸	预警 跳闸
10	阀冷系统泄漏	阀冷系统泄漏跳闸	预警 跳闸

续表

序号	试验项目	报文	级别
11	三台进阀温度变送器均故障	三台进阀温度变送器均故障跳闸	预警 跳闸
12	控制系统掉电/双CPU故障	控制保护输出停运直流保护	跳闸

表 6-62 逻 辑 检 查

序号	试 验 项 目
1	就地启动阀冷系统后依然可以远方启动阀冷系统
2	就地启动阀冷系统后就地可以停止阀冷系统
3	就地启动阀冷系统后远方可以停止阀冷系统
4	就地启动阀冷系统后不会上传"阀冷系统准备就绪"信号
5	远方启动阀冷系统后可以远方停止阀冷系统
6	远方启动阀冷系统后就地不可以停止阀冷系统
7	远方启动阀冷系统后,若阀冷系统正常无告警则上传"阀冷系统准备就绪"信号
8	阀未闭锁时无法停止阀冷系统
9	阀冷系统准备就绪后阀才能解锁

表 6-63 小 信 号 试 验

序号	信号测点名称	4mA	8mA	12mA	16mA	20mA
1	冷却水进阀温度（℃）	−50.03	−12.47	25.01	62.53	100.04
2	冷却水出阀温度（℃）	−50.00	−12.50	25.00	62.52	100.03
3	阀厅温度（℃）	−40.01	−15.01	10.00	35.01	60.01
4	室外温度（℃）	−39.99	−15.06	10.02	35.03	60.04
5	冷却水流量（L/s）	0.03	50.11	100.05	150.05	200.06
6	冷却水进阀温度（℃）	−50.02	−12.47	25.06	62.58	100.09
7	冷却水出阀温度（℃）	−49.98	−12.43	25.03	62.54	100.06
8	阀厅温度（℃）	−40.01	−14.99	10.02	35.03	60.03
9	室外温度（℃）	−39.96	−15.01	10.05	35.06	60.06
10	冷却水流量（L/s）	0.10	50.02	100.05	150.07	200.10

第7章 站系统调试

站系统调试,即单站设备带电系统调试,目的是考核设备、分系统、站系统的性能是否符合电气安装工程和设备技术规范的要求,是否达到供货商承诺的技术规范所保证的水平;验证各设备之间、各分系统之间的接口配合是否正常,验证站控的微机监控系统和顺序控制、空载升压控制、正常启停、STATCOM 控制、换流变压器分接头控制、交流定电压以及定无功控制的功能是否正常,并校验测量系统和保护传动的正确性;验证整个换流站是否具备系统调试的条件,为下一阶段的端对端系统调试做好准备。

本章结合厦门±320 千伏柔性直流输电科技示范工程现场单站带电系统调试,讲述该阶段的各项试验,着重介绍试验的目的、试验的条件、试验的步骤以及对试验结果进行分析。

7.1 换流变压器充电试验

7.1.1 试验目的

(1) 换流变压器一次设备首次带电考核,考核换流变压器在全压冲击试验时的绝缘性能。

(2) 验证换流变压器一次接线相序的正确性,并校核二次设备电压相量的正确性。

(3) 考核换流变压器差动保护是否可以躲过励磁涌流。

7.1.2 试验条件

如图 7-1 所示,以 01 号换流变压器为例,讲述换流变压器充电试验。

220kV 湖边变电站试验前状态:空出 220kV Ⅱ 段母线,Ⅰ/Ⅱ 母母联 23M 断路器、鹭湖Ⅰ路 231 断路器处于冷备用状态。

(1) 为使对换流变压器进行全压冲击,同时为了减小换流阀带电故障的可能性,在进行换流变首次冲击试验时,考虑将换流阀进行隔离。试验前拆除极Ⅰ桥臂电抗器至阀厅的连接引线,确保与阀侧设备处于断开状态,合上 030117、030127 接地开关,并做好相关安全措施。

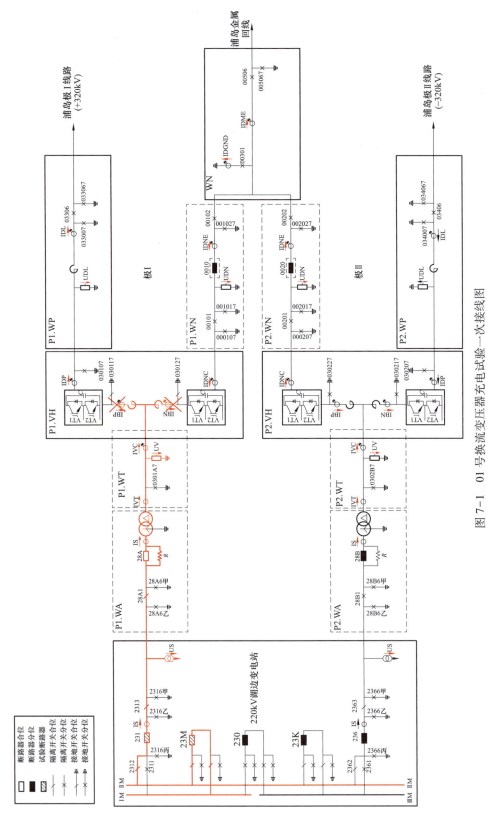

图 7-1 01 号换流变压器充电试验一次接线图

(2) 合上 28A1 隔离开关，合上 28A 断路器。

(3) 01 号换流变压器所有保护（含非电量保护）应投入。

(4) 应投入 220kV 湖边变电站Ⅰ/Ⅱ段母联过流Ⅱ段保护，时间整定为 0.5s，作为 01 号换流变压器冲击试验总后备保护。

(5) 将 01 号换流变压器分接头控制位置切换为"手动"，由站控操作将 01 号换流变压器分接开关调到第 1 挡。

(6) 试验前记录 01 号换流变压器高压侧所有避雷器的动作次数，以便与试验完毕后的读数比较。

(7) 本站 01 号换流变压器保护系统运行正常。

(8) 紧急停运功能正常。

(9) 01 号换流变压器的事故排油、水喷雾消防系统已具备使用条件，气体继电器已放气；变压器的冷却系统正常，可以正常投入运行。

7.1.3 试验步骤

(1) 启动换流变压器辅助设备冷却风扇，并确认各油泵正常工作。

(2) 确认 220kV 湖边变电站Ⅰ/Ⅱ段母联保护、换流变压器保护已投入。

(3) 220kV 湖边变电站鹭湖Ⅰ路 231 断路器转接Ⅱ母热备用。

(4) 在监控后台解除鹭湖Ⅰ路 231 与 28A 断路器联锁逻辑。

(5) 合上 220kV 湖边变电站鹭湖Ⅰ路 231 断路器。

(6) 合上 220kV 湖边变电站Ⅰ/Ⅱ段母联断路器，对换流变压器首次进行充电；保持 30min，监视 01 号换流变压器的运行，记录换流变压器高压侧避雷器动作次数，以便与充电前动作次数比较，记录高压侧电压录波波形，无异常后断开鹭湖Ⅰ路 231 断路器。

(7) 用鹭湖Ⅰ路 231 断路器再对换流变压器进行 4 次充电，每次充电时间不少于 30min，最长一次带电时间不少于 1h。

(8) 01 号换流变压器充电完成后，断开鹭湖Ⅰ路 231 断路器，断开 28A 断路器及相关的隔离开关，恢复监控后台鹭湖Ⅰ路 231 与 28A 断路器联锁逻辑。

(9) 鹭岛站合上 0301A7 接地开关。

(10) 恢复极Ⅰ桥臂电抗器至阀厅的连接引线，断开 030117、030127 接地开关，并做好相关安全措施。

7.1.4 试验结果分析

01 号换流变压器充电试验交流网侧电压电流波形如图 7-2 所示，换流变压器网侧交流电压正常且相序正确，说明 01 号换流变压器充电正常，绝缘能经受交流电压；充电过程中最大励磁涌流最大瞬时值约为 7kA，由于励磁涌流畸变明显，二次谐波可靠制动，换流变压器差动保护可靠闭锁，未出现误动作的现象。

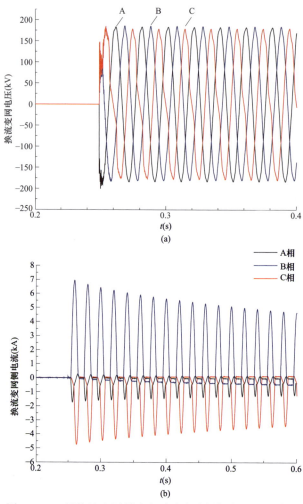

图 7-2　01 号换流变压器充电试验交流网侧电压电流波形
(a) 换流变压器网侧电压波形；(b) 换流变压器网侧电流波形

7.2　换流阀充电触发试验

7.2.1　试验目的

（1）验证阀组触发相序以及控制保护系统锁相环节的正确性。
（2）控制保护系统二次电压相量校核，核实换流变压器接线组别与二次设备的对应关系。
（3）对换流阀进行首次短时解锁，检验极控制系统和阀控制系统是能正常工作，实测控制系统执行延时并进行软件补偿。

7.2.2　试验条件

如图 7-3 所示为极 I 换流阀充电触发试验一次接线图，以极 I 为例讲述换流阀充电触发试验。

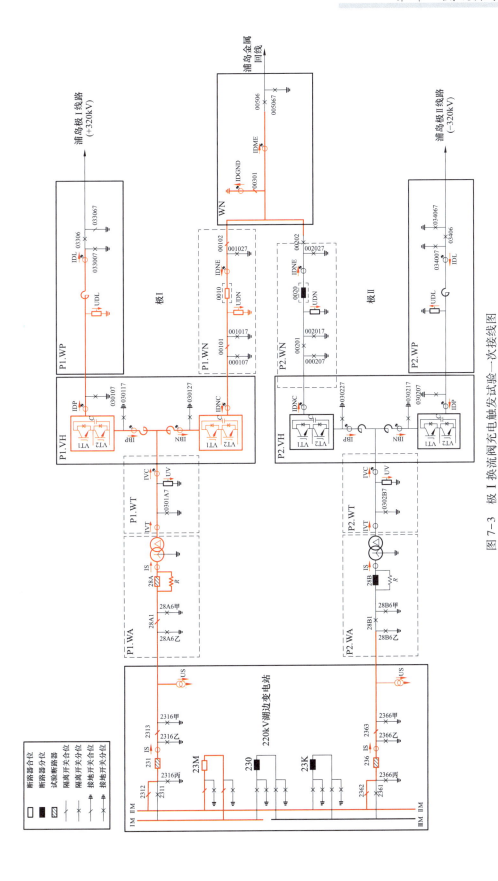

图 7-3 极 I 换流阀充电触发试验一次接线图

（1）试验前确认 01 号换流变压器和换流阀接线处于正常方式。

（2）阀的冷却水系统正常投运，检查无漏水现象存在，阀运行正常。

（3）换流站保护按定值单正常投入。

（4）将 01 号换流变压器分接头控制位置切换为"手动"，由站控操作将 01 号换流变压器分接开关调到第 9 挡。

（5）试验前记录阀厅和直流场所有避雷器的动作次数，以便与试验完毕后的读数比较。

（6）本站控制保护系统运行正常。

（7）紧急停运功能正常。

（8）220kV 鹭湖 Ⅰ 路、鹭湖 Ⅱ 路线路 TV 已正常投入。

（9）投入 220kV 湖边变电站 Ⅰ／Ⅱ 段母联过流 Ⅱ 段保护，时间整定为 0.0s，作为极 Ⅱ 线路 TV 冲击试验总后备保护。

（10）确认直流场极 Ⅱ 处于隔离状态。

（11）解除极 Ⅰ U_S 至极 Ⅰ 第一套直流控制系统 PCPA 的接线，敷设临时电缆，将极 Ⅱ U_S 接入极 Ⅰ 第一套直流控制系统 PCPA。

7.2.3　试验步骤

（1）确认 220kV 湖边变电站 Ⅰ／Ⅱ 段母联保护已投入。

（2）将本站运行方式切换为"STATCOM"方式，极 Ⅰ 第一套直流控制系统 PCPA 为运行状态。

（3）闭锁交流欠电压保护，交流频率保护，直流低电压保护，再次确认过电压保护及其他保护正常投入。

（4）启动 01 号换流变压器辅助设备冷却风扇。

（5）220kV 湖边变电站鹭湖 Ⅰ 路 231 断路器转接 Ⅱ 母热备用。

（6）合上 28A1 隔离开关。

（7）在极 Ⅰ 连接状态下指挥发令，启动录波后合上断路器鹭湖 Ⅰ 路 231，使 01 号换流变压器和换流阀充电，监视 01 号换流变压器和换流阀的运行；检查直流侧电压极性，等待直流电压稳定后，确认直流电压为当前阀侧线电压峰值。

（8）确认 220kV 湖边变电站 Ⅰ／Ⅱ 段母联保护已投入。

（9）220kV 湖边变电站鹭湖 Ⅱ 路 236 断路器转接 Ⅱ 母热备用，并确认 28B1 隔离开关处于断开状态。

（10）在监控后台解除鹭湖 Ⅱ 路 236 与 28B 断路器、28B1 隔离开关之间的联锁。

（11）在极 Ⅱ 隔离状态下指挥发令，合上鹭湖 Ⅱ 路 236 断路器。

（12）对极 Ⅰ、极 Ⅱ 的 U_S 进行同源核相。

（13）确认同源后，指挥发令断开鹭湖 Ⅰ 路 231 断路器。

（14）解锁换流阀（修改程序防止直流电压升至 320kV），由厂家执行换流阀逆变操作，启动录波，测量断路器两端交流电压相序、相角差，确认阀侧电压相序正确，相位与网侧电压一致。

（15）指挥发令，闭锁换流阀。

（16）如无异常，待电容电压完全释放后，继续进行后续项目试验。

(17）试验完成后恢复交流欠电压保护，交流频率保护，直流低电压保护。

(18）断开极Ⅱ交流侧鹭湖Ⅱ路 236 断路器。

(19）拆除极Ⅱ U_S 至极Ⅰ第一套直流控制系统 PCPA 的临时接线，恢复极Ⅰ U_S 接线。

7.2.4 试验结果分析

极Ⅰ换流阀充电波形如图 7-4 所示，图 7-4（a）表明 220kV 交流侧 231 断路器合闸之后，阀侧交流电压 U_{VC} 和直流侧电压 U_{DC} 迅速上升，由于通过充电电阻充电，交流网侧电流峰值限制在 100A 之内；20s 后，旁路断路器合闸；图 7-4（b）表明，在旁路断路器合闸之后，直流侧电压有所增大；图 7-4（c）表明，充电过程稳定之后，直流侧电压与阀侧交流电压大致相等，其数值约为阀侧线电压的峰值。

通过对图 7-5 换流阀 200ms 无源逆变得到的波形进行分析，验证了阀组触发相序以及控制保护系统锁相环节的正确性，阀侧电压核相结果正确，数据如表 7-1 所示。

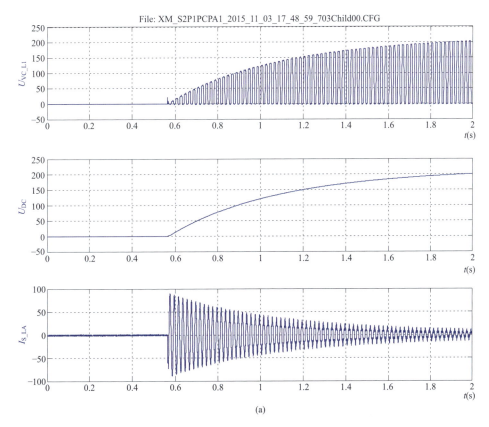

图 7-4 极Ⅰ换流阀充电波形（一）

(a）交流侧 231 断路器合闸

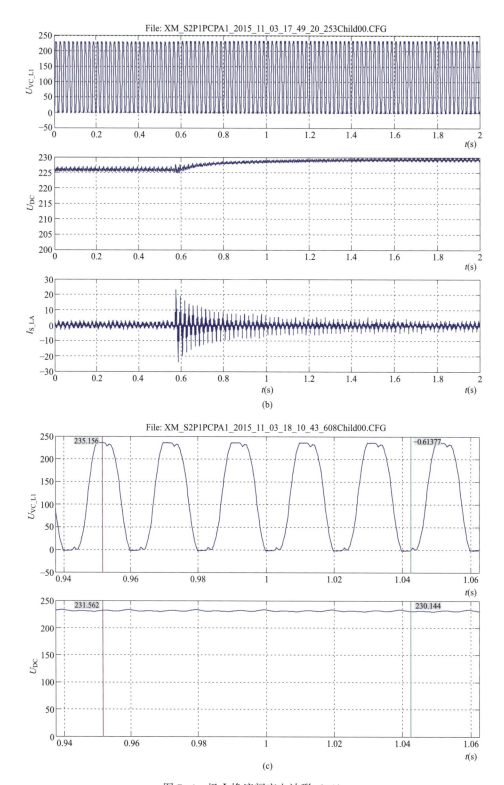

图 7-4 极 I 换流阀充电波形（二）

(b) 旁路断路器 28A 合闸；(c) 充电稳定状态

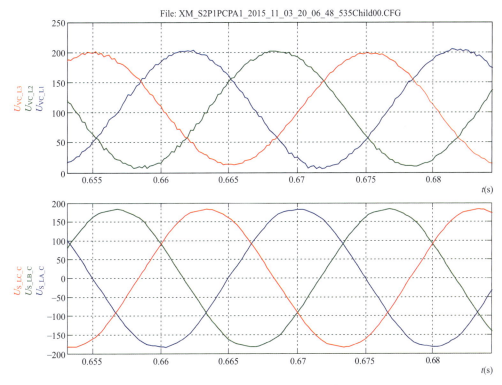

图 7-5　极Ⅰ换流阀无源逆变试验波形

表 7-1　换流阀解锁后数据记录

项目	阀侧电压相位	
	Δt（ms）	角度（°）
A	8.08	145.44
B	1.49	26.82
C	14.79	266.22

注　1. 以网侧 U_sA 相相位为基准，其他相位均是超前。
　　2. 换流变压器接线组别为 YD7。

7.3　空载升压（OLT）试验

空载升压试验是对换流阀首次有源状态下的解锁试验，考核控制系统是否可以正确控制直流侧电压，并对主设备的绝缘情况进行检验。空载升压试验分为不带线路手动空载升压、不带线路自动空载升压和带线路自动空载升压三种方式。

7.3.1　试验目的

（1）换流阀首次解锁，考核控制系统控制直流电压的能力。

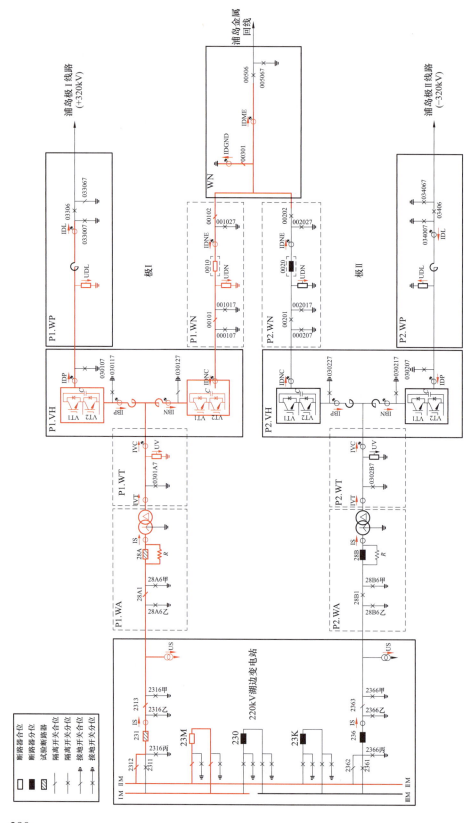

图 7-6 极 I 不带线路空载升压试验一次接线图

(2) 验证直流场一次设备的绝缘是否达到要求。

(3) 验证手动空载加压功能逻辑正确。

7.3.2 试验条件

以极Ⅰ不带线路自动空载升压为例讲述空载升压试验，一次接线图如图 7-6 所示，其余两种空载升压方式类似，区别在于不带线路手动空载升压试验，只需将空载升压方式设定为"手动"，而带线路自动空载加压试验需要在对站线路出线隔离开关断开的情况下将本站直流线路出线隔离开关 03306 合上。

(1) 极直流场断路器和隔离开关状态如图 7-6 所示。

(2) 保护定值及投退情况根据定值单整定。

(3) 本站该极运行方式为"空载加压"方式。

(4) 对站隔离，且未带电。

7.3.3 试验步骤

(1) 设置变压器分接头控制方式为"自动"，如图 7-7 所示。

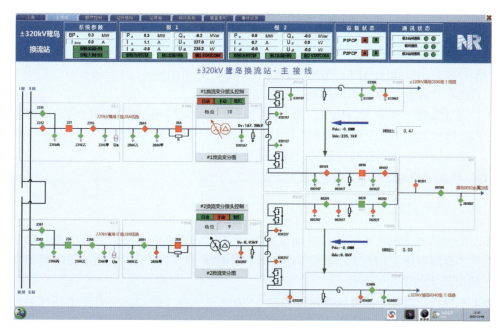

图 7-7 极Ⅰ不带线路空载升压试验一次设备状态

(2) 设置"空载加压"运行方式为"投入"，模式为"自动"，电压参考值为 300kV，等待 RFO 图标条件满足后，指挥发令，启动录波后，点击"运行"按钮解锁本站，如图 7-8 所示。

(3) 解锁后随着电压参考值的增加，直流电压也不断增加。当直流电压升至 320kV 后，直流电压维持当前值保持 2min。

(4) 之后直流电压不断减小，直至 300kV。

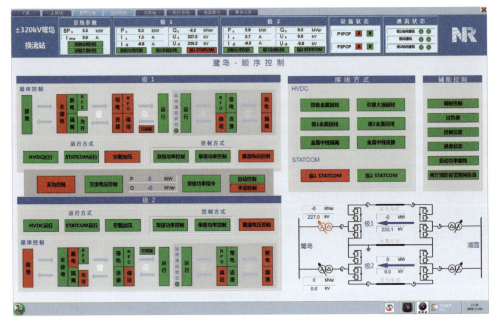

图 7-8 极Ⅰ不带线路空载升压试验顺序控制状态

（5）当直流电压降至 300kV 稳定后闭锁换流阀。

（6）等待直流电压降至约 236kV 时。

（7）点击"运行"重新钮解锁本站。

（8）当直流电压升至 320kV 后，按下主控室紧急停运按钮，并同时启动录波记录电压下降过程波形，计算电压下降时间常数。

（9）确认交流进线断路器已跳闸、阀已闭锁。

（10）设置"空载加压"运行方式为"退出"。

7.3.4 试验结果分析

如图 7-9 所示为极Ⅰ不带线路自动空载升压试验解锁波形，极Ⅰ不带线路自动空载升压解锁后，直流电压 U_{DC} 快速上升至 300kV，上升时间小于 200ms，解锁过程中网侧交流侧电流 I_S 瞬时最大值不超过 800A。

极Ⅰ不带线路自动空载升压全过程如图 7-10 所示，极Ⅰ解锁后，直流电压按照斜坡控制方式缓慢上升，约 50s 后其值达到额定值 320kV；维持约 2min 后，直流电压以相同的速率下降，并稳定在 300kV。

如图 7-11 所示为极Ⅰ不带线路自动空载升压试验闭锁的波形，闭锁之后直流侧电压缓慢下降，网侧交流电流迅速衰减至 0，最终为不控充电稳定状态。

如图 7-12 所示为极Ⅰ不带线路自动空载升压紧急停运试验波形，测试其放电时间常数约为 170ms。需要说明的是，该放电时间常数是在未带直流输电线路工况下测得的，在单侧带线路和双侧带线路的工况下均需要测试该放电时间常数，为运行操作提供依据。

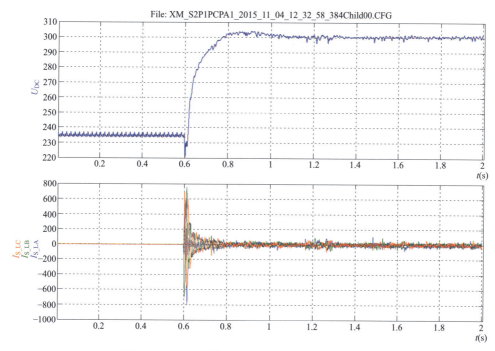

图7-9 极Ⅰ不带线路自动空载升压试验解锁波形

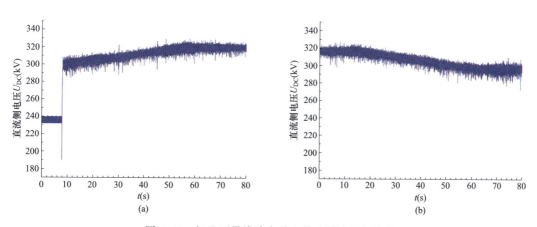

图7-10 极Ⅰ不带线路自动空载升压过程全过程
(a) 升压;(b) 降压

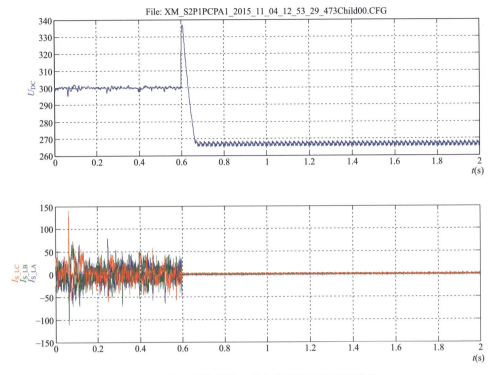

图 7-11 极 I 不带线路自动空载升压试验闭锁波形

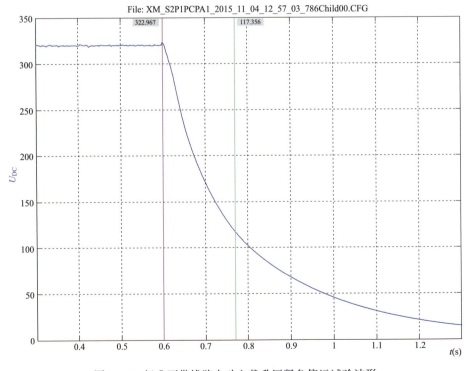

图 7-12 极 I 不带线路自动空载升压紧急停运试验波形

7.4 单极 STATCOM 运行试验

7.4.1 试验目的

验证该极静止无功补偿器定无功运行性能，控制保护系统电流二次相量校核。

7.4.2 试验条件

(1) 直流场断路器和隔离开关状态如图 7-7 所示。
(2) 保护投入正常。

7.4.3 试验步骤

(1) 设置该极运行方式为"STATCOM"方式，交流控制方式为"无功控制"，如图 7-13 所示。

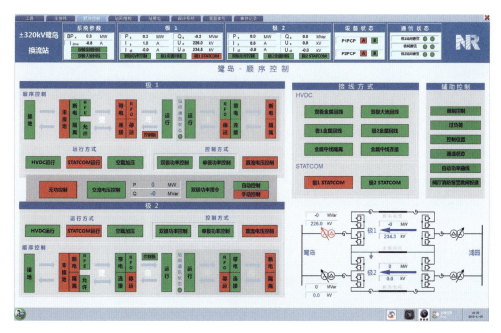

图 7-13 极 I STATCOM 试验顺序控制状态

(2) 确认本站充电完毕，RFO 条件满足。
(3) 启动录波后，点击"运行"按钮解锁本站。
(4) 设置无功功率指令为-50Mvar，达到稳态值后，保持 15min 进行检查测试，做屏幕截图。在无功升降过程中密切注意网侧交流电压，若发现交流电压出现越限，立即点击"指令保持"停止无功升降。
(5) 对该极以下电流相量进行检查：湖边变电站交流电流 I_s、01 号换流变压器高压侧套管电流 I_s、01 号换流变压器高压侧中性绕组电流、01 号换流变压器高压侧中性点零序电流、01号换流变压器低压侧首端电流、01号换流变压器低压侧末端电流、阀侧交流电流 I_{VC}、上桥臂电流 I_{BP}、下桥臂电流 I_{BN}。

（6）设置无功功率指令为0Mvar。

（7）设置无功功率指令为50Mvar，达到稳态值后，保持15min进行检查测试，做屏幕截图。在无功升降过程中密切注意网侧交流电压，若发现交流电压出现越限，立即点击"指令保持"停止无功升降。

（8）设置无功功率指令为0Mvar。

（9）停运本站。

7.4.4 试验结果分析

极Ⅰ STATCOM 试验稳态运行波形如图7-14所示。

（1）极Ⅰ STATCOM运行方式下，实际无功控制大小与控制指令值保持一致，无功升降过程中网侧交流电压正常。

（2）对该极以下电流相量进行检查：湖边变电站交流电流 I_S、01号换流变压器高压侧套管电流 I_S、01号换流变压器高压侧中性绕组电流、01号换流变压器高压侧中性点零序电流、01号换流变压器低压侧首端电流、01号换流变压器低压侧末端电流、阀侧交流电流 I_{VC}、上桥臂电流 I_{BP}、下桥臂电流 I_{BN}，核相结果正确。

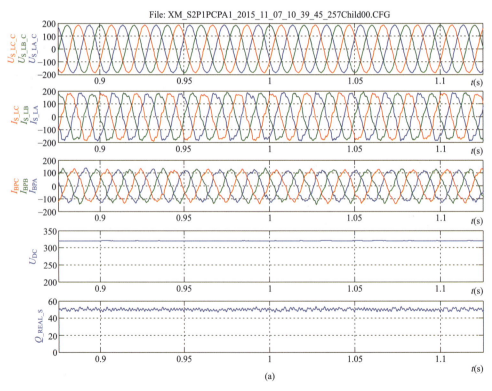

图7-14 极Ⅰ STATCOM 试验稳态运行波形（一）
（a）50Mvar波形

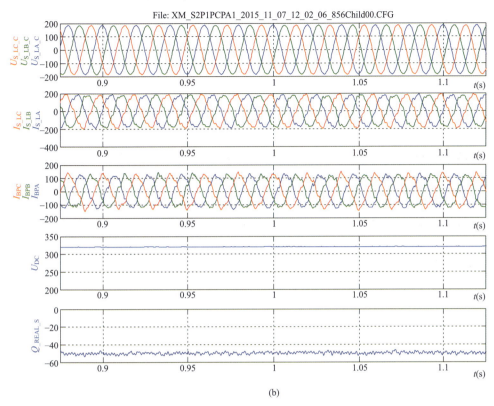

图 7-14 极 I STATCOM 试验稳态运行波形（二）
(b) -50Mvar 波形

7.5 交流电压控制试验

7.5.1 试验目的

验证该极静止无功补偿器定电压运行功能的正确性。

7.5.2 试验条件

同 7.4.2。

7.5.3 试验步骤

(1) 设置该极运行方式为"STATCOM"方式，控制方式为"无功控制"。
(2) 设置无功指令为 0Mvar。
(3) 确认该极充电完毕，RFO 条件满足。
(4) 点击"运行"按钮解锁本站。
(5) 在到达稳态后，将控制方式由无功控制切换为交流电压控制，如图 7-15 所示。

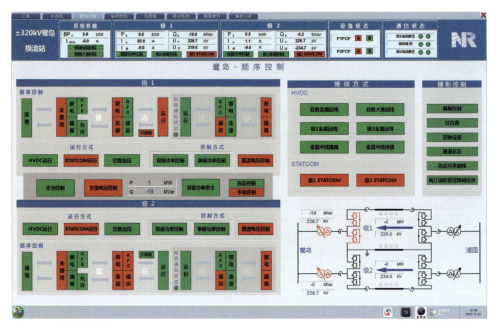

图 7-15 极Ⅰ交流电压控制顺序控制状态

(6) 设置电压变化速率为 2kV/min，再次启动录波，将电压指定下降，达到稳态值后，确认无功输出在运行范围内，保持 15min 进行检查测试，做屏幕截图。

(7) 再次启动录波，将电压指定恢复至初始值，做屏幕截图。

(8) 再次启动录波，将电压指定提高，达到稳态值后，确认无功输出在运行范围内，保持 15min 进行检查测试，做屏幕截图。

(9) 停运本站。

7.5.4 试验结果分析

极Ⅰ无功控制切换为交流电压控制波形如图 7-16 所示，可以看出极Ⅰ无功控制切换为交流电压控制后，参考电压 U_{ref} 无变化，无功功率保持为切换前的值，表明控制系统交流电压控制与无功控制方式参考指令跟踪良好，无功控制方式切换平滑。

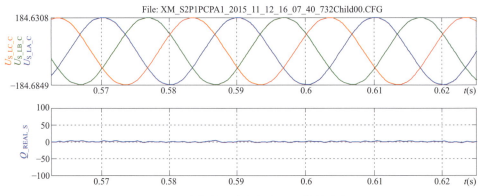

图 7-16 极Ⅰ无功控制切换为交流电压控制波形（一）

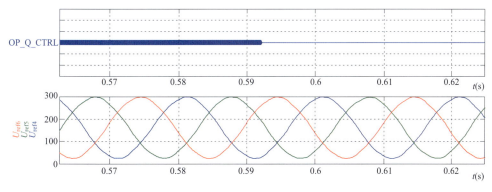

图 7-16 极 I 无功控制切换为交流电压控制波形（二）

极 I 交流电压控制波形如图 7-17 所示，交流网侧电压与定交流电压指令值保持一致，无功功率数值跟随交流电压变化。

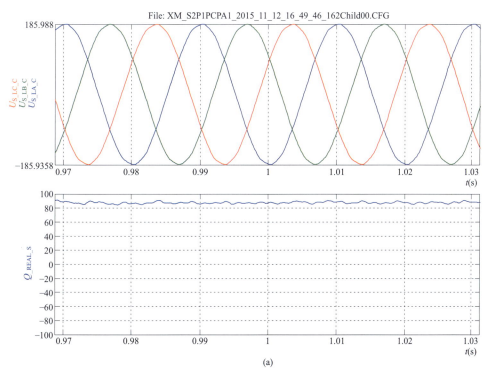

图 7-17 极 I 交流电压控制波形（一）
（a）无功控制切换为交流电压控制状态（交流电压指令 227.8kV，无功功率为 88Mvar）

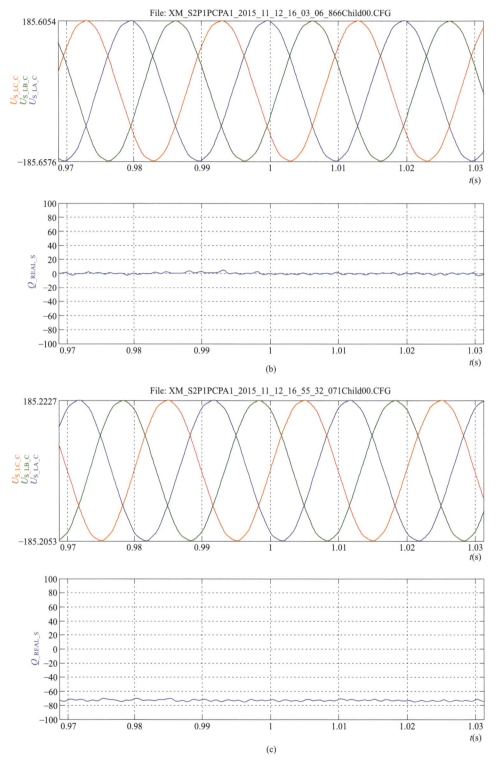

图 7-17 极 I 交流电压控制波形（二）

（b）交流电压指令 227.3kV，无功功率为 0Mvar；（c）交流电压指令 226.6kV，无功功率为 -72Mvar

7.6 分接头控制试验

7.6.1 试验目的

验证三相分接头控制模式时,带电情况下分接头的自动和手动控制性能。

7.6.2 试验条件

同 7.4.2。

7.6.3 试验步骤

(1) 按试验条件要求设置系统初始状态,以 STATCOM 方式解锁运行,选择无功功率控制方式并设置无功功率指令值为 50Mvar;初始运行状态如图 7-18 所示。

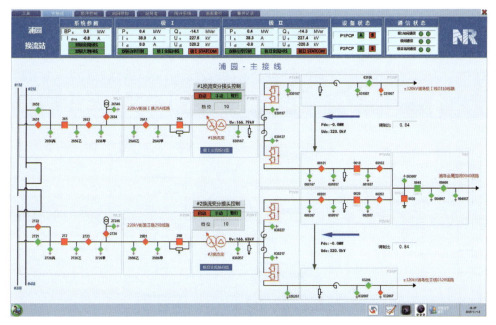

图 7-18 极 I 换流变压器分接头控制试验初始状态

(2) 分接头切换至手动控制模式,降低分接头挡位为 9 挡,核实三相换流变压器挡位变化正常,调制比降低(由 0.84 变化为 0.83),如图 7-19 所示。

(3) 分接头切换至自动控制模式,并将调制比下限定值由 0.75 修改为 0.84。

(4) 核实分接头逐渐升高,三相挡位同时变化;调整完成后,换流变压器升为 12 挡,调制比为 0.86;将调制比下限定值恢复,如图 7-20 所示。

(5) 将调制比下限定值由 0.95 修改为 0.85。

(6) 核实分接头逐渐降低,三相挡位同时变化。调整完成后,换流变压器将为 9 挡,调制比为 0.83;将调制比上限定值恢复,如图 7-21 所示。

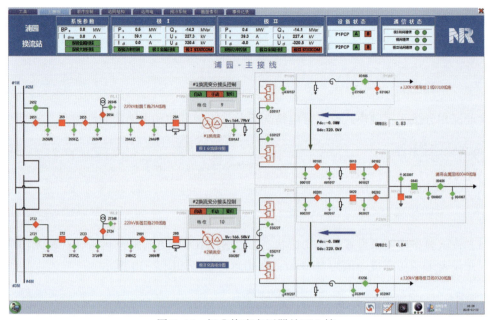

图 7-19 极Ⅰ换流变压器处于 9 挡

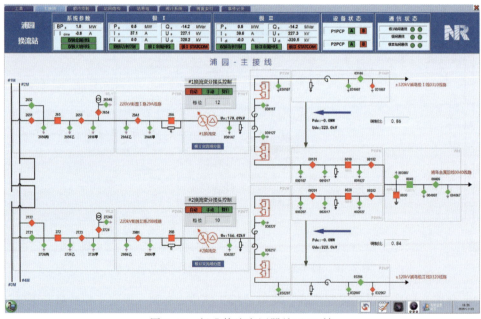

图 7-20 极Ⅰ换流变压器处于 12 挡

7.6.4 试验结果分析

（1）分接头切换至手动控制模式，调挡过程中三相挡位同时变化，调制比也发生相应的变化。

（2）手动逐挡调节分接头挡位至超过调制比上限或者下限后，切换到自动模式，挡位可以自动调整，使调制比满足上下限要求。

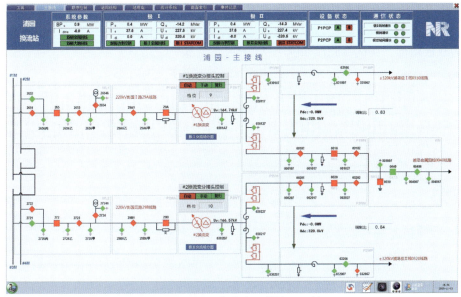

图 7-21 极 I 换流变压器处于 9 挡

7.7 双极 STATCOM 试验

换流站的两个极交流进线间隔通常来自同一个变电站,因此两极交流电压一般为同一个电压。在无功功率控制策略中,两个极的无功功率控制目标需一致,同时为无功功率控制或交流电压控制,两个极平均分配无功功率负荷。当然,两个极同步平均对无功功率目标进行控制时,需要依赖极间通信;在极间通信异常的情况下,两个极可以单独对各自极的无功进行调节,但是不允许单独对交流电压进行控制。双极 STATCOM 试验重点验证两个极之间在无功功率控制方式和交流电压控制方式下,两个极在各种运行工况下的无功功率协调配合性能;还需要检验在极间通信异常的情况下,无功功率控制的性能。

7.7.1 试验目的

(1) 测试单极 STATCOM 运行和双极 STATCOM 运行的相互转换,以及双极 STATCOM 方式运行时无功功率在两极的平均分配。
(2) 测试双极运行下单极停运后,另外一极无功补偿功能。
(3) 测试验证双极 STATCOM 方式下交流电压控制功能。

7.7.2 试验条件

(1) 极 I、极 II 单极 STATCOM 试验已完成。
(2) 两个极都具备 STATCOM 运行条件。

7.7.3 试验步骤

一、STATCOM 无功功率控制下单双极转换

(1) 极 II STATCOM 方式下,单极解锁。

(2) 极Ⅱ稳定后，带无功功率升到 50Mvar。

(3) 解锁极Ⅰ，极Ⅰ解锁后无功功率初始为 0，之后以固定的速率上升，系统从单极运行转化为双极运行，其试验波形如图 7-22 所示。

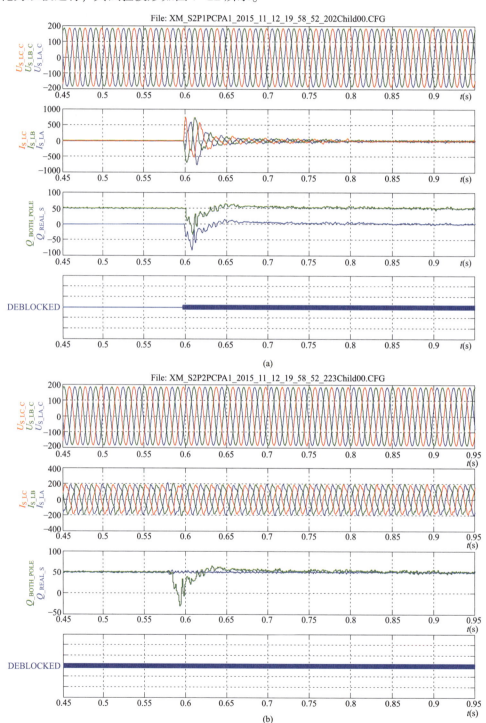

图 7-22 双极 STATCOM 无功功率控制方式一极解锁试验波形（一）
(a) 极Ⅰ解锁；(b) 极Ⅰ解锁时极Ⅱ正常运行

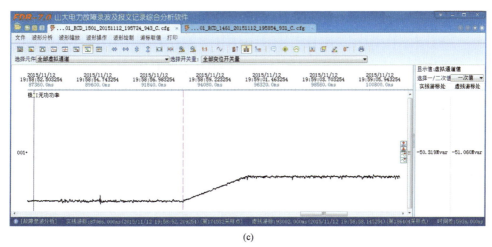

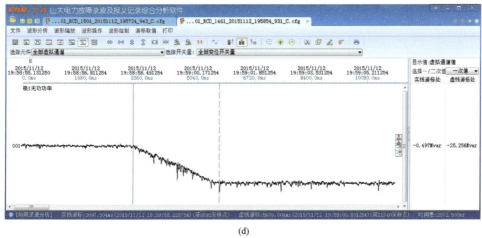

图 7-22 双极 STATCOM 无功功率控制方式一极解锁试验波形（二）
(c) 极Ⅱ无功功率变化过程；(d) 极Ⅰ无功变化过程

(4) 稳定运行后，无功功率在两极平均分配。由图 7-22 易知，极Ⅰ在 19∶58∶52 解锁后并不立即升无功功率，而是等待约 6s（19∶58∶58）极Ⅰ稳定后才开始以设定的功率升无功功率，功率上升的速率为内部设定值 10Mvar/s，最终两极无功功率平均分配，稳定运行波形如图 7-23 所示。

(5) 在双极运行带无功功率 50Mvar 方式下，点击极Ⅰ停运按钮，极Ⅰ无功功率降，其下降过程与功率上升过程类似，速率也为 10Mvar/s。功率将为 0 后闭锁，系统从双极运行方式转化为单极运行方式，闭锁波形如图 7-24 所示。

二、STATCOM 交流电压控制下单双极转换

(1) 极ⅡSTATCOM 方式下，单极解锁。
(2) 将无功控制方式切换到交流电压控制，等待系统稳定。
(3) 极Ⅰ解锁，极Ⅰ解锁后无功功率初始为 0，之后以固定的速率上升，系统从单极运行转化为双极运行，解锁波形如图 7-25 所示。

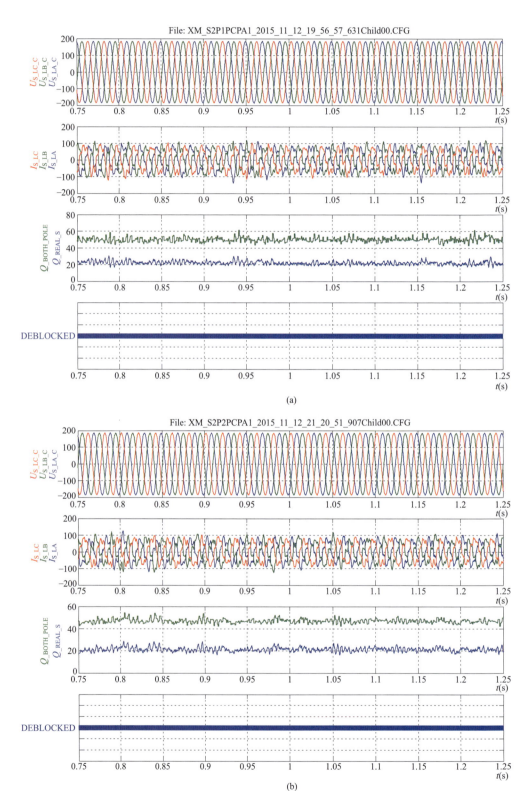

图 7-23 双极 STATCOM 无功功率控制方式稳定运行波形
(a) 极 I 稳态波形；(b) 极 II 稳态波形

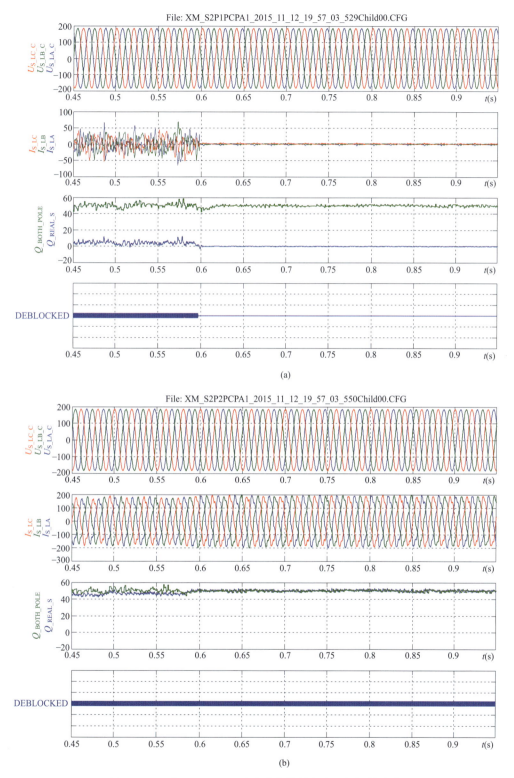

图 7-24 双极 STATCOM 无功功率控制方式一极闭锁波形
(a) 极 I 闭锁；(b) 极 II 正常运行

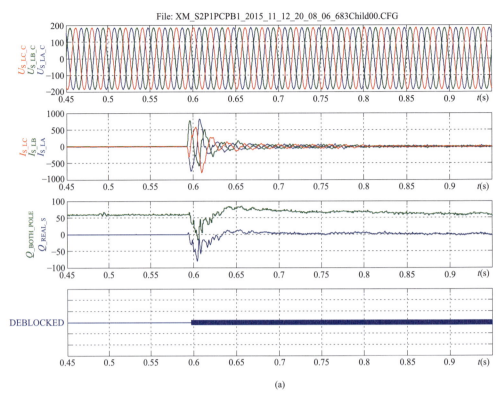

(a)

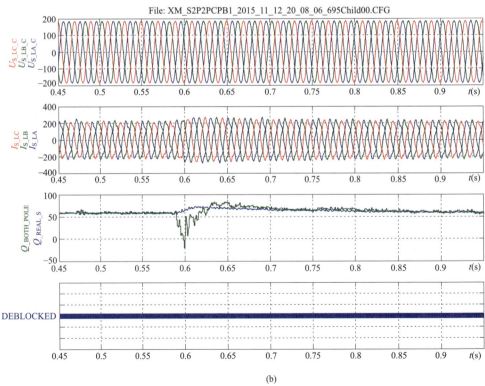

(b)

图 7-25 双极 STATCOM 交流电压控制方式一极解锁波形（一）
(a) 极 Ⅰ 解锁；(b) 极 Ⅱ 正常运行

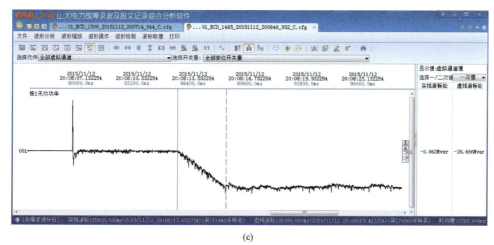

(c)

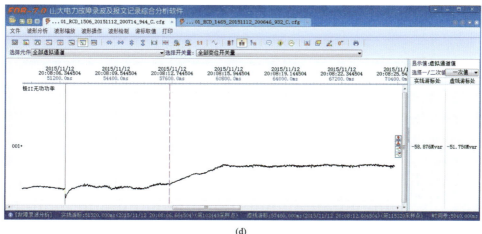

(d)

图 7-25 双极 STATCOM 交流电压控制方式一极解锁波形（二）

(c) 极 Ⅰ 无功功率变化；(d) 极 Ⅱ 无功功率变化

（4）稳定运行后，交流侧电压由双极共同控制，无功功率在两极平均分配。由图 7-25 易知，两极无功功率平均分配的过程与无功功率控制方式下过程类似，极 Ⅰ 在 20：08：06 解锁后并不立即升无功功率，而是等待约 6s（20：08：12）极 Ⅰ 稳定后才开始以设定的功率升无功，功率上升的速率为内部设定值 10Mvar/s，最终两极无功功率平均分配并将交流电压调整到指令值，稳态运行波形如图 7-26 所示。

（5）在双极交流电压控制方式下，点击极 Ⅰ 停运按钮。其功率下降过程与功率上升过程类似，速率也为 10Mvar/s；停运极 Ⅰ 后，系统从双极运行方式转化为单极运行方式，闭锁波形如图 7-27 所示。

三、双极 STATCOM 无功功率控制下极间通信异常试验

（1）极 Ⅰ、极 Ⅱ STATCOM 方式运行。

（2）极 Ⅰ 带无功功率升到 50Mvar。

（3）断开极间通信两路链路。

（4）核实极 Ⅰ 和极 Ⅱ 的无功均能独立调节。

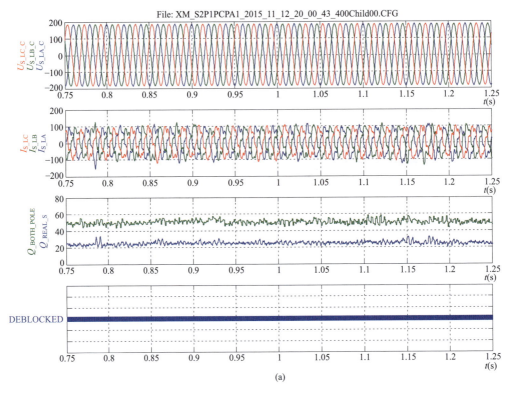

(a)

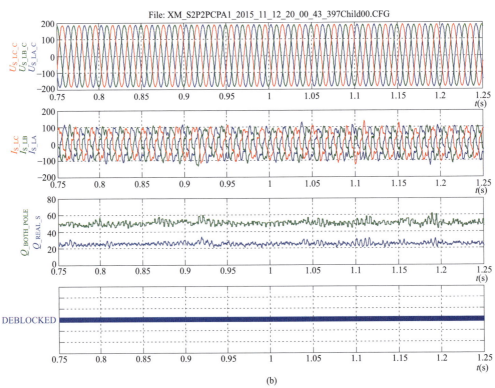

(b)

图 7-26 双极 STATCOM 交流电压控制方式稳态运行波形
(a) 极 I 稳态运行波形；(b) 极 II 稳态运行波形

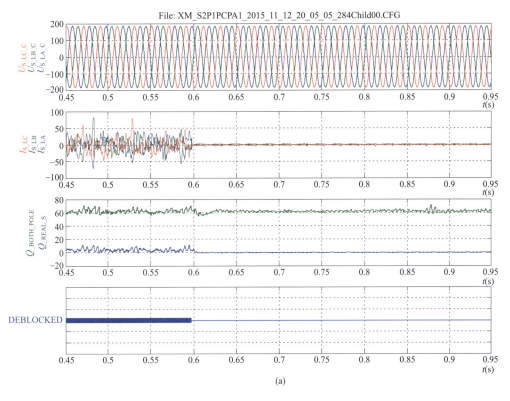

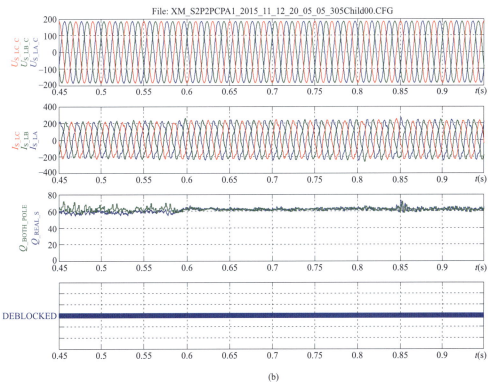

图 7-27 双极 STATCOM 交流电压控制方式一极闭锁波形
（a）极Ⅰ闭锁；（b）极Ⅱ正常运行

在极间通信异常的情况下，两极功率可单独调节，如图 7-28 所示，极 Ⅰ 无功功率为 20Mvar，极 Ⅱ 无功功率为 29Mvar。值得注意的是，在极间通信异常的情况下，系统禁止交流电压控制方式的调节。

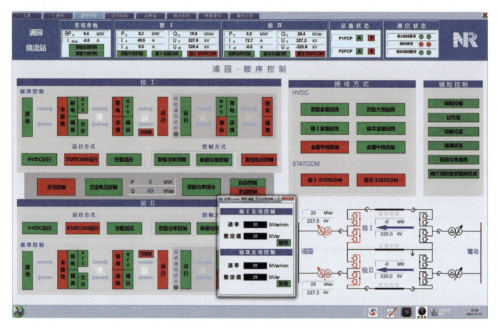

图 7-28　极 Ⅰ 无功功率 20Mvar，极 Ⅱ 无功功率 29Mvar

7.7.4　试验结果分析

在无功功率控制模式和交流电压控制模式下，单极解锁、正常运行以及闭锁过程中，双极 STATCOM 功率分配正确，模式切换正常。值得注意的是，不论以哪种方式解锁或者闭锁，都是在零功率下完成的。因此，一极零功率解锁之后其无功功率按照设定的速率上升，参与分担无功负荷；闭锁的过程刚好相反，闭锁极需要等待无功功率降为 0 之后才发出闭锁换流阀的指令。

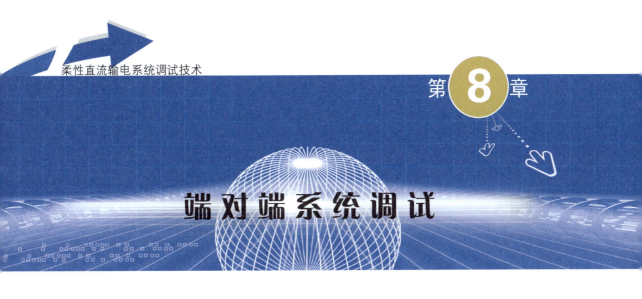

端对端系统调试

端对端系统调试的目的是为了考核组成该柔性直流输电工程的各分系统以及整个直流输电系统的性能是否已经符合了有关国家标准所规定的要求,是否达到了供货商在供货合同中承诺的设备技术规范所保证的性能指标。通过系统调试,协调和优化设备之间、各分系统之间的配合,以提高系统的整体综合运行性能,以及直流投入运行后交、直流联合系统的运行性能。

本章结合厦门±320kV柔性直流输电科技示范工程现场端对端系统调试,讲述该阶段的各项试验,着重介绍试验的目的、试验的条件、试验的步骤并对试验结果进行分析。

8.1 初始运行试验

初始运行试验考核控制系统启停时序配合,也考核主设备带初负荷的能力。在系统带负荷之后,对于保障系统安全的试验要首先考虑完成。因此,在进行指令系统的启停试验后,应尽快完成紧急停运试验、控制系统切换试验、就地控制试验以及保护跳闸试验等。

8.1.1 启停试验

一、试验目的

检验和考核控制保护系统对直流正常启停逻辑功能、被试站能否平滑地解锁及闭锁,控制保护系统二次相量校核。

柔性直流的功率控制可不依赖于站间通信,因此分别模拟站间通信正常和站间通信异常情况下,控制系统的控制性能。

二、试验条件

(1) 交流场设备带电试验完毕,试验合格。

(2) 交流系统已经准备好通过浦园换流站向鹭岛换流站输送100MW功率。

(3) 控制各换流站交流母线电压在以下范围内:浦园换流站222~235kV,鹭岛换流站222~235kV。

(4) 各站的单站STATCOM试验已完成。

(5) 浦园和鹭岛换流站间直流电缆的OLT试验已完成。

(6) 极ⅠHVDC运行一次接线如图8-1所示。

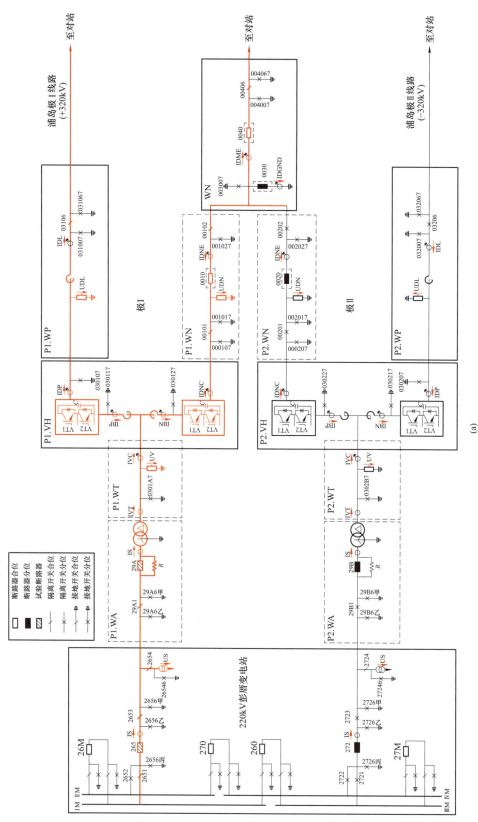

图 8-1 极 I HVDC 运行一次接线图（一）
(a) 浦园换流站

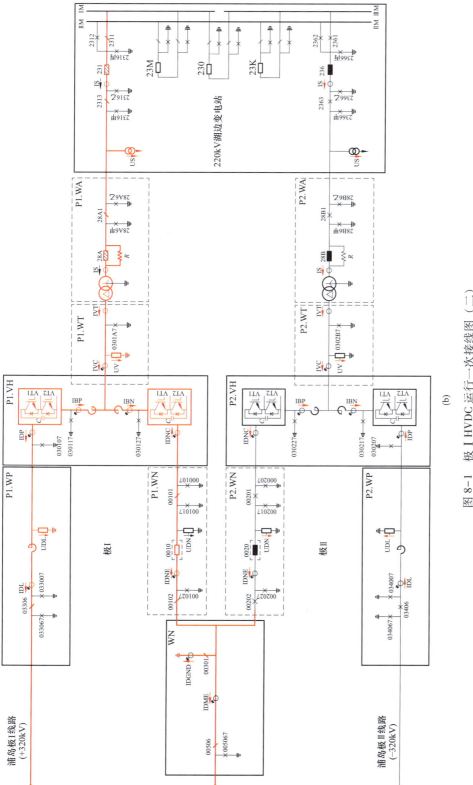

图 8-1 极 I HVDC 运行一次接线图（二）
(b) 鹭岛换流站

三、试验方法及步骤

(1) 选择运行方式为"HVDC 运行"方式,定直流电压站选择"直流电压控制"方式,定功率站选择"单极功率控制"或"双极功率控制"方式,如图 8-2 所示。

图 8-2 运行方式及控制方式选择图

(2) 各站进行顺序控制,使两端换流站进入 HVDC"连接"状态,如图 8-3 所示。

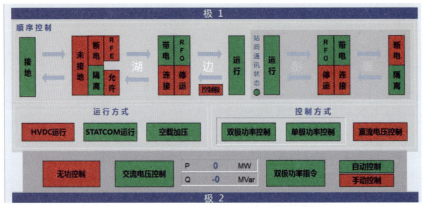

图 8-3 HVDC"连接"顺序控制状态图

(3) 浦园换流站确认 RFE 条件满足(如图 8-4 所示)后,合上彭厝变电站 265 断路器进行不控充电,并密切监视网侧电压。

图 8-4 HVDC 充电准备就绪(RFE)状态图

(4)鹭岛换流站确认 RFE 条件满足后,合上湖边变电站 231 断路器进行不控充电,并密切监视网侧电压。

(5)鹭岛换流站等待 RFO 条件满足(如图 8-5 所示)后,点击"运行"。

图 8-5　HVDC 运行准备就绪(RFO)状态图

(6)浦园换流站等待 RFO 条件满足(含鹭岛换流站已解锁)后,点击"运行",如图 8-6 所示。

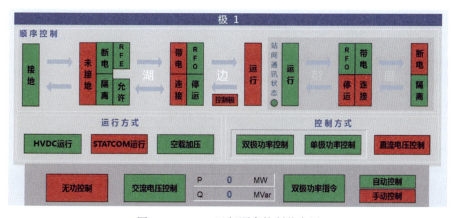

图 8-6　HVDC 运行顺序控制状态图

(7)定直流电压站启动结束,定功率控制站中,当控制方式选择为"单极功率控制"时,点击"单极功率控制"按钮,弹出对话框,根据要求输入有功功率上升速率和整定值,或输入"无功控制"中无功功率上升速率和整定值;当控制方式为"双极功率控制"时,点击"双极功率指令"按钮,弹出对话框,根据要求输入有功功率上升速率和整定值,或输入"无功控制"中无功功率上升速率和整定值。

(8) 待功率上升至设定值并稳定运行后进行相关二次相量的测量。

(9) 保持稳态运行 30min,核实系统运行是稳定的,记录稳态工况,其运行状态如图 8-7 所示。

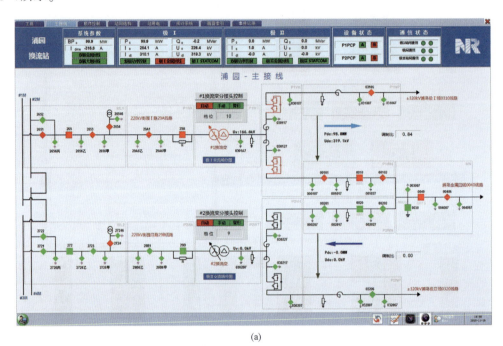

(a)

(b)

图 8-7 极 I HVDC 稳态运行状态
(a) 浦园换流站;(b) 鹭岛换流站

(10)浦园换流站点击"停运",系统将浦园换流站功率以设定的速率降到 0 后自动闭锁阀,如图 8-8 所示。

图 8-8　HVDC"停运"图

(11)浦园换流站已停运后,鹭岛换流站点击"停运"。
(12)换流阀闭锁后,两站运行人员分别断开交流进线断路器。
(13)各站分别进行极隔离。

四、试验结果分析

图 8-9 表明,浦园换流站交流侧 265 断路器合闸之后,两站直流电压上升,上升过程类似于 7.2 节的单站阀充电过程。浦园换流站充电稳定后,鹭岛换流站交流侧 231 断路器合闸充电,直流侧电压有小幅跌落,经过 0.3s 后恢复到不控充电稳态电压。

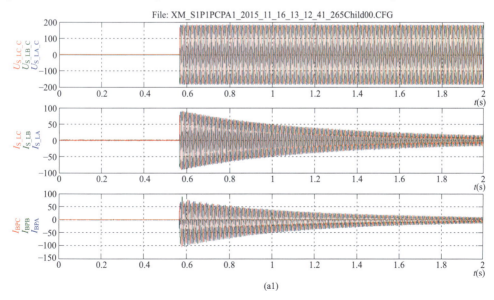

(a1)

图 8-9　HVDC 启动两站先后充电波形(一)
(a1)浦园换流站 265 断路器合闸充电波形

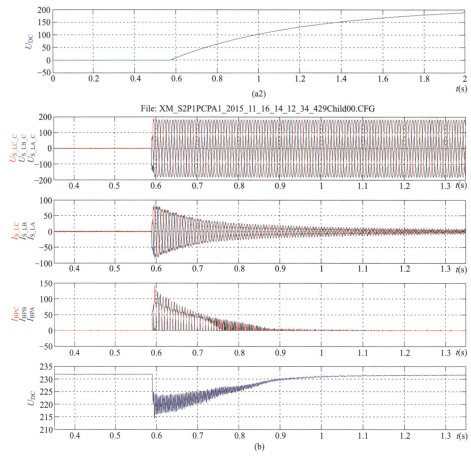

图 8-9 HVDC 启动两站先后充电波形（二）

（a2）浦园换流站 265 断路器合闸充电波形；（b）鹭岛换流站 231 断路器合闸充电波形

鹭岛换流站作为定直流电压站，首先解锁。其解锁后，直流侧电压快速上升至 300kV，之后以斜坡控制方式上升到 320kV；从解锁到电压上升到额定值约 5s，如图 8-10（b）所示。直流电压建立后，浦园换流站解锁，其解锁瞬间需要向阀子模块充电，直流电压短暂下降，经过约 0.1s 后进入稳态。

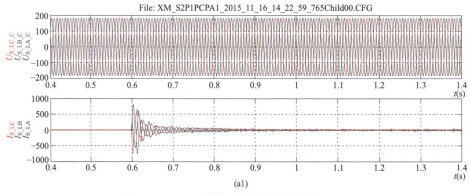

图 8-10 HVDC 启动两站先后解锁波形（一）

（a1）鹭岛换流站解锁波形

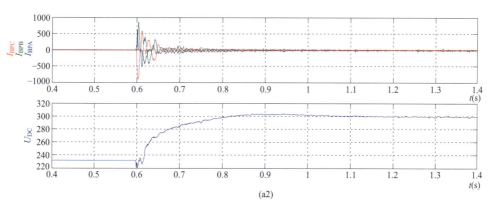

(a2)

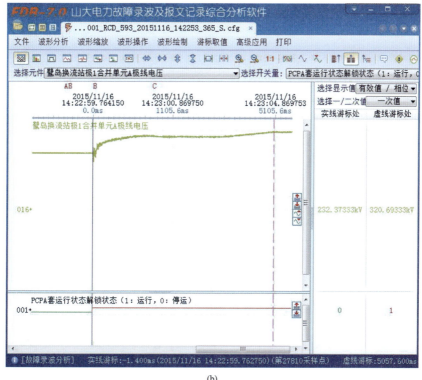

(b)

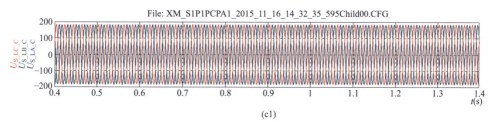

(c1)

图 8-10　HVDC 启动两站先后解锁波形（二）

（a2）鹭岛换流站解锁波形；（b）鹭岛换流站解锁后直流电压上升全过程波形；（c1）浦园换流站解锁波形

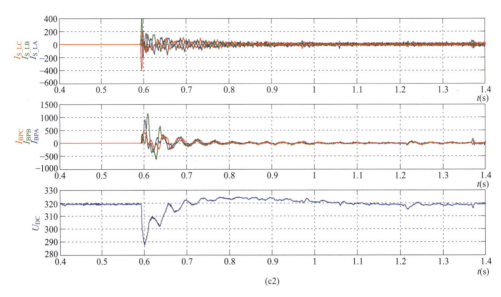

图 8-10 HVDC 启动两站先后解锁波形（三）
（c2）浦园换流站解锁波形

浦园换流站作为定有功功率站，输入功率指令后，系统负荷按照既定的速率上升，稳态运行时准确跟踪系统指令。两站无功功率指令单独分别设定，稳态运行时也可准确跟踪系统指令，如图 8-11 所示。

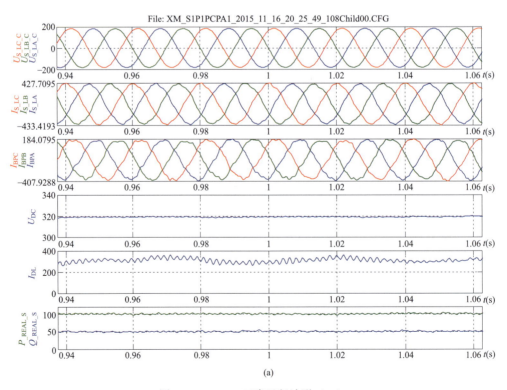

图 8-11 HVDC 正常运行波形（一）
（a）浦园换流站 HVDC 运行波形（100MW/50Mvar）

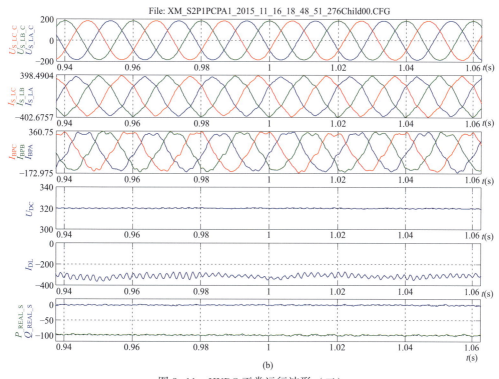

图 8-11 HVDC 正常运行波形（二）
(b) 鹭岛换流站 HVDC 运行波形（100MW/0Mvar）

控制保护系统对直流正常启停逻辑功能正确、被试站能平滑地解锁及闭锁，启停时序配合正确。同时，对控制保护系统二次相量进行测量，检查各差动保护的差流。由于负荷电流可以控制，因此进行带负荷测相量试验可以不退出差动保护，在升负荷的过程中密切关注差流值，防止二次电流回路错误造成差动保护误动作。

站间通信异常试验仅需拔出极Ⅰ站间通信的两路光纤，模拟站间通信异常，其他试验方法及步骤与站间通信正常的情况下类似。

8.1.2 紧急停运试验

一、试验目的

检验手动启动紧急停运功能。从安全角度来看，本试验对后续的带负荷试验，尤其是大负荷试验是非常重要的。

二、试验条件

同 8.1.1 第二点。

三、试验方法及步骤

（1）两站极Ⅰ进入 HVDC 稳定运行状态。

（2）在浦园换流站/鹭岛换流站按下"紧急停运"按钮，检查两站极Ⅰ阀闭锁情况以及交流侧断路器是否正确跳闸。

四、试验结果分析

如图 8-12 所示，浦园换流站极Ⅰ手动启动紧急停运，直流系统正确闭锁并跳闸，浦园、鹭岛极Ⅰ交流进线开关跳开，在紧急停运过程中未出现意外的暂态电流及暂态电压。两站跳闸之后，极Ⅰ直流电压自然衰减，测试其时间常数约为 21.5s。

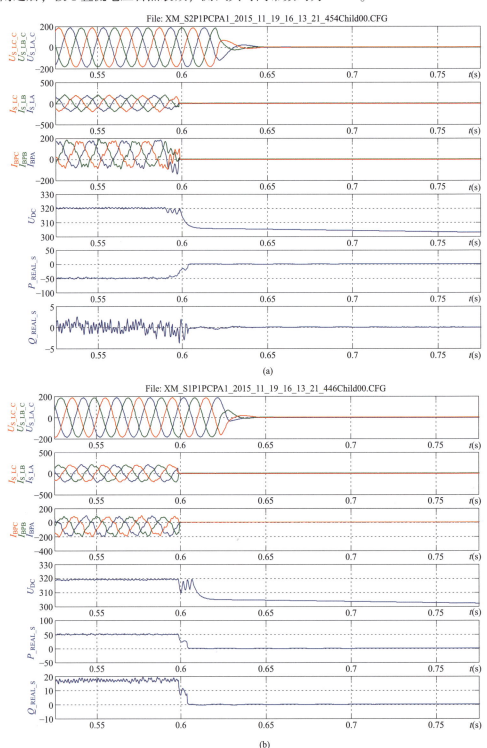

图 8-12　HVDC 控有功功率站急停试验波形（一）
(a) 鹭岛换流站波形；(b) 浦园换流站波形

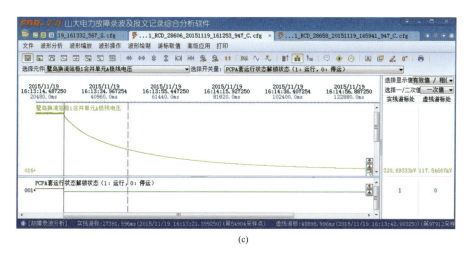

图 8-12　HVDC 控有功功率站急停试验波形（二）

(c) 直流电压下降波形

如图 8-13 所示，鹭岛换流站极Ⅰ手动启动紧急停运，直流系统正确闭锁并跳闸，浦园、鹭岛极Ⅰ交流进线开关跳开，在紧急停运过程中未出现意外的暂态电流及暂态电压。两站跳闸之后，极Ⅰ直流电压自然衰减，测试其时间常数约为 21.2s。

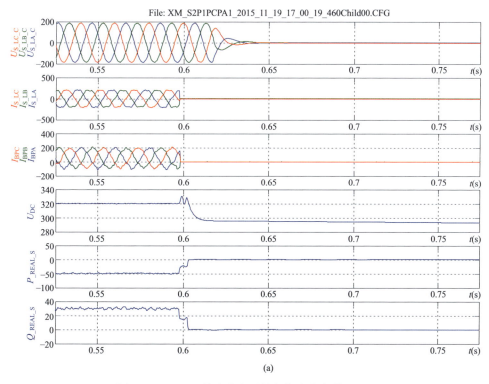

图 8-13　HVDC 控直流电压站急停试验波形（一）

(a) 鹭岛换流站波形

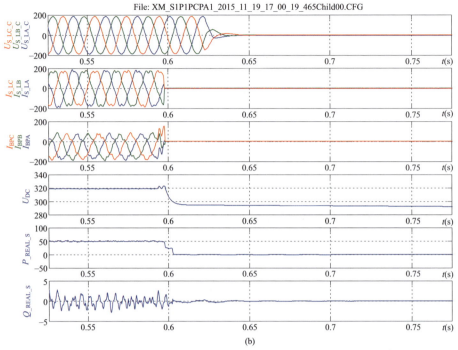

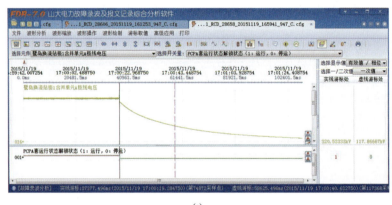

(c)

图 8-13 HVDC 控直流电压站急停试验波形（二）
(b) 浦园换流站波形；(c) 直流电压下降波形

8.1.3 控制系统手动切换试验

一、试验目的

直流控制系统有两套系统，一主一备，本试验检验第一/二套直流控制系统手动系统切换功能是否正常。

二、试验条件

同前。

三、试验方法及步骤

（1）各站极Ⅰ按顺序控制进入"运行"状态；等直流电压达到320kV且稳定后，浦园换流站将极Ⅰ有功功率参考值改为100MW，功率上升速率为20MW/min。

(2) 在浦园换流站 OWS 运行人员控制界面上，将极 I 第一套直流控制系统 PCP A 切换到备用。

(3) 检查第二套直流控制系统 PCP B 已变为有效系统，切换时无扰动，直流输电系统继续正常运行。

(4) 检查 VBC 系统由 A 系统切换到 B 系统，如图 8-14（a）所示。

(5) 在 OWS 运行人员控制界面上，第二套直流控制系统 PCP B 切换到备用。

(6) 检查第一套直流控制系统 PCP A 已变为有效系统，直流输电系统继续正常运行。

(7) 检查 VBC 系统由 B 系统切换到 A 系统，如图 8-14（b）所示。

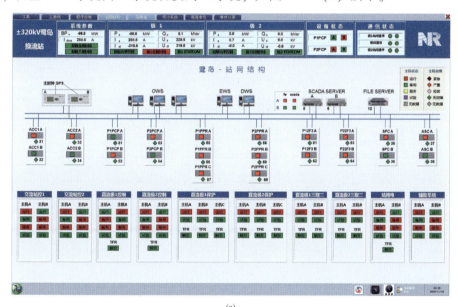

(a)

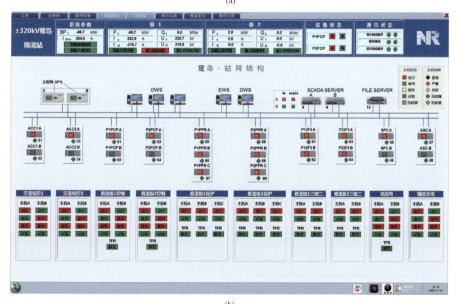

(b)

图 8-14 鹭岛极 I PCP 系统手动切换试验
(a) A 系统切为 B 系统；(b) B 系统切为 A 系统

四、试验结果分析

在鹭岛极 Ⅰ PCP 系统 A 系统切换到 B 系统过程中,直流电压、直流电流以及功率均保持不变,说明切换过程平滑,备用系统跟踪值班系统良好;阀控系统正确跟随极控系统值班状态,由 VBC A 切换至 VBC B,如图 8-15 所示。

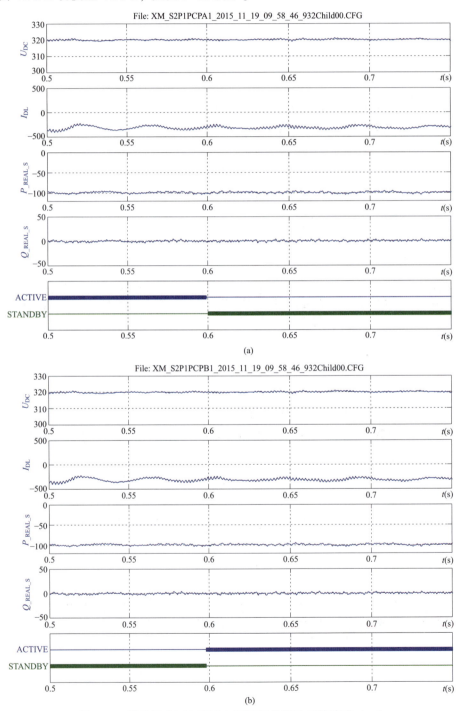

图 8-15 鹭岛极 Ⅰ PCP 系统 A 系统切换到 B 系统波形(一)
(a) PCP A 系统切换波形;(b) PCP B 系统切换波形

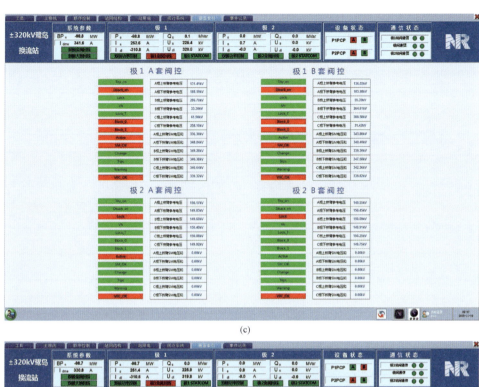

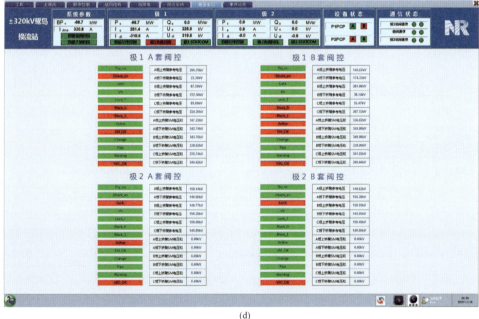

图 8-15 鹭岛极 I PCP 系统 A 系统切换到 B 系统波形（二）
(c) 阀控系统 VBC 切换前状态；(d) 阀控系统 VBC 切换后状态

在鹭岛极 I PCP 系统 B 系统切换到 A 系统过程中，直流电压、直流电流以及功率均保持不变，说明切换过程平滑，备用系统跟踪值班系统良好；阀控系统正确跟随极控系统值班状态，由 VBC B 切换至 VBC A，如图 8-16 所示。

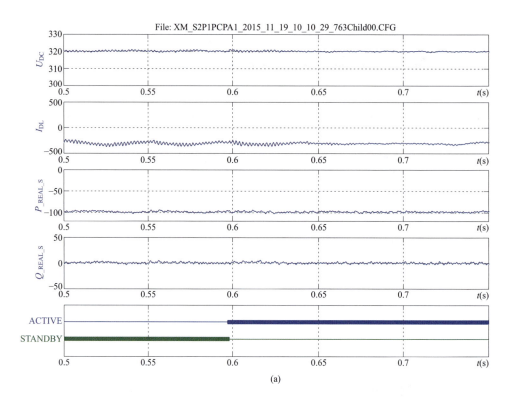

(a)

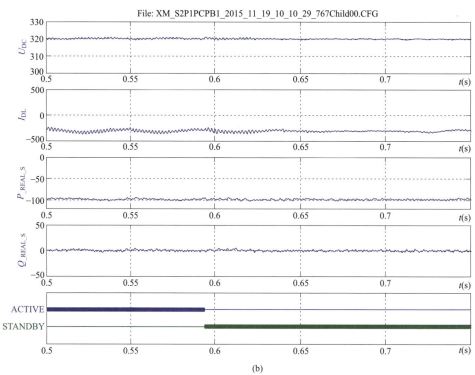

(b)

图 8-16 鹭岛极 I PCP 系统 B 系统切换到 A 系统波形（一）
（a）PCP A 系统切换波形；（b）PCP B 系统切换波形

(c)

(d)

图 8-16　鹭岛极 I PCP 系统 B 系统切换到 A 系统波形（二）
(c) 阀控系统 VBC 切换前状态；(d) 阀控系统 VBC 切换后状态

8.1.4　就地控制试验

一、试验目的

本试验检验在就地控制 LOC 柜能对直流系统进行相应的操作。

二、试验条件

在极Ⅰ就地控制屏 LOC 将极控制系统 PCP 和交流场测控装置 ACC 的控制位置把手由"站控"切换为"就地",OWS 运行人员工作站观察显示的控制位置是否切换成功,如图 8-17 所示。其余试验条件同 8.1.1 节第二点。

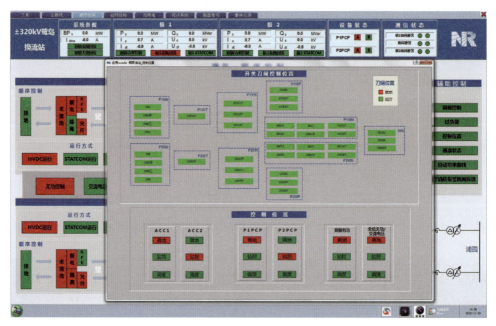

图 8-17 极控制系统控制位置

三、试验方法及步骤

试验方法及步骤与 8.1.1 启停试验类似,只是所有的操作是在就地控制屏上完成的。

四、试验结果分析

与 8.1.1 启停试验类似,只是所有的操作是在就地控制屏上完成的。

如图 8-18 所示,就地控制试验结果与 OWS 控制试验结果基本一致,解锁过程平滑,功率控制正确跟踪系统指令值;闭锁过程中,功率降为 0 后控制系统将阀闭锁。

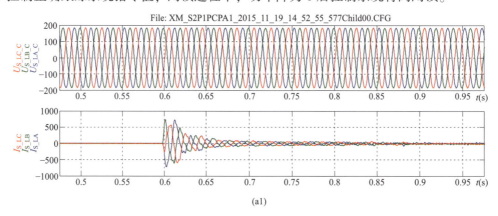

(a1)

图 8-18 就地控制屏 LOC 启停试验(一)
(a1)解锁波形

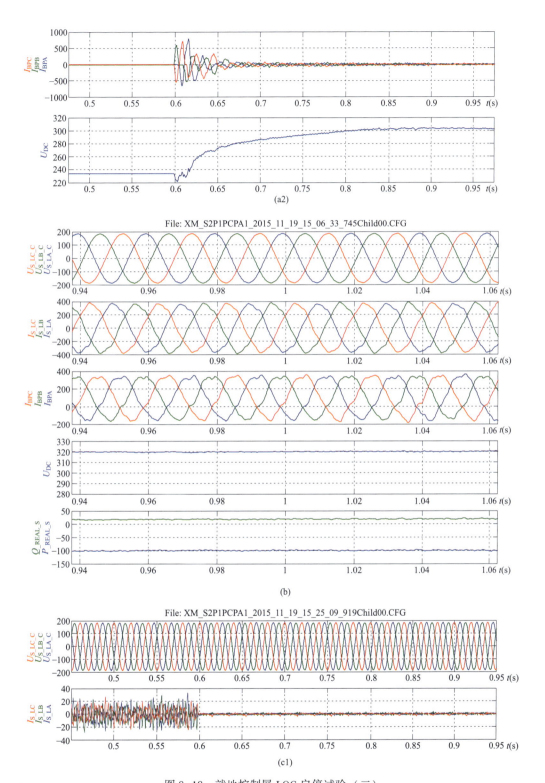

图 8-18 就地控制屏 LOC 启停试验（二）

（a2）解锁波形；（b）稳态运行波形（$P=100$MW，$Q=20$Mvar）；（c1）闭锁波形

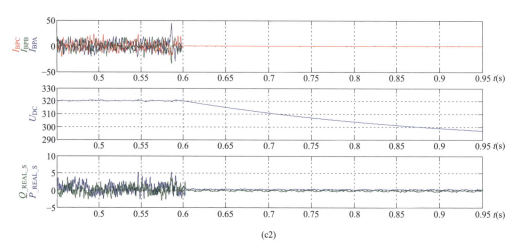

图 8-18 就地控制屏 LOC 启停试验（三）

（c2）闭锁波形

此外，还可以在就地控制方式下，进行控制系统切换、功率升降"暂停"等试验，限于篇幅，此处不再赘述。

8.2 保护跳闸试验

保护设备是系统安全运行的最后一道防线，因此，在端对端系统调试启停试验完成后，应优先考虑开展保护跳闸试验。在带负荷的工况下再进行保护跳闸试验，还要验证保护系统与控制系统的协调配合，考核控制系统在保护跳闸过程中的性能，观察是否会出现意外的暂态过电流或者过电压，直流系统是否能可靠闭锁并跳闸。保护装置的设备种类较多，带电调试阶段难以对每套保护每个保护功能都进行试验，保护种类的选择要尽量涵盖各种设备。本工程调试时，选择直流保护 PPR、换流变压器保护 CTP、阀控系统 VBC 以及阀冷设备分别模拟一种保护进行带电跳闸试验。

8.2.1 模拟 PPR 交流过电压保护跳闸试验

一、试验目的

本试验检验交流过电压保护跳闸功能逻辑正确。

二、试验条件

不带电保护跳闸试验已完成，其余条件同 8.1.1 启停试验。

三、试验方法及步骤

（1）等待两站极 I 系统进入稳态运行，输送功率 100MW。

（2）浦园换流站极 I 将 PPR C 切换为试验态，将 PPR A 交流过电压保护定值从 1.2（标幺值）改为 0.9（标幺值）。

（3）核实动作过程：

1）延时 1600ms 请求系统切换。

2）延时 2000ms 后闭锁。

3）跳开 231、265 断路器。

（4）浦园换流站极 I 将 PPR A 交流过电压保护定值从 0.9（标幺值）改为 1.2（标幺值），将 PPR C 切为运行态。

四、试验结果分析

浦园换流站交流过电压保护动作报文、鹭岛换流站保护动作报文如表 8-1、表 8-2 所示。

表 8-1　　　　　　　　　　浦园换流站交流过电压保护动作报文

时间	主机	系统	等级	事件
18:04:43.674	S1P1PPR1	A	轻微	保护定值已修改
18:04:45.274	S1P1PPR1	A	报警	交流网侧过电压保护切换
18:04:45.275	S1P1PCP1	A	正常	退出值班
18:04:45.275	S1P1PCP1	B	正常	值班
18:04:45.276	S1P1PCP1	A	轻微	退出备用
18:04:45.302	S1P1PCP1	B	紧急	请求系统切换信号已触发
18:04:45.674	S1P1PPR1	A	紧急	交流网侧过电压保护跳闸
18:04:45.675	S1P12F31	B	紧急	跳交流断路器和启动失灵命令已触发
18:04:45.675	S1P12F31	A	紧急	跳交流断路器和启动失灵命令已触发
18:04:45.686	S1P1PCP1	B	紧急	永久性闭锁已触发
18:04:45.686	S1P1PCP1	B	紧急	跳交流断路器和启动失灵命令已触发
18:04:45.719	S1ACC1	B	正常	WL1.QF1（265）断开
18:04:45.719	S1ACC1	A	正常	WL1.QF1（265）断开
18:04:45.728	S1P1PCP1	B	紧急	中性母线隔离动作出现
18:04:45.743	S1P1PCP1	A	紧急	请求联跳对站命令发出

表 8-2　　　　　　　　　　鹭岛换流站保护动作报文

时间	主机	系统	等级	事件
18:04:45.681	S2P1PCP1	B	紧急	保护出口闭锁换流阀出现
18:04:45.681	S2P1PCP1	B	报警	对站请求联跳命令出现
18:04:45.681	S2P1PCP1	B	紧急	联跳命令发出
18:04:45.682	S2P1PCP1	A	紧急	联跳命令发出
18:04:45.686	S2P1PCP1	A	紧急	保护出口闭锁换流阀出现
18:04:45.686	S2P1PCP1	A	报警	对站请求联跳命令出现
18:04:45.730	S2ACC1	A	正常	WL1.QF1（231）断开
18:04:45.740	S2P1PCP1	B	紧急	保护跳闸隔离中性母线指令出现
18:04:45.740	S2P1PCP1	A	紧急	保护跳闸隔离中性母线指令出现

由表 8-1、表 8-2 和图 8-19 可以看出浦园换流站直流保护 PPR A 修改过电压保护定值后，1.6s 请求系统切换，极控制值班系统由 PCP A 切换至 PCP B 套，由于极控制系统仍然受到直流保护 PPR 的请求跳闸指令，2.0s 发出保护出口闭锁换流阀指令。鹭岛换流站收到对站的联跳命令，也发出保护出口闭锁换流阀指令，最终两站阀均闭锁，交流侧断路器均正确跳闸。

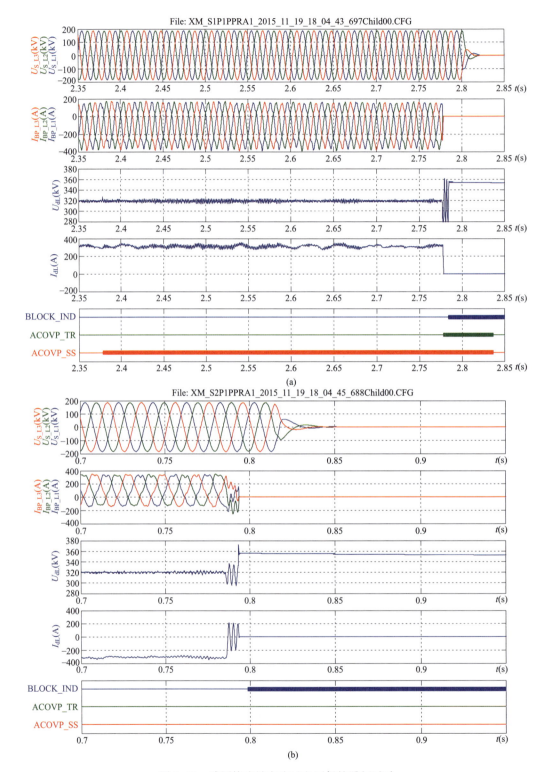

图 8-19 浦园换流站交流过电压保护跳闸试验
(a) 浦园换流站波形；(b) 鹭岛换流站波形

需要说明的是,浦园换流站跳闸后,相当于系统甩掉 100MW 的负荷。因此,鹭岛换流站作为直流电压控制站,其控制系统电流内环 d 轴电流给定指令 I_{d_ref} 将产生突变,直流电压产生短时振荡,阀闭锁之后有可能产生过电压。在本试验中,暂态过电压约 360kV。

8.2.2 模拟 CTP 换流变压器非电量保护跳闸试验

一、试验目的

本试验检验换流变压器非电量保护跳闸逻辑功能。

二、试验条件

不带电保护跳闸试验已完成,其余条件同 8.1.1 启停试验。

三、试验方法及步骤

(1)等待两站极Ⅰ系统进入稳态运行。
(2)在浦园极Ⅰ换流变压器保护柜模拟非电量保护 A 套、非电量保护 B 套动作跳闸。
(3)核实 231、265 断路器已断开,阀闭锁。

四、试验结果分析

浦园换流站非电量保护动作报文、鹭岛换流站联跳动作报文如表 8-3、表 8-4 所示。

表 8-3　　　　　　　　浦园换流站非电量保护动作报文

时间	主机	系统	等级	事件
19:28:35.016	S1P1NEPA1	A	紧急	本体重瓦斯 A 相出现
19:28:35.016	S1P1NEPA1	A	紧急	A 相重动跳闸总信号出现
19:28:35.016	S1P1NEPA1	A	紧急	保护动作总信号出现
19:28:35.070	S1P1PCP1	B	报警	1 号换流变压器非电量保护 1 跳闸出现
19:28:35.225	S1P1PCP1	A	报警	1 号换流变压器非电量保护 1 跳闸出现
19:28:35.382	S1P1NEPB1	B	紧急	本体重瓦斯 A 相出现
19:28:35.382	S1P1NEPB1	B	紧急	A 相重动跳闸总信号出现
19:28:35.382	S1P1NEPB1	B	紧急	保护动作总信号出现
19:28:35.387	S1P1PCP1	B	紧急	非电量保护跳闸命令出现
19:28:35.387	S1P1PCP1	A	紧急	非电量保护跳闸命令出现
19:28:35.390	S1P12F31	B	紧急	跳交流断路器命令已触发
19:28:35.390	S1P12F31	B	紧急	非电量保护动作
19:28:35.390	S1P12F31	A	紧急	跳交流断路器命令已触发
19:28:35.390	S1P12F31	A	紧急	非电量保护动作
19:28:35.405	S1P1PCP1	B	紧急	永久性闭锁已触发
19:28:35.405	S1P1PCP1	B	紧急	跳交流断路器命令已触发
19:28:35.416	S1P1PCP1	A	紧急	永久性闭锁已触发
19:28:35.416	S1P1PCP1	A	紧急	跳交流断路器命令已触发
19:28:35.430	S1ACC1	A	正常	WL1.QF1(265)断开
19:28:35.431	S1ACC1	B	正常	WL1.QF1(265)断开
19:28:35.439	S1P1PCP1	A	紧急	中性母线隔离动作出现
19:28:35.440	S1P1PCP1	B	紧急	中性母线隔离动作出现
19:28:35.465	S1P1PCP1	A	紧急	保护出口闭锁换流阀出现
19:28:35.465	S1P1PCP1	A	紧急	请求联跳对站命令发出

表 8-4　　　　　　　　　　　鹭岛换流站联跳动作报文

时间	主机	系统	等级	事件
19：28：35.393	S2P1PCP1	A	紧急	联跳命令发出
19：28：35.393	S2P1PCP1	B	紧急	联跳命令发出
19：28：35.394	S2P1PCP1	B	紧急	保护出口闭锁换流阀出现
19：28：35.394	S2P1PCP1	B	报警	对站请求联跳命令出现
19：28：35.397	S2P1PCP1	A	紧急	保护出口闭锁换流阀出现
19：28：35.397	S2P1PCP1	A	报警	对站请求联跳命令出现
19：28：35.440	S2ACC1	A	正常	WL1.QF1（231）断开
19：28：35.449	S2P1PCP1	B	紧急	保护跳闸隔离中性母线指令出现
19：28：35.450	S2P1PCP1	A	紧急	保护跳闸隔离中性母线指令出现

由表 8-3、表 8-4 和图 8-20 可以看出两套换流变压器保护重瓦斯动作后，控制系统直接发出保护出口闭锁换流阀指令。鹭岛换流站收到对站的联跳命令，也发出保护出口闭锁换流阀指令，最终两站阀均闭锁，交流侧断路器均正确跳闸。在跳闸暂态过程中，暂态过电压约 327kV。

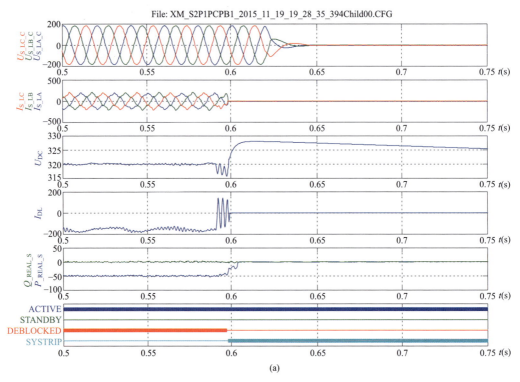

图 8-20　浦园换流站换流变压器非电量保护跳闸试验（一）
(a) 鹭岛换流站跳闸波形

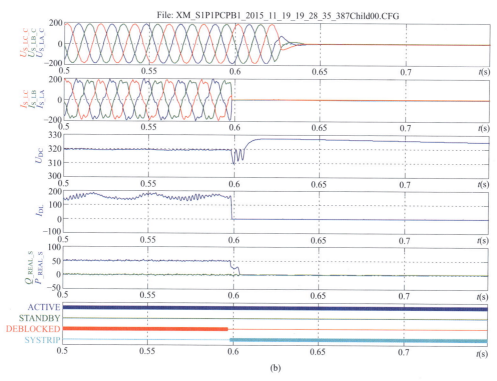

图 8-20 浦园换流站换流变压器非电量保护跳闸试验（二）
(b) 浦园换流站跳闸波形

8.2.3 模拟 VBC 阀控系统桥臂过流保护跳闸试验

一、试验目的

本试验检验阀控桥臂过电流保护跳闸功能逻辑正确。

二、试验条件

不带电保护跳闸试验已完成，其余条件同 8.1.1 启停试验。

三、试验方法及步骤

（1）等待极Ⅰ系统进入稳态运行。

（2）鹭岛换流站极Ⅰ在阀控层值班系统将桥臂过电流保护定值从 1.29（标幺值）改为 0.05（标幺值）。

（3）核实动作过程：

1）阀控延时 1ms 后闭锁阀，并发"阀控保护闭锁换流阀"信号。

2）第一/二套直流控制系统 PCP 收到后即发 Block 信号。

3）跳开 231、265 断路器。

（4）鹭岛换流站极Ⅰ在阀控层值班系统将桥臂过电流保护定值从 0.05（标幺值）改为 1.29（标幺值）。

四、试验结果分析

试验报文如表 8-5、表 8-6 所示。

表 8-5　　　鹭岛换流站极 I VBC 阀控系统桥臂过电流保护跳闸动作报文

时间	主机	系统	等级	事件
21:20:52.370	S2P1PCP1	A	紧急	VBC 请求跳闸出现
21:20:52.370	S2P1PCP1	A	紧急	VBC 跳闸命令出现
21:20:52.371	S2P1PCP1	A	紧急	保护出口闭锁换流阀出现
21:20:52.371	S2P1PCP1	A	紧急	请求联跳对站命令发出
21:20:52.379	S2P1PCP1	B	紧急	请求联跳对站命令发出
21:20:52.419	S2ACC1	A	正常	WL1.QF1（231）断开
21:20:52.429	S2P1PCP1	A	紧急	保护跳闸隔离中性母线指令出现
21:20:52.437	S2P1PCP1	B	紧急	VBC 请求跳闸出现
21:20:52.438	S2P1PCP1	B	轻微	退出备用

表 8-6　　　浦园换流站联跳动作报文

时间	主机	系统	等级	事件
21:20:52.375	S1P1PCP1	B	紧急	联跳命令发出
21:20:52.376	S1P1PCP1	A	紧急	联跳命令发出
21:20:52.401	S1P1PCP1	B	紧急	保护出口闭锁换流阀出现
21:20:52.401	S1P1PCP1	B	报警	对站请求联跳命令出现
21:20:52.420	S1ACC1	A	正常	WL1.QF1（265）断开
21:20:52.421	S1ACC1	B	正常	WL1.QF1（265）断开
21:20:52.429	S1P1PCP1	B	紧急	中性母线隔离动作出现
21:20:52.430	S1P1PCP1	A	紧急	中性母线隔离动作出现

由表 8-5、表 8-6 和图 8-21 可以看出鹭岛换流站阀控桥臂过电流保护动作后，控制系统直接发出保护出口闭锁换流阀指令。浦园换流站收到对站的联跳命令，也发出保护出口闭锁换流阀指令，最终两站阀均闭锁，交流侧断路器均正确跳闸。在跳闸暂态过程中，暂态过电压约 332kV。

8.2.4　模拟水冷系统保护跳闸试验

一、试验目的

本试验检验水冷系统发起的保护跳闸功能逻辑正确。

二、试验条件

不带电保护跳闸试验已完成，其余条件同 8.1.1 启停试验。

三、试验方法及步骤

（1）等待系统进入稳态运行。

（2）鹭岛换流站极 I 在水冷系统控制屏上模拟出阀温度高跳闸信号。

（3）核实动作过程：

1）立刻闭锁阀。

2）跳开 231、265 断路器。

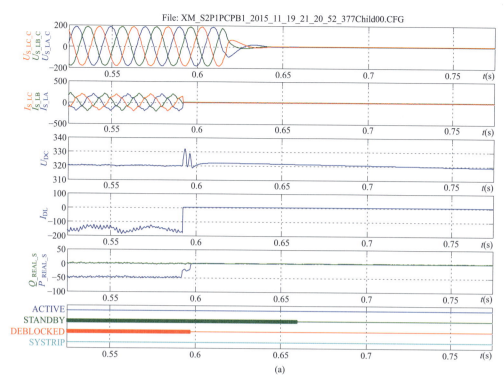

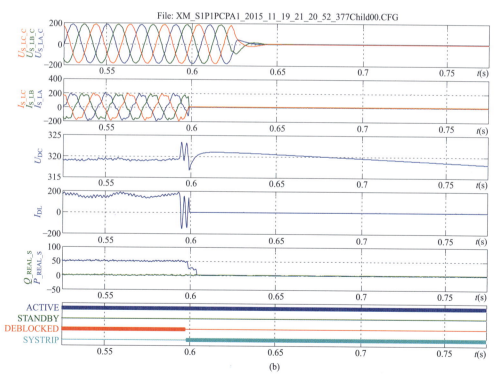

图 8-21 鹭岛换流站阀控桥臂过电流保护跳闸试验

(a) 鹭岛换流站跳闸波形；(b) 浦园换流站跳闸波形

(4)鹭岛换流站极Ⅰ将水冷系统控制屏上所模拟的跳闸信号清除。

四、试验结果分析

试验报文如表8-7、表8-8所示。

表8-7　　　　　　　　鹭岛换流站极Ⅰ水冷系统跳闸动作报文

时间	主机	系统	等级	事件
22:21:27.185	GLFLP1B	B	报警	极1B套阀冷_进阀温度超高报警
22:21:27.365	GLFLP1A	A	报警	极1A套阀冷_进阀温度超高报警
22:21:27.475	S2P1PCP1	A	报警	A套阀冷系统准备就绪信号消失
22:21:27.475	S2P1PCP1	A	报警	B套阀冷系统准备就绪信号消失
22:21:27.795	GLFLP1A	A	紧急	极1A套阀冷_进阀温度超高跳闸报警
22:21:27.955	S2P1PCP1	A	报警	A套阀冷系统预警信号出现
22:21:27.955	S2P1PCP1	A	报警	B套阀冷系统预警信号出现
22:21:28.045	GLFLP1B	B	紧急	极1B套阀冷_进阀温度超高跳闸报警
22:21:28.335	S2P1PCP1	B	轻微	退出备用
22:21:28.339	S2P1PCP1	A	正常	退出值班
22:21:28.339	S2P1PCP1	B	正常	值班
22:21:28.340	S2P1PCP1	A	轻微	退出备用
22:21:28.340	S2P1PCP1	B	报警	阀冷却系统跳闸切换系统出现
22:21:28.344	S2P1PCP1	A	报警	阀冷却系统跳闸切换系统出现
22:21:28.384	S2P1PCP1	B	紧急	水冷控制保护系统永久闭锁命令发出
22:21:28.388	S2P1PCP1	B	紧急	保护出口闭锁换流阀出现
22:21:28.388	S2P1PCP1	B	紧急	请求联跳对站命令发出
22:21:28.392	S2P1PCP1	A	紧急	请求联跳对站命令发出
22:21:28.431	S2P1PCP1	B	紧急	A套阀冷系统跳闸信号出现
22:21:28.431	S2P1PCP1	A	紧急	B套阀冷系统跳闸信号出现
22:21:28.434	S2ACC1	A	正常	WL1.QF1(231)断开
22:21:28.443	S2P1PCP1	B	紧急	保护跳闸隔离中性母线指令出现

表8-8　　　　　　　　浦园换流站联跳动作报文

时间	主机	系统	等级	事件
22:21:28.390	S1P1PCP1	B	紧急	联跳命令发出
22:21:28.390	S1P1PCP1	A	紧急	联跳命令发出
22:21:28.429	S1P1PCP1	B	紧急	保护出口闭锁换流阀出现
22:21:28.429	S1P1PCP1	B	报警	对站请求联跳命令出现
22:21:28.435	S1ACC1	B	正常	WL1.QF1(265)断开
22:21:28.435	S1ACC1	A	正常	WL1.QF1(265)断开
22:21:28.444	S1P1PCP1	B	紧急	中性母线隔离动作出现
22:21:28.444	S1P1PCP1	A	紧急	中性母线隔离动作出现

由表 8-7、表 8-8 和图 8-22 可以看出鹭岛换流站阀冷系统保护动作后,极控制系统首先进行系统切换,由 PCP A 系统切换到 PCP B 系统;PCP B 系统仍然受到阀冷请求跳闸信号,

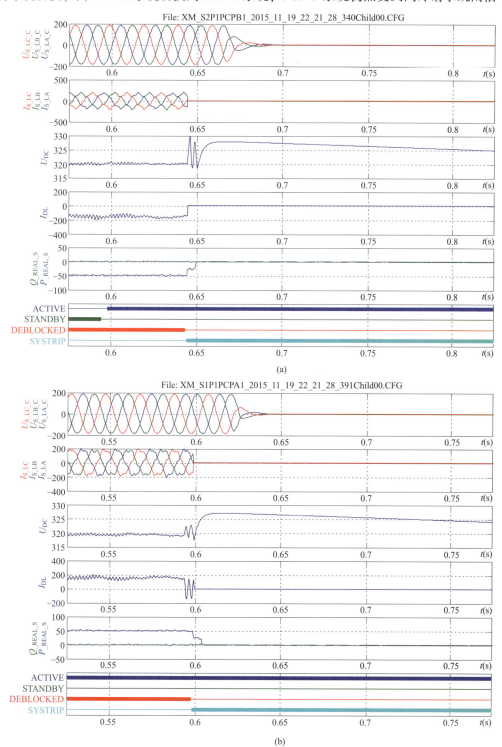

图 8-22 鹭岛换流站阀控桥臂过电流保护跳闸试验
(a) 鹭岛换流站跳闸波形;(b) 浦园换流站跳闸波形

发出保护出口闭锁换流阀指令。浦园换流站收到对站的联跳命令，也发出保护出口闭锁换流阀指令，最终两站阀均闭锁，交流侧断路器均正确跳闸。在跳闸暂态过程中，暂态过电压约330kV。

8.3 系统监视与切换试验

8.3.1 系统监视试验

控制系统包含各种总线，例如 IEC 60044-8 总线、极控制 LAN、现场控制 LAN、CAN 总线等。控制系统应具备对各种总线故障的自动检测功能，检测出相应的故障之后，控制系统要做出相应的动作行为（如进行系统切换等），使值班系统一直处于较完备的状态。

本节以 PCP 与 DFT 通信故障试验为例，讲述系统监视试验的方法，并对其试验报文和试验波形进行分析。最后，总结出各种总线故障情况下，控制系统定义的报警级别以及动作行为。试验的结论有助于日后的运行维护。

一、试验目的

检验在值班系统的现场控制总线发生故障时，应当平稳地切换到备用系统，同时检验直流系统自监视功能和事件记录功能是否正常。

二、试验条件

同 8.1.1 启停试验。

三、试验方法及步骤

(1) 启动极 Ⅰ 直流系统，输送功率 50MW 并等待系统运行稳定。
(2) 确认备用直流控制系统 PCP 无任何故障。
(3) 在极 Ⅰ 直流接口 DFT 柜（值班系统）拔掉至值班系统 PCP 的一路光纤。
(4) 核实原值班系统 PCP 退出运行和备用，状态为"严重故障"；原备用系统 PCP 切换为有效系统，直流输电系统继续正常运行。
(5) 恢复 DFT 与 PCP 柜接线。

四、试验结果分析

试验报文如表 8-9，模拟鹭岛极 Ⅰ 值班系统 PCP A 与 DFT A 机柜通信中断。

表 8-9　鹭岛站极 Ⅰ 值班系统 PCP A 与 DFT A 机柜通信中断报文

时间	主机	系统	等级	事件
09：51：19.893	S2P1PCP1	A	报警	与 DFTA 机柜通信中断出现
09：51：20.133	S2P1PCP1	A	报警	DFT 机柜 I/O 板卡故障
09：51：20.133	S2P1PCP1	A	报警	与 DFT 机柜通信中断出现
09：51：20.134	S2P1PCP1	B	正常	值班
09：51：20.134	S2P1PCP1	A	报警	严重故障出现
09：51：20.135	S2P1PCP1	A	正常	退出值班
09：51：20.135	S2P1PCP1	A	轻微	退出备用

由表 8-9、图 8-23 可知，极控制系统 PCP A 检测到与 DFT A 装置的通信中断后，值班系

统切换为 PCP B 系统,同时由于 DFT 通信故障属于严重故障,PCP A 退出备用状态。在系统切换过程中,交流侧电流电压、直流侧电流电压以及输送的功率保持平稳,切换过程平滑。

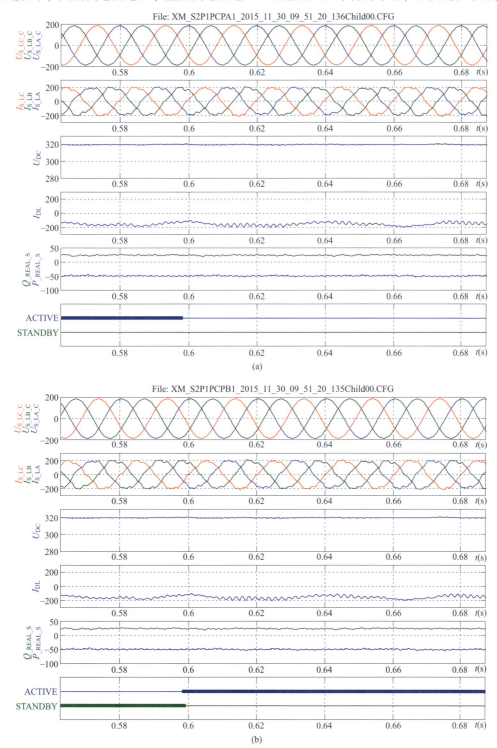

图 8-23 鹭岛换流站控制系统 PCP 与直流接口 DFT 装置通信故障试验
(a) PCP A 系统试验波形;(b) PCP B 系统试验波形

其余总线故障的试验方式与该试验类似，下面给出其余总线故障试验的结果，如表 8-10 所示。

表 8-10　　　　　　　　　值班控制系统总线监视结果表

序号	总线故障		报警级别	控制系统行为
1	PCP 与 DFT 通信故障		严重故障	切换、退备用
2	PCP 与屏内 I/O 装置通信	一路故障	轻微故障	切换
		两路故障	严重故障	切换、退备用
3	PCP 与 ACC 通信故障（ACC 侧故障）	一路故障	PCP 轻微故障 ACC 轻微故障	PCP 不切换 ACC 切换
		两路故障	PCP 轻微故障 ACC 严重故障	PCP 不切换 ACC 切换、退备用
4	PCP 与 PPR 通信故障（PPR 侧故障）	一路故障	PCP 轻微故障 PPR 轻微故障	PCP 不切换
		两路故障	PCP 轻微故障 PPR 紧急故障 2F3 轻微故障	PCP 不切换
5	PCP 系统间通信故障	一路故障	单通道故障	—
		两路故障	轻微故障	PCP 双系统值班，恢复时仅后值班系统保留值班
6	PCP 极间通信故障	一路故障	单通道故障	—
		两路故障	轻微故障	PCP 不切换
7	PCP 站间通信故障	一路故障	单通道故障	—
		两路故障	轻微故障	PCP 不切换
8	PCP 对时异常		轻微故障	切换
9	网侧电压 U_S/电流 I_S 故障		紧急故障	切换、退备用
10	换流变阀侧电流 I_{vt} 故障		轻微故障	切换
11	直流电压（U_{DL}/U_{DN}）故障	定直流电压站	紧急故障	切换、退备用
		定有功功率站	轻微故障	切换
12	直流电流（$I_{DL}/I_{DNC}/I_{DNE}/I_{DGNG}/I_{DME}$）故障		严重故障	切换、退备用
13	连接区电压 U_v 故障		轻微故障	切换
14	连接区电流 I_{vc} 故障		轻微故障	切换
15	PCP 接收桥臂电流（I_{bp}/I_{bn}）		紧急故障	切换、退备用
16	PCP 与 VBC 上行通道（跳闸请求，桥臂 SM 电压和）故障		紧急故障	切换、退备用
17	PCP 与 VBC 下行通道（闭锁信号，六桥臂输出电压参考）故障		—	收 VBC 请求切换后切换系统，原值班系统退备用
18	PCP 给 VBC 的值班信号通道故障		—	收 VBC 请求切换后切换系统，原值班系统退备用

8.3.2 监视切换试验

控制系统均为双重化配置,在该试验中检验各双重化设备的切换性能,检验控制系统在检测到各种系统故障时的切换策略。

控制系统的告警级别分为轻微故障、严重故障和紧急故障,值班系统和备班系统存在多种不同的故障等级组合。本节以模拟 PCP 备用系统正常,值班系统轻微故障试验为例,讲述冗余系统切换试验的方法,并对其试验报文和试验波形进行分析。最后,对控制系统检测到的各种后切换策略做出总结,试验的结论有助于日后的运行维护。

一、试验目的

检验在备用系统 OK,值班系统轻微故障时应当平稳地切换到备用系统,同时检验直流系统自监视功能和事件记录功能是否正常。

二、试验条件

同 8.1.1 启停试验。

三、试验方法及步骤

(1) 等待两站极 I 系统进入稳态运行,输送功率 50MW。
(2) 确认备用直流控制系统 PCP 状态为"OK"。
(3) 在极 I 的值班直流控制系统采用断掉一路 PCP 柜内 I/O 装置电源的方式来模拟 PCP 轻微故障。
(4) 核实原备用系统 PCP 经 5s 切换为有效系统,直流输电系统继续正常运行。
(5) 核实原值班系统 PCP 切换为备用状态。

四、试验结果分析

备用正常值班控制系统轻微故障试验报文如表 8-11 所示。

表 8-11　　　　　　　　备用正常值班控制系统轻微故障试验报文

时间	主机	系统	等级	事件
10:07:30.309	S2P1PCP1	B	轻微	PCP 机柜 I/O 电源一套故障
10:07:30.314	S2P1PCP1	B	轻微	轻微故障出现
10:07:35.316	S2P1PCP1	B	轻微	系统命令备用
10:07:35.316	S2P1PCP1	A	正常	值班
10:07:35.317	S2P1PCP1	B	正常	退出值班
10:07:35.318	S2P1PCP1	B	正常	备用

表 8-11 中可知,控制系统在检测到 I/O 装置故障后报"轻微故障",5s 后控制系统由 B 套切换为 A 套。图 8-24 可以看出,系统切换过程中交流侧电流电压、直流侧电流电压以及输送的功率均很平稳。

值班系统与备班系统其余的故障组合如表 8-12 所示,在该表中,不失一般性,给定如下假设,即:故障前 A 系统健康程度不低于 B 系统且处于值班状态,故障发生在 A 系统上。

需要说明的是,仅值班系统轻微故障的情况下,需要经 5s 延时后再切换,其余类别的切换都是立即执行的。再有,若 PCP 处于单套值班的状态,收到阀控或者阀冷系统请求切换 Change 指令后,将产生跳闸信号。

柔性直流输电系统调试技术

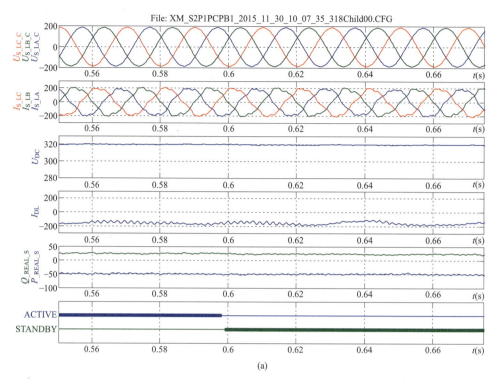

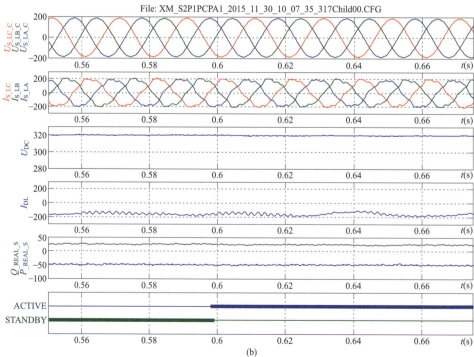

图 8-24 备用正常值班控制系统轻微故障试验波形
(a) PCP B 系统试验波形;(b) PCP A 系统试验波形

表 8-12　　　　　　　　　控制系统冗余切换组合表

B 备班 \ A 值班	轻微故障	严重故障	紧急故障	断电
正常	5s 后切换，B 值班，A 备用	A 服务 B 值班	A 服务 B 值班	A 断电 B 值班
轻微故障	不切换	A 服务 B 值班	A 服务 B 值班	A 断电 B 值班
严重故障	—	不切换	跳闸	跳闸
紧急故障	—	—	跳闸	跳闸
断电	—	—	—	ACC 跳闸

8.4　单极控制模式试验

8.4.1　功率升降/暂停试验

一、试验目的

本试验检验直流系统控制功率的能力以及在升降过程中保持系统稳定运行。

二、试验条件

同 8.1.1 启停试验。

三、试验方法及步骤

（1）设置输送功率为 0MW，等待两站进入稳态运行。
（2）修改功率参考值为 100MW，上升速率为 30MW/min。
（3）在功率升过程中，进行"暂停"操作。
（4）减少功率参考值，浦园换流站修改功率参考值为 0MW，下降速率为 30MW/min。
（5）在功率降过程中，进行"暂停"操作。

四、试验结果分析

浦园换流站功率上升或下降试验过程报文见表 8-13、表 8-14。

表 8-13　　　　　　　　浦园换流站功率上升中暂停试验报文

时间	主机	系统	等级	事件
09：42：30.129	S1P2PCP1	B	正常	xm-s1o1 输入有功功率指令 100MW
09：42：30.135	S1P2PCP1	B	正常	有功功率升降命令执行
09：42：30.138	S1P2PCP1	A	正常	有功功率升降命令执行
09：44：15.729	S1P2PCP1	B	正常	xm-s1o1 命令功率升降，停止在 52.7874MW
09：44：15.741	S1P2PCP1	B	正常	有功功率升降已停止
09：47：29.243	S1P2PCP1	B	正常	xm-s1o1 输入有功功率指令 100MW
09：47：29.249	S1P2PCP1	B	正常	有功功率升降命令执行
09：47：29.252	S1P2PCP1	A	正常	有功功率升降命令执行
09：49：03.726	S1P2PCP1	B	正常	有功功率升降已完成
09：49：03.729	S1P2PCP1	A	正常	有功功率升降已完成

表 8-14　　　　　　　　　　浦园换流站功率下降中暂停试验报文

09：52：26.077	S1P2PCP1	B	正常	xm-s1o1 输入有功功率指令 0MW
09：52：26.083	S1P2PCP1	B	正常	有功功率升降命令执行
09：52：26.086	S1P2PCP1	A	正常	有功功率升降命令执行
09：54：06.134	S1P2PCP1	B	正常	xm-s1o1 命令功率升降，停止在 50.0025MW
09：54：06.146	S1P2PCP1	B	正常	有功功率升降已停止
09：56：45.999	S1P2PCP1	B	正常	xm-s1o1 输入有功功率指令 0MW
09：56：46.005	S1P2PCP1	B	正常	有功功率升降命令执行
09：56：46.008	S1P2PCP1	A	正常	有功功率升降命令执行
09：58：26.026	S1P2PCP1	B	正常	有功功率升降已完成
09：58：26.029	S1P2PCP1	A	正常	有功功率升降已完成

表 8-13、表 8-14 以及图 8-25 表明，控制系统输入功率指令和上升/下降速率指令后，功率按照所设定的指令上升/下降。执行"暂停"操作后，功率稳定在当前值；再次输入指令后，功率继续调整。

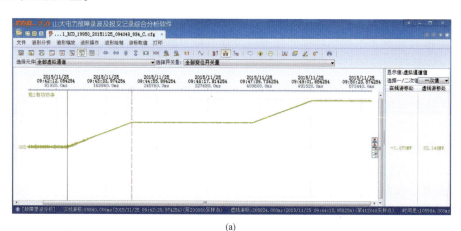

(a)

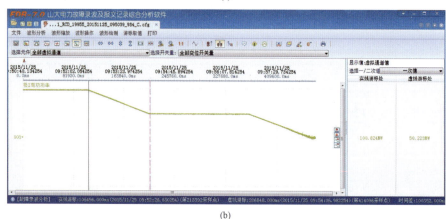

(b)

图 8-25　浦园换流站功率升降/暂停试验波形
(a) 功率上升及暂停试验波形；(b) 功率下降及暂停试验波形

8.4.2 功率升降中控制系统切换试验

一、试验目的

本试验检验值班系统在功率升降过程中发生故障时，平稳地切换到备用系统的能力。

二、试验条件

同 8.1.1 启停试验。

三、试验方法及步骤

(1) 启动极 I 直流，等待系统稳定。

(2) 增加功率，单极功率参考值为 100MW，上升速率为 20MW/min。

(3) 在功率上升过程中，手动将第一套直流控制系统 PCP A 系统切换到第二套直流控制系统 PCP B 系统。

(4) 核实功率继续上升，功率指令无暂态变化。

(5) 修改功率参考值为 0MW，下降速率为 20MW/min。

(6) 在功率下降过程中，将第二套直流控制系统 PCP B 系统切换回第一套直流控制系统 PCP A 系统。

(7) 核实功率继续下降，功率指令无暂态变化。

(8) 鹭岛换流站无功功率升降的过程中进行控制系统的来回切换，核实无功继续上升/下降，功率指令无暂态变化。

四、试验结果分析

图 8-26 和图 8-27 表明，在功率升降过程中控制系统发生切换时功率指令没有暂态变化，直流输电系统继续正常运行，对直流传输功率无影响。

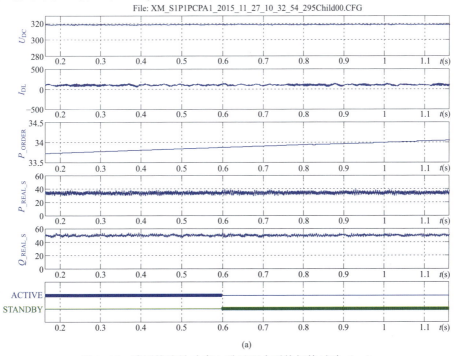

图 8-26　浦园换流站功率上升过程中系统切换试验（一）

(a) PCPA 系统试验波形

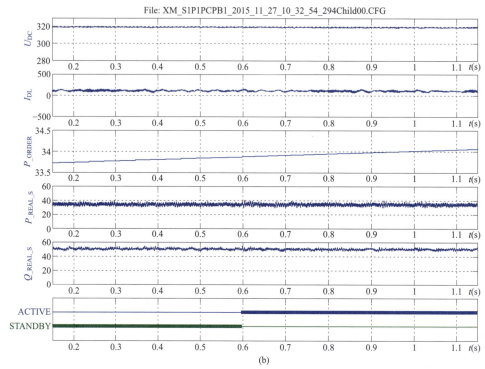

图 8-26 浦园换流站功率上升过程中系统切换试验（二）
(b) PCP B 系统试验波形

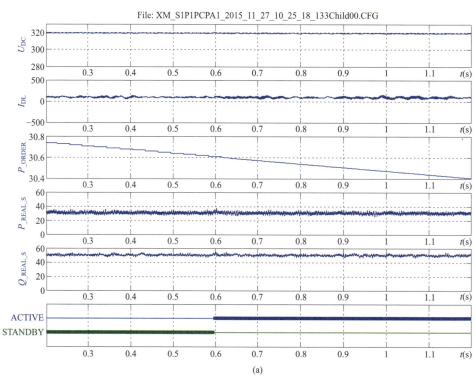

图 8-27 浦园换流站功率下降过程中系统切换试验（一）
(a) PCP A 系统试验波形

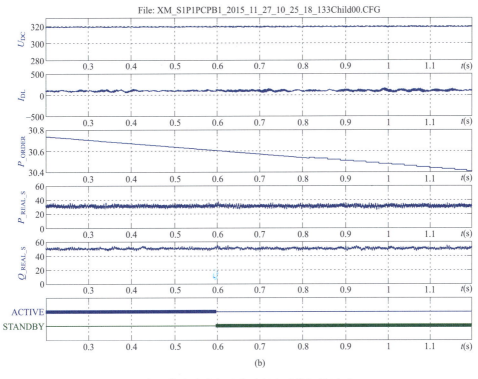

图 8-27 浦园换流站功率下降过程中系统切换试验（二）
(b) PCP B 系统试验波形

8.4.3 功率升降中控制位置转移试验

一、试验目的

本试验检验值班系统在功率升降过程中，从运行人员控制系统切换到就地控制，检验系统是否正常。

二、试验条件

同 8.1.1 启停试验。

三、试验方法及步骤

（1）启动极 I 直流系统，设置输送功率 100MW 并等待系统稳定。
（2）修改功率参考值为 0MW，下降速率为 20MW/min。
（3）将直流控制系统 PCP 控制位置改为"就地"。
（4）核实功率继续下降，各控制位置显示相同的功率参考值。
（5）增加功率，单极功率参考值为 100MW，上升速率为 20MW/min。
（6）在功率上升过程中，将直流控制系统 PCP 控制位置改为"站控"控制。
（7）核实功率继续上升，各控制位置显示相同的功率参考值。

四、试验结果分析

浦园换流站功率升降中控制位置转移试验过程报文如表 8-15 所示。

表 8-15　　浦园换流站功率升降中控制位置转移试验报文

时间	主机	系统	等级	事件
10：45：08.775	S1P1PCP1	A	正常	xm-s1o1 输入有功功率指令 0MW
10：45：08.781	S1P1PCP1	A	正常	有功功率升降命令执行
10：45：08.784	S1P1PCP1	B	正常	有功功率升降命令执行
10：47：36.127	S1P1PCP1	A	报警	PCP 就地联锁出现
10：47：36.127	S1P1PCP1	B	报警	PCP 就地联锁出现
10：50：08.879	S1P1PCP1	A	正常	有功功率升降已完成
10：50：08.882	S1P1PCP1	B	正常	有功功率升降已完成
10：51：28.578	S1P1PCP1	A	正常	xm-s1l1/None 输入有功功率指令 100MW
10：51：28.584	S1P1PCP1	A	正常	有功功率升降命令执行
10：51：28.587	S1P1PCP1	B	正常	有功功率升降命令执行
10：54：01.429	S1P1PCP1	B	正常	PCP 就地联锁消失
10：54：01.469	S1P1PCP1	A	正常	PCP 就地联锁消失
10：56：28.683	S1P1PCP1	A	正常	有功功率升降已完成
10：56：28.685	S1P1PCP1	B	正常	有功功率升降已完成

图 8-28 表明，在功率下降过程中，将控制系统控制位置改为"就地"控制，功率继续下降，就地控制显示相同的功率参考值，就地修改功率参考值为 100MW，在功率上升过程中，将控制系统位置改为"站控"控制，功率继续上升，站控控制位置显示相同的功率参考值，控制地点的改变对直流传输功率无冲击，直流系统正常运行。

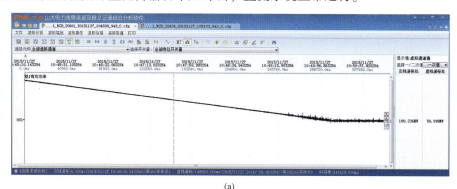

(a)

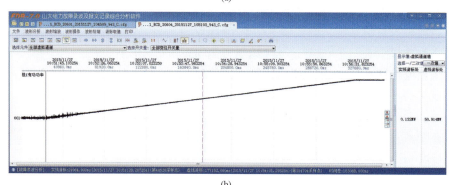

(b)

图 8-28　浦园换流站功率升降中控制位置转移试验

(a) 功率下降过程中控制位置切就地（10：47：36）；(b) 功率上升过程中控制位置切站控（10：54：01）

8.4.4 功率反转试验

一、试验目的

验证在单极功率控制模式下，功率反转的功能。

二、试验条件

同 8.1.1 启停试验。

三、试验方法及步骤

(1) 启动极 I 直流系统，设置输送功率 100MW 并等待系统稳定。
(2) 浦园换流站设置单极有功功率为-50MW，下降速率为 20MW/min。
(3) 核实功率在预定的时间内反转，功率变化平稳。
(4) 浦园换流站设置单极有功功率为 100MW，上升速率为 20MW/min。
(5) 核实功率在预定的时间内反转，功率变化平稳。

四、试验结果分析

图 8-29 表明，在单极功率控制模式下，功率反转能在预定的时间内完成，输送功率变化平稳。

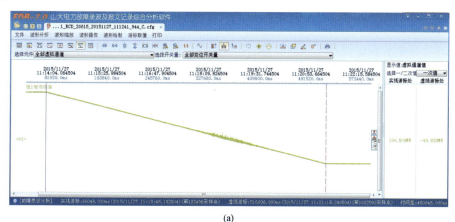

(a)

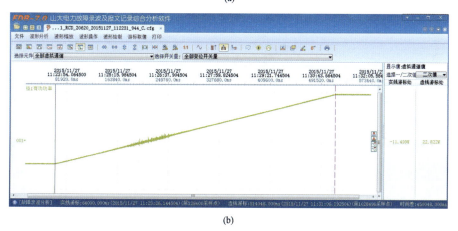

(b)

图 8-29 浦园换流站功率反转试验
（a）功率反转（100MW 到-50MW）；（b）功率反转（-50MW 到 100MW）

8.5 动态性能试验

8.5.1 有功功率指令阶跃试验

一、试验目的

本试验检验控制器满足技术规范中对有功功率指令阶跃动态响应时间的规定，并完成控制器的最优化。

二、试验条件

同 8.1.1 启停试验。

三、试验方法及步骤

(1) 设定好直流系统运行条件。

(2) 等待系统有功 100MW 稳定运行。

(3) 在浦园换流站极Ⅰ系统中采用人工置数的方法施加持续时间为 1s，幅值为 30% 的有功功率指令阶跃，先下阶跃再上阶跃。

(4) 核实响应时间及超调量在预期的范围内。

四、试验结果分析

30% 有功功率阶跃试验波形如图 8-30 所示，试验结果如表 8-16 所示。

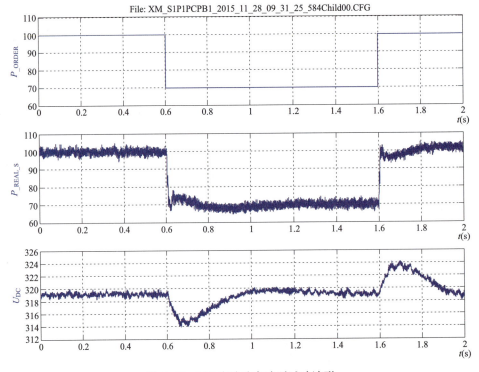

图 8-30 30% 有功功率阶跃试验波形

表 8-16　　　　　　　　　　　30%有功功率阶跃试验结果表

下阶跃		上阶跃	
响应时间 t_r（ms）	超调量（%）	响应时间 t_r（ms）	超调量（%）
5.7	10.7	5.7	10.1

注　表中响应时间为被控制量从10%阶跃量上升到90%阶跃量的时间；超调量是最大值与稳态值的差值与阶跃量的比值。

8.5.2　无功功率指令阶跃试验

一、试验目的

本试验检验控制器满足技术规范中对无功功率指令阶跃动态响应时间的规定，并完成控制器的最优化。

二、试验条件

同 8.1.1 启停试验。

三、试验方法及步骤

（1）设定好直流系统运行条件。

（2）等待系统有功功率 100MW、无功功率 50Mvar 稳定运行。

（3）在鹭岛换流站极Ⅰ系统中采用人工置数的方法施加持续时间为 1s，幅值为 30Mvar 的无功功率指令阶跃，先下阶跃后上阶跃。

（4）核实响应时间及超调量在预期的范围内。

四、试验结果分析

30%无功功率阶跃试验波形如图 8-31 所示，试验结果如表 8-17 所示。

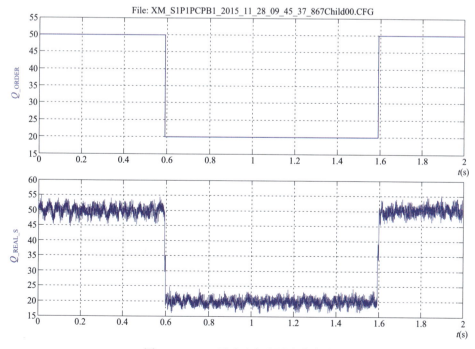

图 8-31　30%无功功率阶跃试验波形

表 8-17　　30%无功功率阶跃试验结果表

下阶跃		上阶跃	
响应时间 t_r（ms）	超调量（%）	响应时间 t_r（ms）	超调量（%）
5.5	12.8	5.5	12.3

注　表中响应时间为被控制量从10%阶跃量上升到90%阶跃量的时间；超调量是最大值与稳态值的差值与阶跃量的比值。

8.5.3　交流电压指令阶跃试验

一、试验目的

本试验检验控制器满足技术规范中对交流电压指令阶跃动态响应时间的规定，并完成控制器的最优化。

二、试验条件

同 8.1.1 启停试验。

三、试验方法及步骤

(1) 设定好直流系统运行条件。

(2) 等待系统有功功率 100MW 稳定运行。

(3) 将无功功率控制方式切换为交流电压控制方式。

(4) 在系统中采用人工置数的方法施加持续时间为 1s，幅值为 1kV 的交流电压指令阶跃，先下阶跃后上阶跃。

(5) 核实响应时间及超调量在预期的范围内。

四、试验结果分析

交流电压指令阶跃试验波形如图 8-32 所示，试验结果如表 8-18 所示。

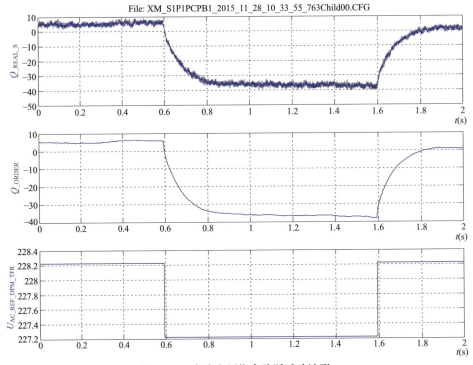

图 8-32　交流电压指令阶跃试验波形

表 8-18 交流电压指令阶跃试验结果表

下阶跃		上阶跃	
响应时间 t_r（ms）	超调量（%）	响应时间 t_r（ms）	超调量（%）
148.7	0	225.7	0

注　表中响应时间为被控制量从 10% 阶跃量上升到 90% 阶跃量的时间；超调量是最大值与稳态值的差值与阶跃量的比值。现场试验中由于 1kV 交流电压阶跃量小，不易直接从交流电压波形中测试相关参数，本书采用测量无功功率波形相关参数的方法进行替代。

8.5.4　直流电压指令阶跃试验

一、试验目的

本试验检验控制器满足技术规范中对直流电压指令阶跃动态响应时间的规定，并完成控制器的最优化。

二、试验条件

同 8.1.1 启停试验。

三、试验方法及步骤

（1）设定好直流系统运行条件。

（2）等待系统有功功率 100MW 稳定运行。

（3）在鹭岛换流站极Ⅰ系统中采用人工置数的方法施加持续时间为 1s，幅值为 10kV 的直流电压指令阶跃。

（4）核实响应时间及超调量在预期的范围内。

四、试验结果分析

直流电压指令阶跃试验波形如图 8-33 所示，试验结果如表 8-19 所示。

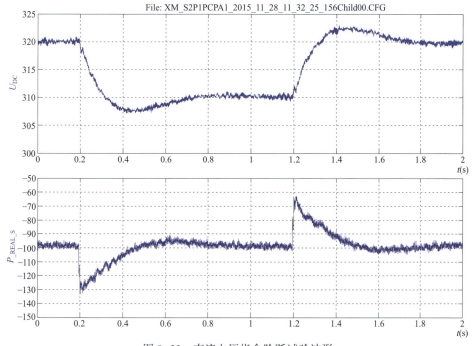

图 8-33　直流电压指令阶跃试验波形

表 8-19　　　　　　　　　直流电压指令阶跃试验结果表

下阶跃		上阶跃	
响应时间 t_r（ms）	超调量（%）	响应时间 t_r（ms）	超调量（%）
101.5	29.1	96.1	29.6

注　表中响应时间为被控制量从10%阶跃量上升到90%阶跃量的时间；超调量是最大值与稳态值的差值与阶跃量的比值。

8.6　双极启停试验

8.6.1　一极单极功率控制运行、另一极单极功率控制启停试验

一、试验目的

检验在直流双极金属回线接线方式下，一极单极功率控制运行时，另一极以单极功率控制方式正常启停对正常极运行的影响。

二、试验条件

（1）控制各换流站交流母线电压在以下范围内：浦园换流站 222~235kV，鹭岛换流站 222~235kV。

（2）各站的单站系统试验已完成。

（3）直流系统按表 8-20 设置。

表 8-20　　　　　　　　　直流系统试验条件设置表

直流系统设置		试验条件			
		浦园换流站		鹭岛换流站	
		极Ⅰ	极Ⅱ	极Ⅰ	极Ⅱ
控制位置	调控中心				
	站 OWS	√	√	√	√
	LOC				
值班系统	第一套直流控制系统 PCP A	√	√	√	√
	第二套直流控制系统 PCP B				
	ACC A	√	√	√	√
	ACC B				
接线方式	双极金属回线	√	√	√	√
	双极大地回线				
	极Ⅰ金属回线				
	极Ⅱ金属回线				
	金属中线隔离				
	金属中线连接	√	√	√	√

续表

试验条件			浦园换流站		鹭岛换流站	
直流系统设置			极Ⅰ	极Ⅱ	极Ⅰ	极Ⅱ
运行方式		HVDC 运行	√	√	√	√
		STATCOM 运行				
		OLT 空载加压				
控制方式		双极功率控制				
		单极功率控制	√	√		
		直流电压控制			√	√
		无功控制	√	√	√	√
		交流电压控制				
		自动控制				
		手动控制	√	√	√	√
控制指令	直流电压（kV）		320		320	
	交流电压	速率（kV/min）				
		整定值（kV）				
	双极有功	速率（MW/min）				
		整定值（MW）				
	双极无功	速率（Mvar/min）	1		1	
		整定值（Mvar）	0		0	
	单极有功	速率（MW/min）	1	1		
		整定值（MW）	0	0		

注 "√" 表示选择；"空白" 表示不选择/不考虑。

双极 HVDC 试验一次主接线方式如图 8-34 所示。

三、试验方法及步骤

（1）启动极Ⅱ直流系统。

（2）浦园换流站极Ⅱ解锁后，升功率到有功功率 100MW；等待极Ⅱ进入稳态运行。

（3）启动极Ⅰ直流系统。

（4）浦园换流站极Ⅰ解锁后，设置浦园换流站极Ⅰ单极有功功率为 100MW，上升速率为 30MW/min。

（5）核实极Ⅰ启动过程中，极Ⅱ正常运行。

（6）极Ⅰ直流系统停运。

（7）核实极Ⅰ停运过程中，极Ⅱ正常运行。

四、试验结果分析

图 8-35 表明，两极均处于单极功率控制时，启停极对正常运行的极无任何影响。极Ⅰ功率正确跟踪指令值，上升速率与设定值一致。

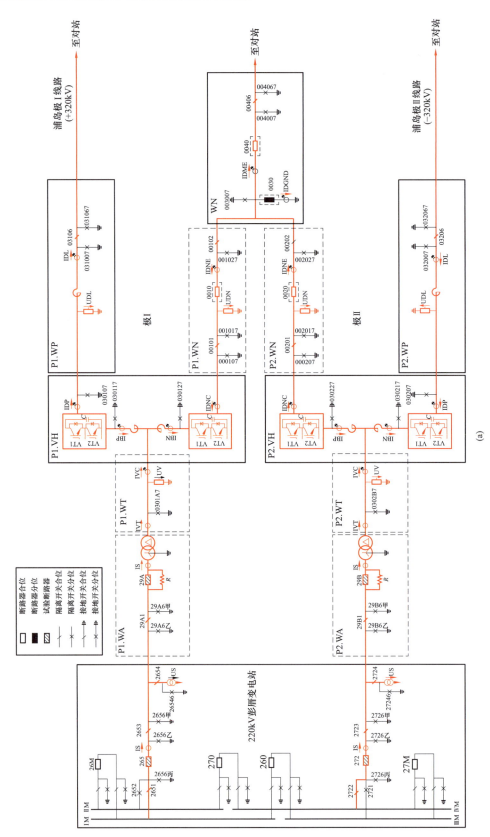

图 8-34 双极 HVDC 试验一次接线图（一）
(a) 浦园换流站

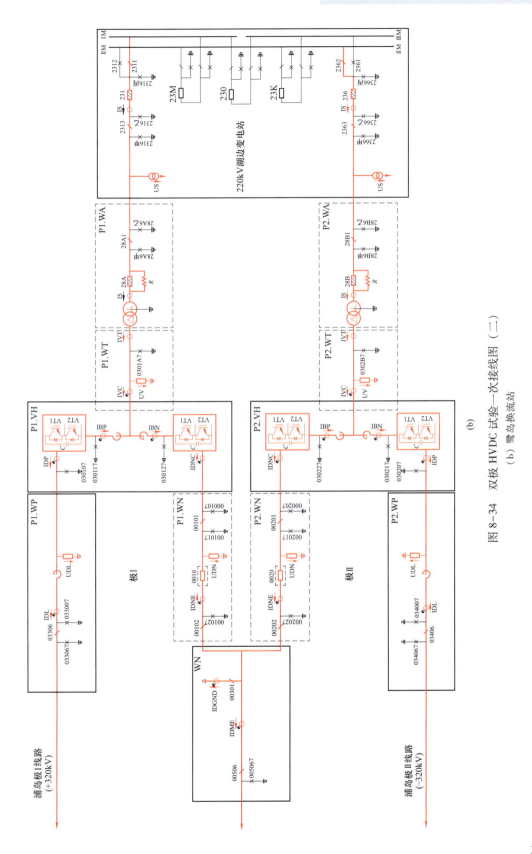

图 8-34 双极 HVDC 试验一次接线图（二）
(b) 鹭岛换流站

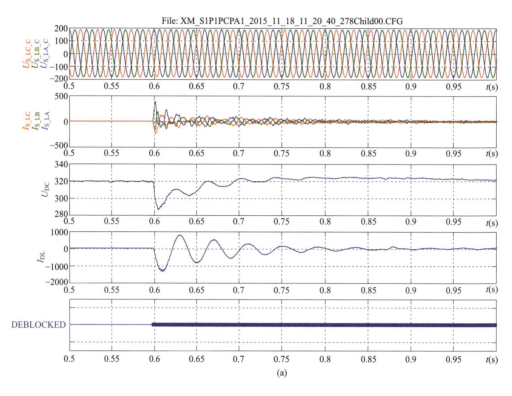

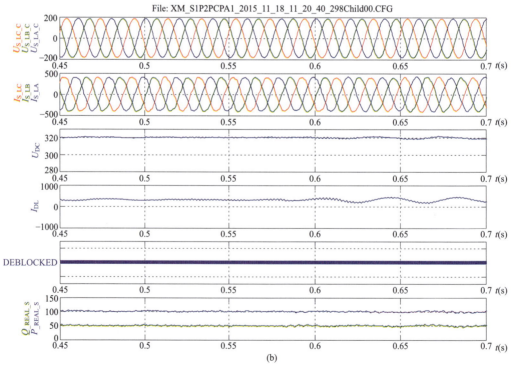

图 8-35 极Ⅱ运行极Ⅰ启动过程（极Ⅱ单极控制、极Ⅰ单极控制）（一）
(a) 极Ⅰ解锁；(b) 极Ⅰ解锁时极Ⅱ运行波形

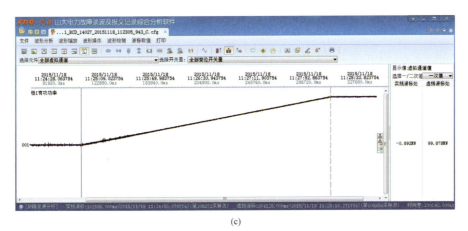

(c)

(d)

图 8-35　极Ⅱ运行极Ⅰ启动过程（极Ⅱ单极控制、极Ⅰ单极控制）（二）
(c) 极Ⅰ升有功功率过程；(d) 极Ⅱ有功功率

停运过程与启动过程类似，不再赘述。

8.6.2　一极单极功率控制运行、另一极双极功率控制启停试验

一、试验目的

检验在直流双极金属回线接线方式下，一极单极功率控制运行时，另一极以双极功率控制方式正常启停对正常运行的影响。

二、试验条件

同 8.6.1 第二点。

三、试验方法及步骤

(1) 浦园换流站极Ⅱ解锁后，升功率到有功功率 100MW；等待极Ⅱ进入稳态运行。

(2) 启动极Ⅰ直流系统。

(3) 浦园换流站极Ⅰ以双极功率控制方式解锁后，浦园换流站修改双极功率参考值为 150MW，上升速率为 30MW/min。

(4) 核实极Ⅰ启动过程中，极Ⅱ正常运行；极Ⅰ启动结束后有功功率约为 50MW。

(5) 极Ⅰ直流系统停运。

(6) 核实极Ⅰ停运过程中,极Ⅱ正常运行。

四、试验结果分析

图 8-36 表明,极Ⅱ处于单极功率控制、极Ⅰ以双极功率控制解锁运行时,极Ⅱ正常运行,输送功率不受影响。当极Ⅰ以双极功率控制方式升功率时,由于极Ⅱ处于单极功率控制,其功率始终不变,极Ⅰ实际功率为双极总功率扣除极Ⅱ的功率,最终功率为 50MW,上升速率与设定值一致。

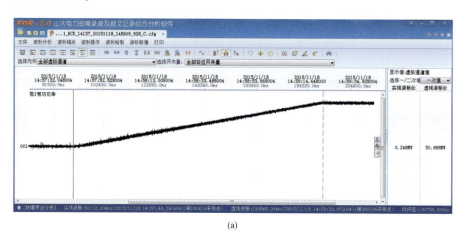

(a)

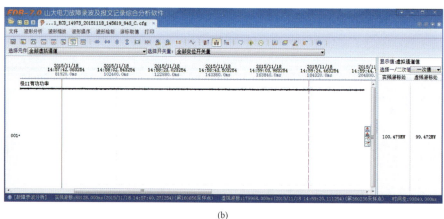

(b)

图 8-36 极Ⅱ运行极Ⅰ启动过程(极Ⅱ单极控制、极Ⅰ双极控制)
(a) 极Ⅰ有功功率(双极有功方式);(b) 极Ⅱ有功功率(单极有功方式)

停运过程与启动过程类似,不再赘述。

8.6.3 一极双极功率控制运行、另一极单极功率控制启停试验

一、试验目的

检验在直流双极金属回线接线方式下,一极双极功率控制运行,另一极以单极功率控制方式正常启停对正常运行的影响。

二、试验条件

同 8.6.1 第二点。

三、试验方法及步骤

（1）启动极Ⅱ直流系统。

（2）浦园换流站极Ⅱ以双极功率控制方式解锁后，升功率到有功功率 100MW；等待极Ⅱ进入稳态运行。

（3）启动极Ⅰ直流系统。

（4）浦园换流站极Ⅰ以单极功率控制方式解锁后，浦园换流站极Ⅰ有功功率参考值修改为 50MW。

（5）核实极Ⅰ功率上升过程中，极Ⅱ功率自动降低；启动结束后，极Ⅱ有功功率为 50MW，极Ⅱ有功功率为 50MW。

（6）极Ⅰ直流系统停运。

（7）核实极Ⅰ停运过程中，极Ⅱ功率自动升高；停运结束后，极Ⅱ有功功率为 100MW。

四、试验结果分析

图 8-37 表明，极Ⅱ处于双极功率控制、极Ⅰ以单极功率控制解锁运行时，极Ⅱ正常运行，输送功率不受影响。当极Ⅰ以单极功率控制方式升功率时，由于极Ⅱ处于双极功率控制，极Ⅰ功率上升的同时极Ⅱ的功率相应下降，从而维持总输送功率始终不变，上升速率与设定值一致。

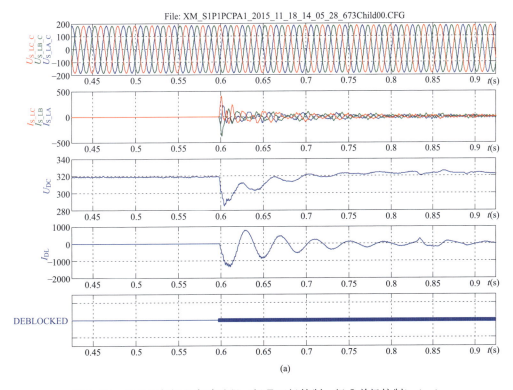

图 8-37　极Ⅱ运行极Ⅰ启动过程（极Ⅱ双极控制、极Ⅰ单极控制）（一）

（a）极Ⅰ解锁

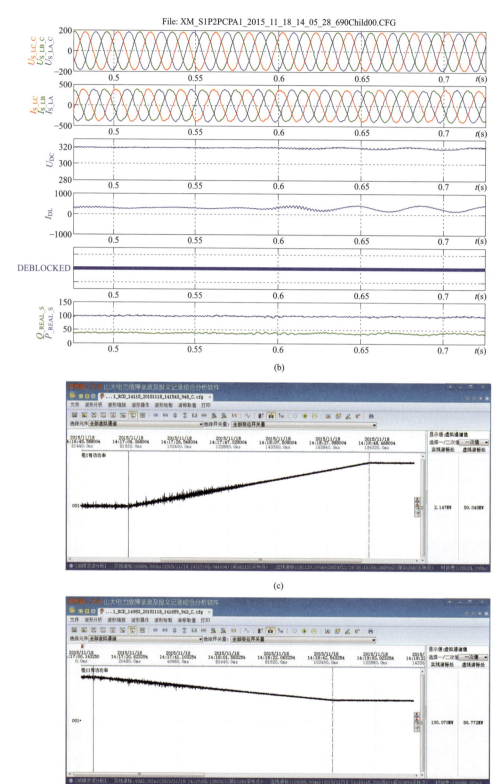

图 8-37 极Ⅱ运行极Ⅰ启动过程（极Ⅱ双极控制、极Ⅰ单极控制）（二）

(b) 极Ⅰ解锁时极Ⅱ运行波形；(c) 极Ⅰ有功功率（单极有功方式）；(d) 极Ⅱ有功功率（双极有功方式）

停运过程与启动过程类似,不再赘述。

8.6.4　一极双极功率控制运行、另一极双极功率控制启停试验

一、试验目的

检验在直流双极金属回线接线方式下,一极双极功率控制运行,另一极也以双极功率控制方式正常启停对正常运行的影响。

二、试验条件

同 8.6.1 第二点。

三、试验方法及步骤

(1) 启动极Ⅱ直流系统。

(2) 浦园换流站极Ⅱ以双极功率控制方式解锁后,升功率到有功功率 100MW;等待极Ⅱ进入稳态运行。

(3) 启动极Ⅰ直流系统。

(4) 浦园换流站极Ⅰ以双极功率控制方式解锁。

(5) 核实极Ⅰ启动过程中,极Ⅱ有功功率自动降低,极Ⅰ有功功率自动升高;启动结束后,各极有功功率为 50MW。

(6) 极Ⅰ直流系统停运。

(7) 核实极Ⅰ停运过程中,极Ⅱ有功功率自动升高;极Ⅰ停运结束后,极Ⅱ有功功率恢复为 100MW。

四、试验结果分析

图 8-38 表明,极Ⅰ解锁后并不立即升功率,而是等待 6s 让系统稳定,之后开始平衡双极功率,极Ⅱ功率开始向极Ⅰ转移,转移速率约为 10MW/s。

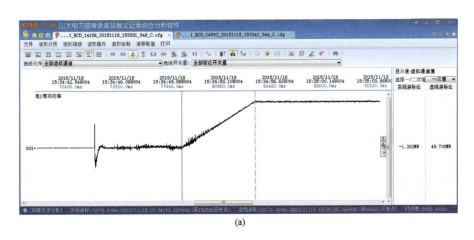

(a)

图 8-38　极Ⅱ运行极Ⅰ启动过程(极Ⅱ双极控制、极Ⅰ双极控制)(一)

(a) 极Ⅰ有功功率(双极有功方式)

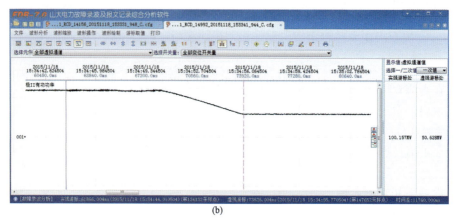

(b)

图 8-38 极Ⅱ运行极Ⅰ启动过程（极Ⅱ双极控制、极Ⅰ双极控制）（二）
(b) 极Ⅱ有功功率（双极有功方式）

8.7 双极控制模式试验

8.7.1 手动进行双极功率升/降试验

一、试验目的

验证极Ⅰ、极Ⅱ均在双极功率控制模式下，双极功率手动同步升降的功能；验证双极电流平衡控制功能。

二、试验条件

同 8.6.1 第二点。

三、试验方法及步骤

(1) 极Ⅰ解锁。

(2) 极Ⅱ解锁。

(3) 浦园换流站设置双极有功功率为 200MW，上升速率为 30MW/min。

(4) 核实双极功率平均分配，功率上升及切换过程中功率是平稳而无扰动的，功率上升结束后功率都达到了整定值。

(5) 记录中性回流线的电流值。

(6) 浦园换流站设置双极有功功率为 0MW，下降速率为 30MW/min。

(7) 在功率下降过程中，将第一套直流控制系统 PCP A 控制系统切换到第二套直流控制系统 PCP B 控制系统。

(8) 暂停功率下降。

(9) 设置双极有功功率为 0MW，继续功率下降。

四、试验结果分析

图 8-39~图 8-41 表明，双极功率升降过程中，功率变化平滑，速率与设定值一致。稳态运行时，极平衡效果良好，金属回线电流接近于 0。功率下降过程中对控制系统进行切换，切换过程中电压、电流以及功率平稳，未出现暂态跃变的情况。

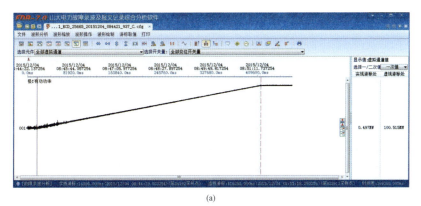

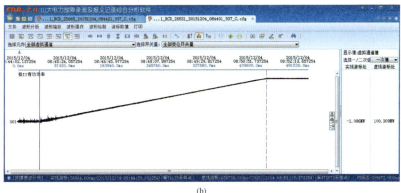

图 8-39 双极功率提升

(a) 极Ⅰ有功功率；(b) 极Ⅱ有功功率

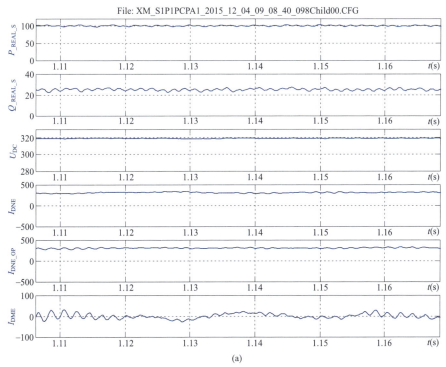

图 8-40 双极稳态运行波形（一）

(a) 极Ⅰ有功功率

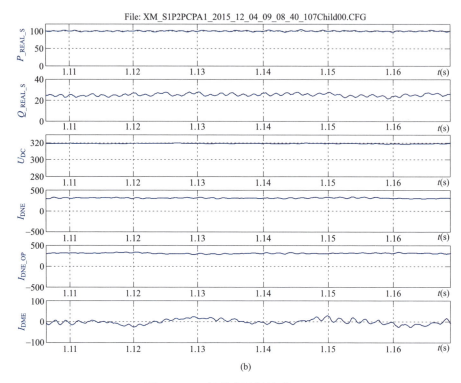

图 8-40 双极稳态运行波形（二）

(b) 极Ⅱ有功功率

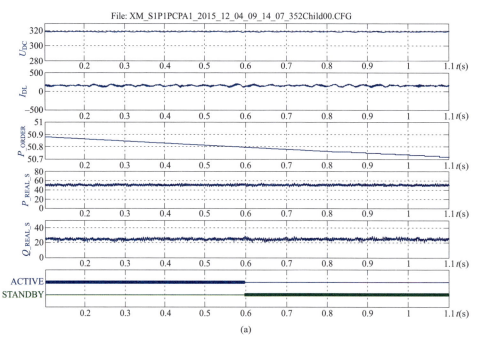

图 8-41 双极功率下降过程中进行系统切换试验（一）

(a) PCP A 系统波形

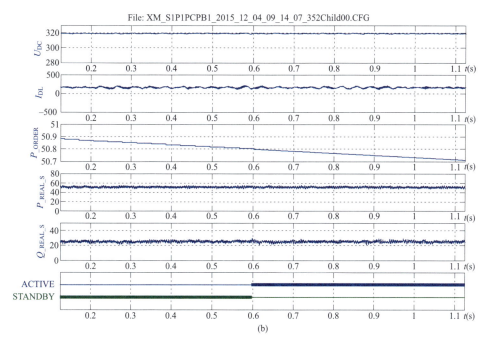

图 8-41 双极功率下降过程中进行系统切换试验（二）
(b) PCP B 系统波形

8.7.2 控制模式转换、双极功率补偿试验

一、试验目的

验证极Ⅰ、极Ⅱ均在双极功率控制模式下，双极功率补偿的功能。

二、试验条件

同 8.6.1 第二点。

三、试验方法及步骤

（1）极Ⅰ解锁。

（2）极Ⅱ解锁。

（3）浦园换流站设置双极有功功率为 200MW，上升速率为 30MW/min，等待系统运行稳定。

（4）在浦园换流站极Ⅱ将双极有功功率控制切换为单极有功功率控制；并将极Ⅱ有功功率参考值设置为 50MW，下降速率为 30MW/min。

（5）核实极Ⅰ功率自动上升，双极总输送功率不变。

（6）将极Ⅱ有功功率参考值设置为 0MW，下降速率为 30MW/min。

（7）核实极Ⅰ功率继续自动上升，双极总输送功率不变；功率升降过程中功率是平稳而无扰动的，功率升降结束后功率都达到了整定值。

（8）在浦园换流站极Ⅱ将单极有功功率控制切换为双极有功功率控制。

（9）核实极Ⅱ功率自动上升，极Ⅰ功率自动下降，最终极Ⅰ、极Ⅱ平均分配功率。

四、试验结果分析

图 8-42~图 8-44 表明，极Ⅰ和极Ⅱ功率控制模式发生变化后，控制逻辑正确，功率升

降过程中功率是平稳而无扰动的,功率调节速率与设定值一致,功率升降结束后功率都达到了预定值。

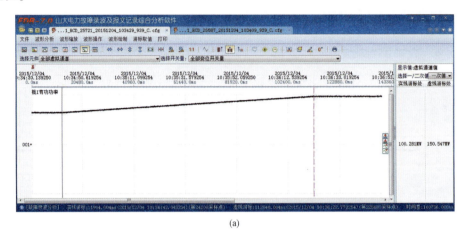

(a)

(b)

图 8-42　极Ⅱ切单极功率控制(单极功率指令 50MW)

(a) 极Ⅰ有功功率;(b) 极Ⅱ有功功率

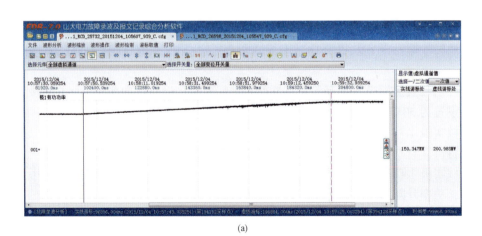

(a)

图 8-43　极Ⅱ切单极功率控制(单极功率指令 0MW)(一)

(a) 极Ⅰ有功功率

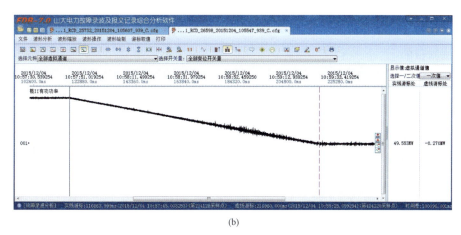

(b)

图 8-43 极Ⅱ切单极功率控制（单极功率指令 0MW）（二）

(b) 极Ⅱ有功功率

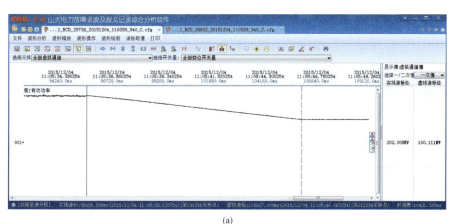

(a)

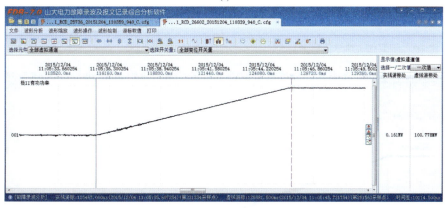

(b)

图 8-44 极Ⅱ切双极功率控制

(a) 极Ⅰ有功功率；(b) 极Ⅱ有功功率

8.7.3 双极功率反转试验

一、试验目的

验证极Ⅰ、极Ⅱ均在双极功率控制模式下，双极功率反转的功能。

二、试验条件

同 8.6.1 第二点。

三、试验方法及步骤

（1）极Ⅰ解锁。

（2）极Ⅱ解锁。

（3）浦园换流站设置双极有功功率为 100MW，上升速率为 30MW/min，等待系统运行稳定。

（4）浦园换流站设置双极有功功率为 -100MW，下降速率为 30MW/min。

（5）核实功率在预定的时间内反转。

（6）浦园换流站设置双极有功功率为 100MW，上升速率为 30MW/min。

（7）核实功率在预定的时间内反转。

四、试验结果分析

图 8-45、图 8-46 表明，双极功率指令发生反转后，输送潮流最终实现反向，功率调整过程中功率平稳且无扰动，功率调节速率与设定值一致。

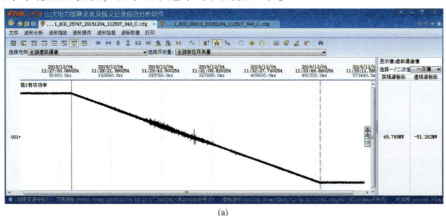

(a)

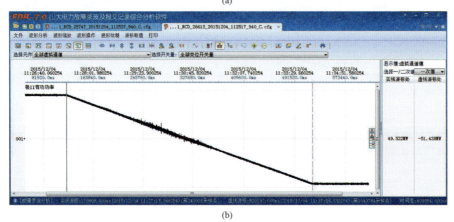

(b)

图 8-45 双极功率反转（100MW~-100MW）
(a) 极Ⅰ有功功率；(b) 极Ⅱ有功功率

第8章 端对端系统调试

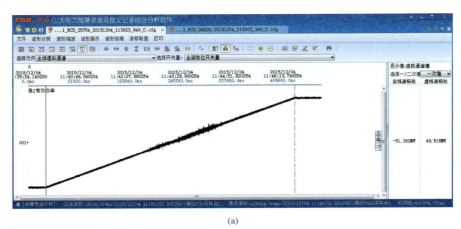

(a)

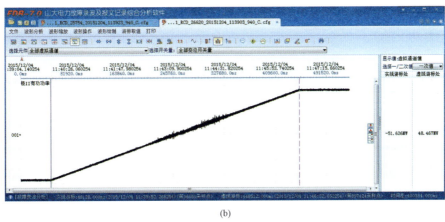

(b)

图 8-46 双极功率反转（-100MW~100MW）
(a) 极Ⅰ有功功率；(b) 极Ⅱ有功功率

此外，若输电系统配置了安全稳定控制设备，则在判别相关策略满足条件后，安全稳定控制装置将向极控制系统发出快速反转的指令，系统输送的有功功率将以设定好的速率快速反向。

8.7.4 极跳闸，双极功率补偿试验

一、试验目的

验证极Ⅰ、极Ⅱ均在双极功率控制模式下，一极发生跳闸时，双极功率补偿功能。

二、试验条件

同 8.6.1 第二点。

三、试验方法及步骤

(1) 极Ⅰ解锁。
(2) 极Ⅱ解锁。
(3) 浦园换流站设置双极有功功率为 100MW，等待系统运行稳定。
(4) 在浦园换流站主控室将极Ⅱ手动紧急停运。
(5) 核实极Ⅰ功率自动上升，双极总输送功率不变。

四、试验结果分析

从图 8-47 可以看出,极Ⅱ跳闸后,其功率迅速转移到极Ⅰ,功率转移的时间仅为约

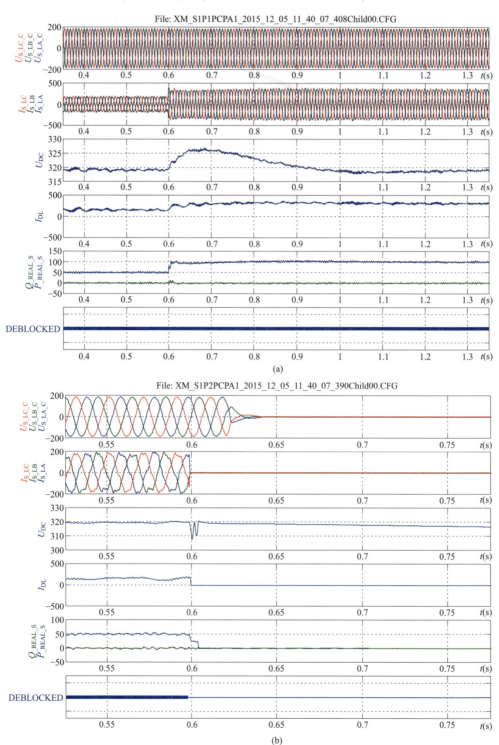

图 8-47 极Ⅱ紧急停运试验(一)
(a) 极Ⅱ跳闸试验极Ⅰ波形;(b) 极Ⅱ跳闸试验极Ⅱ波形

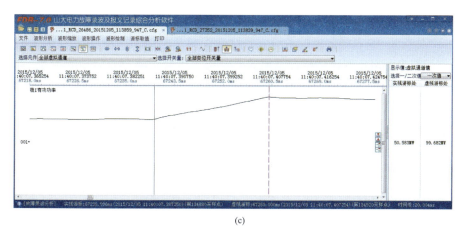

(c)

(d)

图 8-47 极Ⅱ紧急停运试验（二）
(c) 极Ⅰ有功功率；(d) 极Ⅱ有功功率

20ms。在功率转移过程中，极Ⅰ子模块将被充电使直流侧电压升高，本试验中其最大值约为 327kV。功率转移结束后，极Ⅰ输送跳闸之前的总功率。电网系统所承受的单极闭锁冲击小，暂态过程短。

8.7.5 功率调制试验

一、试验目的

检验阀水冷系统发生异常时，极控制系统的调节性能。

二、试验条件

同 8.6.1 第二点。

三、试验方法及步骤

(1) 极Ⅰ解锁。

(2) 极Ⅱ解锁。

(3) 浦园换流站设置双极有功功率为 100MW，等待系统运行稳定。

(4) 在浦园换流站极Ⅰ阀冷系统模拟出阀温度高信号。

(5) 核实极Ⅰ切换为单极有功功率控制，功率下降；极Ⅱ功率上升，总功率保持不变。

四、试验结果分析

表 8-21 及图 8-48 表明,极控系统收到阀冷控制系统的出阀温度高信号后,阀冷系统准备就绪信号消失,退出双极功率控制模式并发出水冷降功率命令启动的指令。经过 5s 延时后,系统的功率以约 1MW/s 的速率下降。极控系统收到阀冷控制系统的出阀温度高信号返回后,停止功率调整。

表 8-21   浦园换流站极 I 功率调制试验报文

时间	主机	系统	等级	事件
14:41:33.675	P1GLFLA	A	报警	极 1A 套阀冷_ 出阀温度高出现
14:41:33.675	P1GLFLA	A	报警	极 1A 套阀冷_ 阀冷系统水温达到阀降功率条件出现
14:41:33.707	S1P1PCP1	B	报警	A 套阀冷系统准备就绪信号消失
14:41:33.707	S1P1PCP1	B	报警	B 套阀冷系统准备就绪信号消失
14:41:33.795	P1GLFLB	B	报警	极 1B 套阀冷_ 出阀温度高出现
14:41:33.795	P1GLFLB	B	报警	极 1B 套阀冷_ 阀冷系统水温达到阀降功率条件出现
14:41:33.839	S1P1PCP1	A	报警	A 套阀冷系统准备就绪信号消失
14:41:33.839	S1P1PCP1	A	报警	B 套阀冷系统准备就绪信号消失
14:41:34.084	S1P1PCP1	A	正常	双极功率控制退出
14:41:34.084	S1P1PCP1	B	正常	双极功率控制退出
14:41:35.038	S1P1PCP1	B	报警	水冷降功率命令启动
14:41:35.146	S1P1PCP1	A	报警	水冷降功率命令启动
14:42:03.358	S1P1PCP1	B	正常	水冷降功率命令退出
14:42:03.467	S1P1PCP1	A	正常	水冷降功率命令退出
14:42:03.495	P1GLFLA	A	正常	极 1A 套阀冷_ 出阀温度高消失
14:42:03.495	P1GLFLA	A	正常	极 1A 套阀冷_ 阀冷系统水温达到阀降功率条件消失
14:42:03.615	P1GLFLB	B	正常	极 1B 套阀冷_ 出阀温度高消失
14:42:03.615	P1GLFLB	B	正常	极 1B 套阀冷_ 阀冷系统水温达到阀降功率条件消失
14:42:04.428	S1P1PCP1	A	正常	A 套阀冷系统准备就绪信号出现
14:42:04.428	S1P1PCP1	A	正常	B 套阀冷系统准备就绪信号出现
14:42:04.559	S1P1PCP1	B	正常	A 套阀冷系统准备就绪信号出现
14:42:04.559	S1P1PCP1	B	正常	B 套阀冷系统准备就绪信号出现

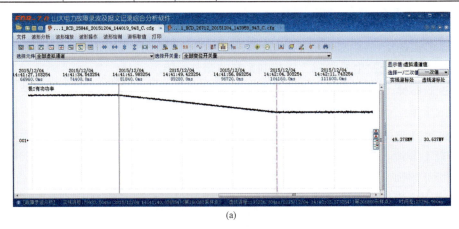

(a)

图 8-48   功率调制试验(一)

(a) 极 I 有功功率

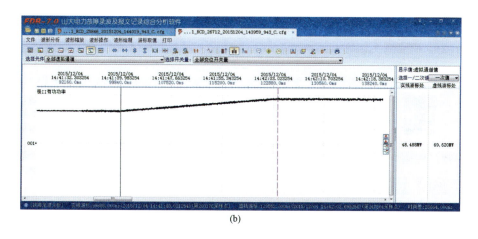

(b)

图 8-48　功率调制试验（二）

(b) 极Ⅱ有功功率

8.7.6　双极金属回线/大地回线运行方式转换试验

一、试验目的

验证双极金属-双极大地转换性能。

二、试验条件

同 8.6.1 第二点。

三、试验方法及步骤

（1）极Ⅰ首先解锁后，设置单极有功功率参考值为 100MW，上升速率为 30MW/min。

（2）极Ⅱ解锁后，设置单极有功功率参考值为 0MW。

（3）进行双极金属回线接线方式向双极大地回线接线方式切换，应可靠闭锁。

（4）将极Ⅰ、极Ⅱ功率控制方式修改为双极功率控制方式。

（5）进行双极金属回线接线方式向双极大地回线接线方式切换。

（6）确认切换成功。

（7）恢复双极金属回线接线方式运行。

四、试验结果分析

由图 8-49 的记录结果可知，在双极功率不平衡的情况下，控制系统报"金属中线电流过高"联锁信息不满足，闭锁双极金属回线向双极大地回线接线方式的切换。从图 8-50、表 8-22、表 8-23 和图 8-51 中可以看出，双极功率平衡后，系统成功将双极金属回线接线方式切换为双极大地接线方式运行，双极不平衡电流从接地极流过（IDGND），金属回线电流（IDME）变为 0；输送功率、电压和电流等参数不变。

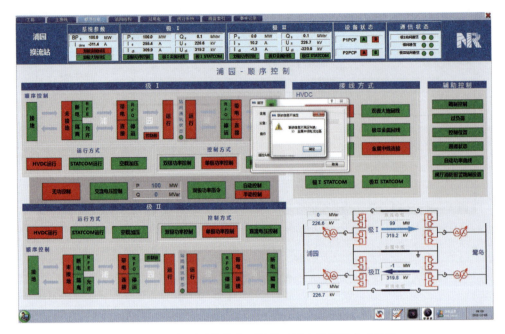

图 8-49 双极不平衡状态下闭锁双极大地接线方式切换

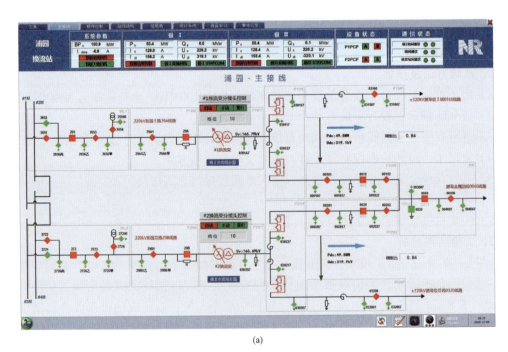

(a)

图 8-50 双极金属回线接线方式运行（一）
(a) 浦园换流站

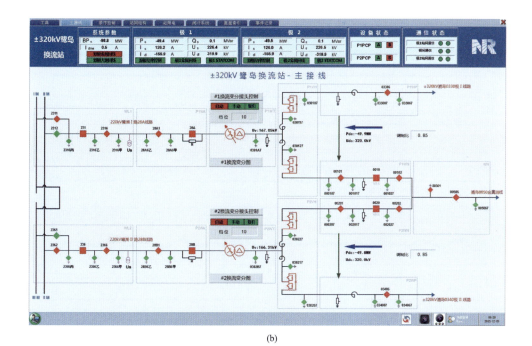

(b)

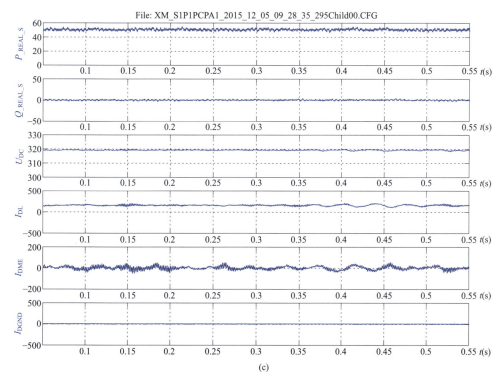

(c)

图 8-50 双极金属回线接线方式运行（二）

(b) 鹭岛换流站；(c) 双极金属回线接线方式极Ⅰ运行波形

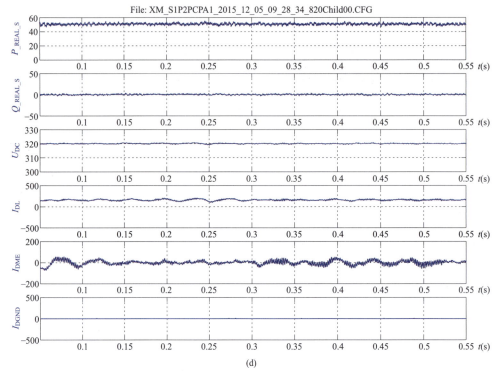

图 8-50 双极金属回线接线方式运行（三）

(d) 双极金属回线接线方式极Ⅱ运行波形

表 8-22　　双极金属回线转双极大地接线浦园换流站报文

时间	主机	系统	等级	事件
09：28：35.208	S1P1PCP1	B	正常	xm-s1e 发出极双极大地回线指令
09：28：35.277	S1P1PCP1	B	正常	WN.NBGS（0030）合上
09：28：37.355	S1P1PCP1	B	正常	WN.GRTS（0040）移动中
09：28：37.417	S1P1PCP1	B	正常	WN.GRTS（0040）断开
09：28：48.586	S1P1PCP1	B	正常	WN.QS9（00406）断开
09：36：01.155	S1P1PCP1	B	正常	xm-s1e 发出极双极金属回线指令
09：36：13.059	S1P1PCP1	B	正常	WN.QS9（00406）合上
09：36：13.177	S1P1PCP1	B	正常	WN.GRTS（0040）合上
09：36：13.236	S1P1PCP1	B	正常	WN.NBGS（0030）移动中
09：36：13.297	S1P1PCP1	B	正常	WN.NBGS（0030）断开

注　报文选择极ⅠB系统，其余控制及保护系统报文类似。

表 8-23　　双极金属回线转双极大地接线鹭岛换流站报文

时间	主机	系统	等级	事件
09：28：47.305	S2P1PCP1	B	正常	WN.QS9（00506）断开
09：36：12.186	S2P1PCP1	B	正常	WN.QS9（00506）合上

注　报文选择极ⅠB系统，其余控制及保护系统报文类似。

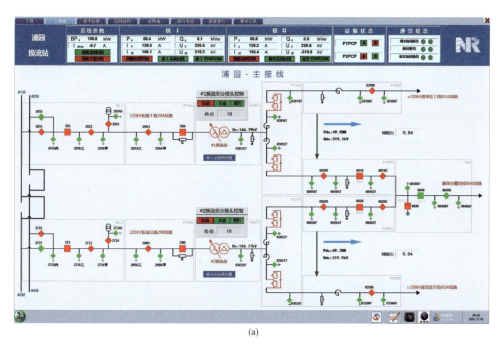

(a)

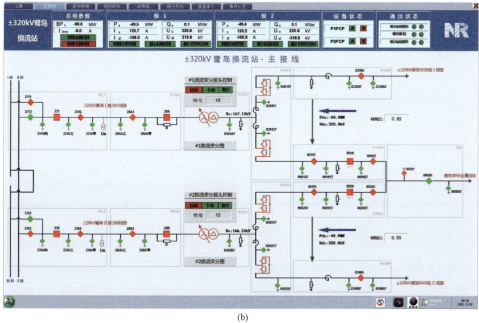

(b)

图 8-51 双极大地回线接线方式运行(一)
(a) 浦园换流站主接线;(b) 鹭岛换流站主接线

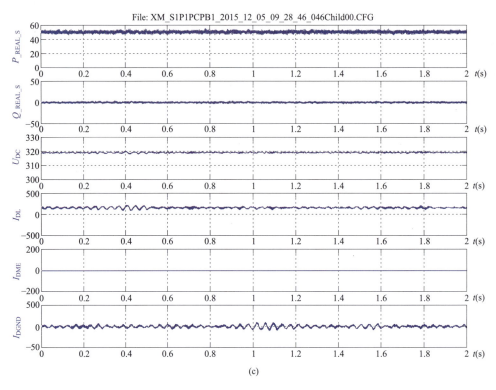

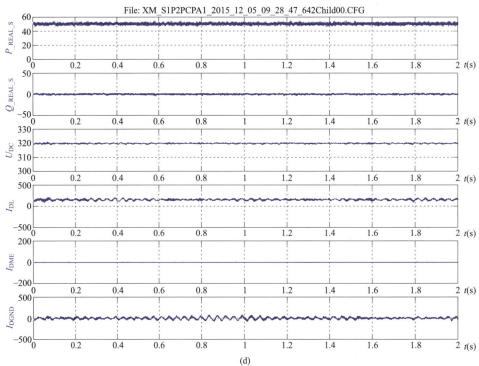

图 8-51 双极大地回线接线方式运行（二）

(c) 双极大地回线接线方式极Ⅰ运行波形；(d) 双极大地回线接线方式极Ⅱ运行波形

8.8 大功率试验

8.8.1 换流器 PQ 区间试验

换流站所能输送的功率受换流变压器容量、调制比、直流输电线路容量等因素的制约，其输送功率被限制在一个固定的功率区间，该功率区间如图 8-52 所示，换流器的双极功率运行点不能超出该曲线所包含的范围。图 8-52 为双极功率的区间限制，对每个单极而言，限制点为该图各数据限制点的一半。反向功率限制区间与图 8-52 类似。

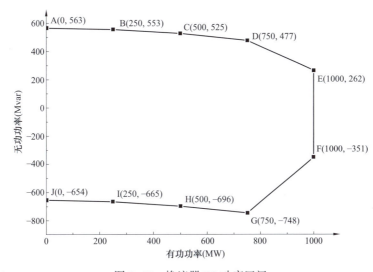

图 8-52 换流器 PQ 功率区间

一、试验目的

本试验验证各站功率是否能够按照功率区间运行，测试功率区间参数的正确性，确保主设备运行在安全的功率范围。

二、试验条件

同 8.1.1。

三、试验方法及步骤

（1）启动该极直流系统，等待系统稳定。

（2）受现场试验条件的限制，难以以真实的功率来验证功率曲线。因此，修改 PQ 限制曲线，将曲线各限制点整定值设定为原来的 0.1 倍。

（3）将换流器有功功率设置为 0，输入控制系统所能输入的最大无功功率，即找到 A 点。

（4）增大系统的有功功率值，将有功功率分别设置为 B、C、D、E 点对应的有功功率值，记录各点限制的无功功率即得到各功率限制点。

（5）将换流器有功功率设置为 75MW，输入控制系统所能输入的最小无功功率，即找到 G 点。

(6)增大系统的有功功率值,将有功功率分别设置为 F 点对应的有功功率值,记录该点限制的无功功率即得到该功率限制点。

(7)用类似方法将系统功率运行点设置在 G 点。

(8)减小系统的有功功率值,将有功功率分别设置为 H、I、J 点对应的有功功率值,记录各点限制的无功功率即得到各功率限制点。

四、试验结果分析

本试验使用修改定值的方法验证换流器 PQ 功率区间限制功能,从图 8-53 可知,试验结果与修改定值后的功率限制区间一致,说明了控制系统功率区间限制功能的正确性。

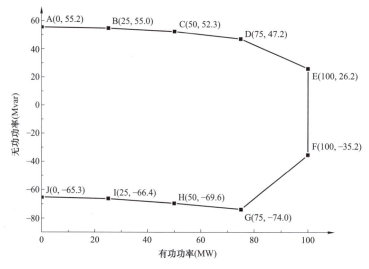

图 8-53 换流器 PQ 功率区间试验结果图

8.8.2 阀冷冗余试验

阀外冷却系统配置三座冷却塔,为 150% 冷却能力配置。进行该试验时,在输送额定功率工况下关闭一座冷却塔(模拟该塔故障后退出运行),考核冷却系统是否能满足要求,进/出阀水温是否超标。

一、试验目的

本试验验证阀冷外冷设备的冗余性能,验证在一座外冷冷却塔故障的情况下,直流系统是否能正常输送功率。

二、试验条件

同 8.1.1 第二点,系统输送额定满负荷,三座冷却塔均处于运行状态,各冷却塔进一组风机运行。

三、试验方法及步骤

(1)启动该极直流系统,输送额定功率,等待系统稳定。

(2)关闭一座冷却塔的内冷水进水阀门,等待至少 15min,观察进/出阀温度的上升情况,检查外冷却塔备用风机是否启动。

(3)进/出阀温度稳定后,打开该阀门。

(4) 关闭一座冷却塔的风机和喷淋泵,使该冷却塔失去冷却能力,等待至少 15min,观察进/出阀温度的上升情况,检查其他外冷却塔备用风机是否启动。

(5) 进/出阀温度稳定后,恢复该冷却塔的风机和喷淋泵正常运行。

四、试验结果分析

关闭一座冷却塔的内冷水进水阀门后,冷却水流量降低,进/出阀温度上升。约 13min 后,进阀温度超过 36℃,三座冷却塔的备用风机均启动。由表 8-24 可以看出,备用风机启动后,进/出阀温度降低,试验稳定后温度值甚至低于试验前。进阀温度最大温升为 2.59℃,出阀温度最大温升为 2.58℃。

表 8-24　　　　　　　　　阀冷冗余试验结果（关闭内冷水进水阀门）

项目	试验前	备用风机启动时	试验稳定后
进阀温度（℃）	33.54	36.13	32.76
出阀温度（℃）	38.13	40.71	37.47
冷却水流量（L/s）	156.80	149.04	148.70

关闭一座冷却塔的风机和喷淋泵后,进/出阀温度上升。约 13min 后,进阀温度超过 36℃,其余两冷却塔的备用风机均启动。由表 8-25 可以看出,备用风机启动后,进/出阀温度降低。进阀温度最大温升为 3.58℃,出阀温度最大温升为 3.35℃。

表 8-25　　　　　　　　　阀冷冗余试验结果（关闭风机和喷淋泵）

项目	试验前	备用风机启动时	试验稳定后
进阀温度（℃）	32.56	36.14	34.31
出阀温度（℃）	37.03	40.38	39.18
冷却水流量（L/s）	155.90	155.40	156.90

这两种试验方法中,关闭内冷水进水阀门的方法使内冷冷却水流量降低,但是内冷水会经过另外两座正常运行的冷却塔进行冷却;关闭一座冷却塔的风机和喷淋泵的方法使该冷却塔基本失去冷却能力,相当于 1/3 的内冷水没有得到冷却,这种运行工况比关闭内冷水进水阀门更为严酷。这两种方法都说明,阀冷系统失去冗余后,均能通过启动备用风机的方式使进/出阀温度得到有效控制,直流系统保持正常运行。

8.8.3　热运行试验

一、试验目的

本试验检验换流变压器、换流阀、桥臂电抗器等主设备的带满负荷性能,同时测试相关运行参数。

二、试验条件

试验主接线同 8.1.1 第二点。在热运行试验前,应对换流变压器、桥臂电抗器以及充油型套管中的油样进行色谱分析,监测乙炔等气体含量。

三、试验方法及步骤

(1) 设定好直流系统运行条件并解锁运行。

(2) 增加功率参考值,在 0.2（标幺值）、0.4（标幺值）、0.6（标幺值）和 0.8（标幺值）设置运行功率点，各功率点维持运行 5min，上升速率为 30MW/min。

（3）浦园换流站修改功率参考值为 1.0（标幺值），系统稳定后持续运行至少 6h，在此期间，核查以下项目：

1）系统运行参数检查，如交流母线电压、阀侧电流、换流变压器分接头位置、直流电压、直流电流、直流功率等。

2）检查两端换流站换流变压器（包括套管）油温和线圈温度。

3）检查两端换流站阀冷却水的温度。

4）检查两端换流站直流场、交流场和阀厅、母线、接头线夹、隔离开关、设备等的温度值。

（4）测量两端换流站交流侧电流谐波。

（5）分析控功率站桥臂电流谐波。

（6）分析控直流电压站桥臂电流谐波。

（7）将无功功率调整到 0，可记录各站电度表实时显示功率，测量两换流站总损耗。

（8）测试完成后减少功率参考值，将功率调整到 0 后闭锁并停运。

四、试验结果分析

图 8-54 表明，额定工况下，各换流站电气量参数运行平稳，交流母线电压、阀侧电流、换流变压器分接头位置、直流电压、直流电流、直流功率等均与设计值相符。图 8-55 表明，两端换流站换流变压器（包括套管）油温和线圈温度在规范规定的范围内。图 8-56 表明，两端换流站阀冷却水的温度在技术规范规定的范围内。两端换流站直流场、交流场和阀厅、母线、接头线夹、隔离开关、设备等的温度值都在技术规范允许的范围内。

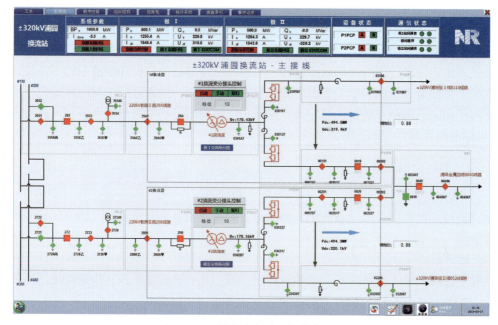

图 8-54 额定功率下运行状态图

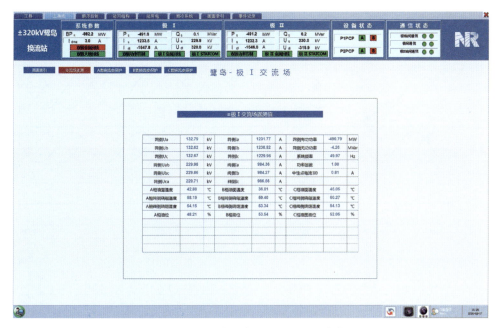

图 8-55　额定功率下交流场运行参数

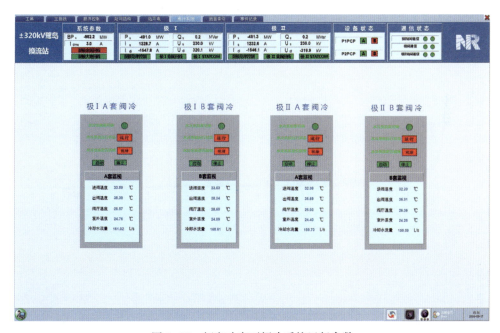

图 8-56　额定功率下阀冷系统运行参数

两端换流站交流侧电流谐波测试结果如图 8-57（b）、图 8-57（e），浦园换流站（送端）最大谐波为 5 次，谐波含量约 0.50%；鹭岛换流站（受端）最大谐波为 5 次，谐波含量约 0.46%。

两端换流站桥臂电流谐波测试结果如图 8-57（c）、图 8-57（f），各站桥臂电流二倍频环流均小于 0.4%；4 倍频分量略大，浦园换流站约为 1.0%，鹭岛换流站约为 2.2%。

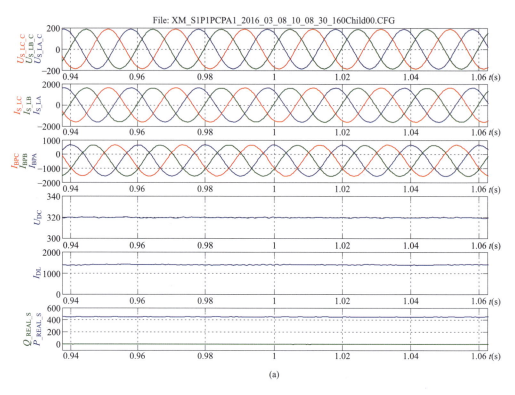

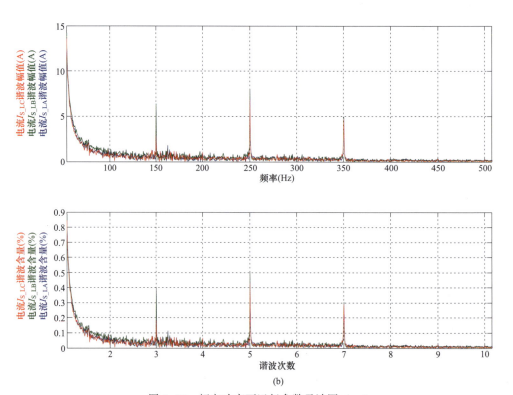

图 8-57 额定功率下运行参数录波图（一）

(a) 电气量录波图（浦园换流站）；(b) 交流侧电流 I_S 频谱图（浦园换流站）

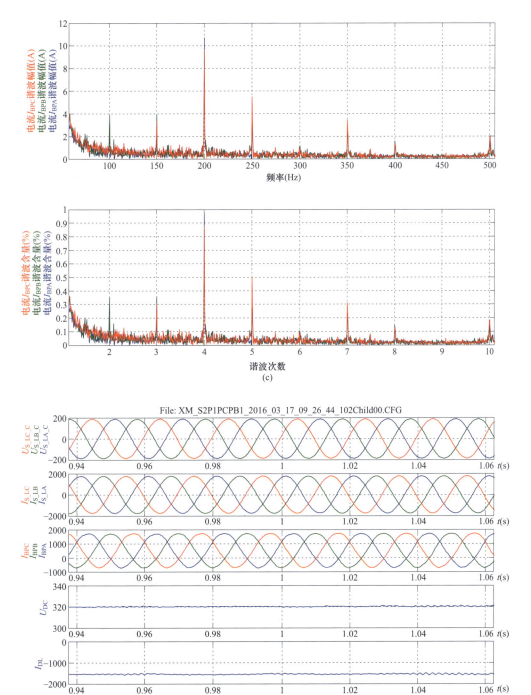

图 8-57 额定功率下运行参数录波图（二）
（c）桥臂电流 IBP 频谱图（浦园换流站）；（d）电气量录波图（鹭岛换流站）

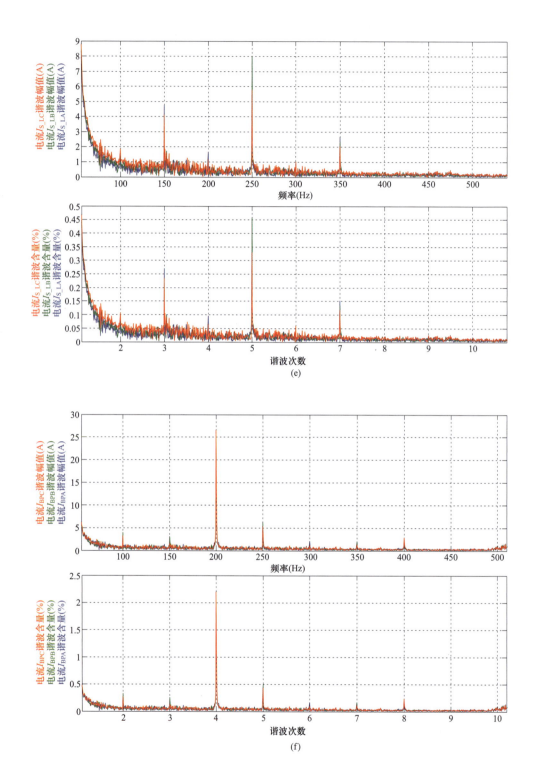

图 8-57 额定功率下运行参数录波图（三）

（e）交流侧电流 I_S 频谱图（鹭岛换流站）；（f）桥臂电流 IBP 频谱图（鹭岛换流站）

换流站损耗测试结果如表 8-26 所示。在该表中,送端、受端功率为换流变压器网侧功率值,因此损耗值是包含两换流站间所有设备的总损耗。

表 8-26　　　　　　　　　　　换流站损耗测试结果表

极	项目		损耗
极Ⅰ	送端功率（MW）	500.94	1.98%（不计站用负荷） 2.21%（计及站用负荷）
	受端功率（MW）	491.04	
	送端站用电负荷（kW）	576.8	
	受端站用电负荷（kW）	573.8	
极Ⅱ	送端功率（MW）	500.28	1.85%（不计站用负荷） 2.06%（计及站用负荷）
	受端功率（MW）	491.04	
	送端站用电负荷（kW）	546.1	
	受端站用电负荷（kW）	542.0	

参 考 文 献

[1] 徐政. 柔性直流输电系统 [M]. 北京：机械工业出版社，2012.
[2] 赵成勇. 柔性直流输电建模及仿真技术 [M]. 北京：中国电力出版社，2014.
[3] 汤广福. 基于电压源换流器的高压直流输电技术 [M]. 北京：中国电力出版社，2014.
[4] 赵婉君. 高压直流输电工程技术 [M]. 北京：中国电力出版社，2004.
[5] 陈海荣. 交流系统故障时 VSC-HVDC 系统的控制与保护策略研究 [D]. 杭州：浙江大学，2007.
[6] 潘伟勇. 模块化多电平输电系统控制和保护策略研究 [D]. 杭州：浙江大学，2012.
[7] 李刚. 柔性直流输电系统建模及其仿真研究 [D]. 南京：国网电力科学研究院，2009.
[8] 刘昊. 柔性直流输电系统仿真 [D]. 济南：山东大学，2010.
[9] 罗雨，饶宏，许树楷，等. 级联多电平换流器的高效仿真模型 [J]. 中国电机工程学报，2014，34 (15)：2346-2352.
[10] 许建中，赵成勇，刘文静. 超大规模 MMC 电磁暂态仿真提速模型 [J]. 中国电机工程学报，2013，33 (10)：114-120.
[11] GNANARATHNA U N，GOLE A M，JAYASINGHE R P. Efficient modeling of modular multilevel HVDC converters（MMC）on electromagnetic transient simulation programs [J]. IEEE Transactions on Power Delivery，2011，26 (1)：316-324.
[12] 许建中，赵成勇，ANIRUDDHA M. GOLE. 模块化多电平换流器戴维南等效整体建模方法 [J]. 中国电机工程学报，2015，35 (8)：1919-1928.
[13] 王鹏伍，崔翔. 模块化多电平换流器的时域等效模型及其快速算法 [J]. 电网技术，2013，37 (8)：2180-2186.
[14] XU J，ZHAO C，LIU W，et al. Accelerated model of modular multilevel converters in PSCAD/EMTDC [J]. Power Delivery，IEEE Transactions on，2013，28 (1)：129-136.
[15] 管敏渊，徐政. 模块化多电平换流器的快速电磁暂态仿真方法 [J]. 电力自动化设备，2012，32 (6)：36-40.
[16] PERALTA J，SAAD H，DENNETIERE S，et al. Detailed and Averaged Models for a 401-Level MMC-HVDC System [J]. IEEE Transactions on Power Delivery，2012，27 (3)：1501-1508.
[17] XU J，GOLE A M，ZHAO C. The Use of Averaged-Value Model of Modular Multilevel Converter in DC Grid [J]. IEEE Transaction on Power Delivery，2015，30 (2)：519-528.
[18] XU FEI，WANG PING，LI ZIXIN，et al. Effective model of MMC for multi-ports VSC HVDC system simulation [C] //IEEE Transportation Electrification Conference and Expo Asia-Pacific，Beijing，China，2014.
[19] NOMAN A，LENNART A，STAFFAN N，et al. Validation of the continuous model of the modular multilevel converter with blocking/deblocking capability [C] //10th IET International Conference on AC and DC Power Transmission. Birmingham，UK，2012：63.
[20] SAAD H，DENNETIERES，MAHSEREDJIAN S，DELARUE J，et al. Modular multilevel converter models for electomagnetic transients [J]. Power Delivery，IEEE Transaction on，2014，29 (3)：1481-1489.
[21] 郭高朋，胡学浩，温家良，等. 基于大规模子模块群的 MMC 建模与快速仿真算法 [J]. 电网技术，2015，39 (5)：1226-1232.
[22] 严有祥，方晓临，张伟刚，等. 厦门±320kV 柔性直流电缆输电工程电缆选型和敷设 [J]. 高电压技术，2015，41 (4)：1147-1153.
[23] 马为民，吴方劼，杨一鸣，等. 柔性直流输电技术的现状及应用前景分析 [J]. 高电压技术，2014，

40（8）：2429-2439.

[24] 吴寒，王维庆，王海云，等．基于柔性直流输电技术的风电场暂态稳定性［J］．中国电力，2014，47（12）：99-104.

[25] 董云龙，包海龙，田杰，等．柔性直流输电控制及保护系统［J］．电力系统自动化，2011，35（19）：89-92.

[26] 胡四全，吉攀攀，俎立峰，等．一种柔性直流输电阀控测试系统设计与实现［J］．中国电力，2013，46（9）：112-116.

[27] NIKOLAS F, VASSILIOS G A, GEORGIOS D. D. VSC-based HVDC power transmission systems: an overview［J］. IEEE Transactions on Power Electronics, 2011, 24（3）: 592-602.

[28] MITRA P, ZHANG L. D, LENNART H. Offshore wind integration to a weak grid by VSC-HVDC links using power-synchronization control: a case study［J］. IEEE TRANSACTIONS ON POWER DELIVERY, 2014, 29（1）: 453-461.

[29] 厉天威，刘大鹏，雷园园，等．柔性直流换流站雷电侵入波过电压［J］．中国电力，2015，48（2）：55-58.

[30] 乔卫东，毛颖科．上海柔性直流输电示范工程综述［J］．华东电力，2011，39（7）：1137-1140.

[31] 魏丽芳，黄亚非．新设备启动试运中采用不同核相方法必要性的探讨［J］．华中电力，2009，（4）：30-32.

[32] 陈晓捷，刘洪泉．柔性直流输电工程控制保护系统特点分析［J］．电力与电工，2013，33（3）：45-47.

[33] 郭丽娟，陈乃添，刘南平．实时数字仿真装置RTDS介绍［J］．广西电力，2004年第1期，62-64.

[34] 石吉银，邓超平，唐志军，等．厦门柔性直流输电工程浦园站系统试验方案［R］．福州：国网福建省电力有限公司电力科学研究院，2015.

[35] 石吉银，邓超平，唐志军，等．厦门柔性直流输电工程鹭岛站系统试验方案［R］．福州：国网福建省电力有限公司电力科学研究院，2015.

[36] 石吉银，邓超平，唐志军，等．厦门柔性直流输电工程端对端系统调试方案（单极）［R］．福州：国网福建省电力有限公司电力科学研究院，2015.

[37] 石吉银，邓超平，唐志军，等．厦门柔性直流输电工程端对端系统调试方案（双极）［R］．福州：国网福建省电力有限公司电力科学研究院，2015.

[38] 石吉银，张孔林，唐志军，等．一种真双极柔性直流无源逆变试验装置．ZL201620306331.2［P］．